autoricerca.com

AutoRicerca

No. 11, Anno 2016

AutoRicerca: No. 11, Anno 2016
Editore: Massimiliano Sassoli de Bianchi
Progetto grafico copertina: Paola Patocchi

AutoRicerca (ISSN 2673-5105) è una pubblicazione del *LAB – Laboratorio di AutoRicerca di Base* (www.autoricerca.ch), c/o *Area 302 SA* (www.area302.ch), via Cadepiano 18, 6917 Barbengo, Svizzera.

ISBN: 978-1-326-56150-5

INDICE

autoricerca.com

AVVERTIMENTO

Le pagine di un libro, siano esse cartacee o elettroniche, possiedono una particolarissima proprietà: sono in grado di accettare ogni varietà di lettere, parole, frasi e illustrazioni, senza mai esprimere una critica, o una disapprovazione. È importante essere pienamente consapevoli di questo fatto, quando percorriamo uno scritto, affinché la lanterna del nostro discernimento possa accompagnare sempre la nostra lettura. Per esplorare nuove possibilità è indubbiamente necessario rimanere aperti mentalmente, ma è ugualmente importante non cedere alla tentazione di assorbire acriticamente tutto quanto ci viene presentato. In altre parole, l'avvertimento è di sottoporre sempre il contenuto delle nostre letture al vaglio del nostro senso critico ed esperienza personale.

L'editore e gli autori degli articoli pubblicati non possono in alcun modo essere ritenuti responsabili circa le conseguenze di un eventuale cambiamento di paradigma indotto dalla lettura dei testi contenuti in questo volume.

autoricerca.com

EDITORIALE

Nel *Numero 9* di *AutoRicerca, Anno 2015*, ho terminato il mio editoriale esprimendo l'augurio di poter nuovamente invitare *Misha* e *Maksim* a dialogare con noi, in questa sede; e, considerato l'interesse suscitato dalle loro *corrispondenze*, ho pensato che fosse meglio non aspettare troppo affinché ciò potesse accadere.

Infatti, come è noto ai produttori di film che riscuotono un certo interesse, se si desidera realizzare un "sequel", è bene agire con una certa tempestività, così da poter sfruttare il *momentum* prodotto dal primo lungometraggio.

È con piacere dunque che posso annunciare, a distanza di un solo anno che è cosa fatta! In questo nuovo numero di *AutoRicerca* potrete nuovamente seguire questi due personaggi nei loro interessanti scambi di vedute, che questa volta si arricchiscono di numerose altre voci, quelle di: *Adalfuns, Bert, Cezar, Channah, Charlize, Drea, Eerika, Jana, Llora, Serghei, Seidelmattino, Stefania, Trisha, Wal, Wera* e *Zan*.

Ripeto quanto già espresso in relazione ai precedenti dialoghi. Le conversazioni con *Misha* e *Maksim* (e con il loro altri interlocutori) sono realmente avvenute, su *Facebook*, e dimostrano la possibilità di un confronto intellettualmente onesto e costruttivo anche su un *medium* come questo, che purtroppo raramente si presta a scambi di questo tenore.

Se gli interlocutori sono reali, i loro nomi sono invece fittizi. Questo perché si è ritenuto che gli pseudonimi, pur "nascondendo", di fatto accrescono l'oggettività del discorso, liberandolo dai possibili pregiudizi nei confronti degli autori. La "maschera degli pseudonimi" obbliga infatti il lettore a badare più a ciò che viene detto che a chi lo dice, quindi a leggere i contenuti con maggiore attenzione.

Nel percorrere questi dialoghi, il lettore dovrà tenere a mente che quando uno specifico scambio si arresta ciò non significa che gli interlocutori abbiano raggiunto un punto fermo, o non abbiano più nulla da aggiungere o ribattere sulla questione in essere. È importante tenere presente del contesto di questi scambi – *Facebook* – e che nell'oceano di sollecitazioni cui gli utenti di questo *medium* sono sottoposti è facile dimenticare che si è in debito di una risposta, o non sempre si dispone del tempo per offrirla.

Anche in questo volume, si è scelto di non usare i paragrafi nel testo, salvo quelli che scandiscono il passaggio da un interlocutore all'altro; questo per evidenziare il fatto che i dialoganti stanno, per l'appunto, dialogando, e non scrivendo un saggio.

I temi affrontati sono molteplici e di sicuro interesse per la ricerca interiore, come si evince dai titoli delle discussioni, in alcuni casi stimolate anche dall'attualità, come quella dei tragici eventi di Parigi, del 7 gennaio 2015.

Mi auguro che anche questa volta la ricchezza delle riflessioni qui riportate possa costituire al contempo uno stimolo e un monito ad approcciare il vasto tema della nostra esistenza, nelle sue innumerevoli sfaccettature e possibili significati, senza operare delle troppo facili semplificazioni.

Prima di "dare il microfono" ai nostri dialoganti, vorrei concludere con una breve riflessione circa l'importanza di imparare a usare i *social media* in modo intelligente e realmente utile. A questo proposito, è interessante riportare l'esempio emblematico di *Wael Ghonim*, un attivista egiziano che è stato tra i promotori della (mancata) rivoluzione egiziana del 2011, attraverso lo strumento del proprio *blog*.

Nel 2011 egli affermava che "se vuoi liberare una società, tutto ciò di cui hai bisogno è *Internet*". Oggi, col senno di poi, riconosce di essersi sbagliato.

I *social media* sono certamente in grado di promuovere dei vasti movimenti di condivisione e scambi di idee, ma nascondono anche numerosissime insidie. Come spiega lo stesso Ghonim in una sua recente *TED conference*, il rovescio della medaglia dei *social media* è che tramite di essi si assiste anche a una diffusione virale – mai vista prima – di falsi pregiudizi. C'è poi la tendenza a creare delle sorte di "camere a tenuta stagna", dove si finisce col comunicare solo con le persone che la pensano esattamente come noi. Inoltre, gli scambi *on-line* facilmente degenerano, specialmente se ci si dimentica che dall'altra parte c'è un vero essere umano.

Altro aspetto rilevante: la difficoltà nel produrre ragionamenti articolati, con degli interventi che il più delle volte si limitano a dei meri "scambi di conclusioni", senza offrire a chi legge il percorso cognitivo che ha permesso di giungere a tali conclusioni. Infine, Ghonim aggiunge che:[1]

"[...] oggi le nostre esperienze sui social media sono progettate in modo tale da favorire la trasmissione di informazioni sull'impegno, dei post sulle discussioni, dei commenti superficiali sulle conversazioni approfondite. È come se fossimo tutti d'accordo che siamo qui a parlare l'uno all'altro, anziché l'uno con l'altro".

Quindi, se nel 2011 Ghonim affermava che per liberare una società tutto ciò di cui c'è bisogno è *Internet*, oggi riconosce che se vogliamo liberare una società dobbiamo prima di tutto liberare *Internet*.

A tal proposito, mi permetto di aggiungere che, per liberare *Internet*, dobbiamo innanzitutto liberare le nostre menti, cioè aprirle a nuove possibilità, tramite un continuo dialogo critico-costruttivo, non solo con noi stessi, ma anche, e soprattutto, con le numerose altre menti con cui abbiamo il vantaggio di interagire, sicuramente facilitati dai moderni mezzi di comunicazione.

Come sempre, vi auguro una buona lettura e riflessione.

L'Editore

---

[1] Wael Ghonim, "Let's design social media that drives real change", TED Global, Geneva, filmed Dec. 2015.

Siamo tutti portati a dirigere la nostra ricerca non in relazione all'argomento in sé, ma piuttosto in relazione alle opinioni dei nostri antagonisti; e anche quando interroghiamo noi stessi portiamo l'indagine solo fino al punto in cui non intravediamo più obiezioni. [Aristotele]

DIALOGANDO CON MISHA E MAKSIM
... e alcuni altri
14 aprile 2014 – 20 aprile 2015

autoricerca.com

NUOVE ERE O NUOVE CONFUSIONI?

14 aprile 2014

MAKSIM. "In quest'epoca l'apporto di ognuno è di estrema importanza. Nessuno, e dico veramente nessuno, qualunque sia la sua posizione sociale e culturale, è privo di importanza. Chiunque voglia portare attorno a sé pensieri più aperti ed elevati, mostrando maggiore capacità di rapportarsi agli altri con una visibile benevolenza, può concretamente contribuire ad un fondamentale passaggio di coscienza". [Tratto da un articolo di Andrea Di Terlizzi, pubblicato su Facebook il 6 marzo 2014]

MISHA. Le parole che mi fanno diffidare[1] (come quando sono in una nebbia o in una stanza a luce spenta) sono: "risveglio di consapevolezza delle masse"; "incremento generale della consapevolezza e dello stato di coscienza generale". Ma non c'è da allarmarsi: forse la causa della mia nebbia sarà l'"età dell'Acquario", come dice l'articolista, che mi sembra abbastanza confuso anche lui, almeno quanto me! Lo dice espressamente: "il cambiamento di Era implica necessariamente periodi confusi!"

MAKSIM. Quale aspetto di questo articolo ti sembra confuso? Non ritieni che l'essere umano, sia individualmente che, di conseguenza, a livello collettivo, possa crescere in consapevolezza?

MISHA. Gentile Maksim, non vorrei liquidare tutto con la fatidica frase: "il discorso è complesso", che viene usata spesso da chi, non avendoci capito nulla, tuttavia ci tiene ad accreditarsi come uno che ha capito perfettamente tutto e che non può spiegarsi "per la complessità del tema". Perciò mi limito a invitarla

---

[1] Riportate nell'articolo in questione, non nell'estratto citato da Maksim (NdE).

alla seguente lettura, relativa al New Age: "Che cos'è il New Age", di Massimo Introvigne, CENSUR (1993).[2]

MAKSIM. È evidente, caro Misha, che alcune delle affermazioni dell'articolo sono in contrasto con la visione ortodossa della Chiesa Cattolica (che lo riterrebbe indubbiamente "pericoloso"). Etichettarlo però (implicitamente) come "new age" non credo sia un buon modo per entrare nel merito dei temi che solleva. Osservo anche che, se da un lato affermi che il tema sarebbe complesso, dall'altro, etichettandolo a priori, lo banalizzi: È "new age"! E così, ci si illude di aver capito, simulando una diplomatica confusione ☺. No, non si tratta di "new age", ma semplicemente di un articolo, che contiene dei pensieri. Con alcuni di questi pensieri si può essere d'accordo, con altri dissentire. Tutto qui. "New age" è solo una parola. Occhio alle false identificazioni.

MISHA. Per la verità la cosa è molto più banale (e l'articolo sul new age l'ho segnalato senza nessuna intenzione di etichettare nessuno): io non capisco proprio davvero che cosa sarebbe "una coscienza generale", per me pura astrazione! Non la capisco. Tanto meno, dunque, saprei giudicarne un "incremento", o anche un "decremento", per due ragioni elementari: 1) nel regno della "quantità" la coscienza – come direbbe qualche politico rozzo – "non ci azzecca", immaginiamoci poi nel regno delle "masse", concetto "quantitativo" e oscuro quanto mai; 2) anche ammessa la coscienza nell'oscuro regno della quantità, non vedo chi potrebbe giudicarne un incremento o un decremento se non ha UN METRO! Mi si dia UN METRO, sia pure convenzionale, purché sia! Ecco perché forse non sarà new age, ma è pur sempre tutto molto VAGO! OSCURO! Se non è la mia ignoranza, mi chiedo – appunto – se non siano "i tempi", come lo stesso articolo suggerisce. P.S.: come può notare, qui il cattolicesimo non c'entra nulla: per essere confuso sul punto, basta l'analisi logica del testo. Poi, se vuole, possiamo entrare nel merito: ma do-

---

[2] *www.cesnur.org/testi/mi_newage.htm*

vremmo concordare "i metri di misura", a partire dalla nebulosa idea di "spiritualità", a continuare a quella di "era dell'Acquario". Il "ritmo" o "la cadenza" delle "ere" è molto varia a questo mondo: da giovane avevo amici convintissimi – non so oggi – che viviamo in epoca di "kali yuga", detta alla greca "età del ferro", la tappa più bassa prima di risalire a una nuova "età dell'oro", detta in indù "satya yuga"! Il mio "post" non voleva tanto segnalare la contrarietà del new age al cattolicesimo, quanto soprattutto una pretesa molto diffusa di far passare delle "credenze" mitologiche non per quelle che sono (CREDENZE! LEGITTIME!), ma per idee confortate, supportate, "sperimentate" con l'avallo inconfutabile del marchio "scienza". Non è un caso che ancora oggi – nulla di nuovo sotto il sole, tutto di vecchio! – si subisce ancora l'antico fascino di Fritjof Capra e del suo "Tao della fisica"! Come nei vecchi "formidabili" (diceva Capanna) anni 60, quando confusione e sincretismo, tutt'ora vivi e vegeti a quanto pare, regnavano sovrani!

MAKSIM. Semplifichiamo la questione. Consideriamo un concetto più semplice: quello della *maturità*, intesa solo in senso psicologico. Pensi sia possibile valutare il grado di maturità psicologica di una persona? Naturalmente, ci possono essere diverse sfumature nel definire il concetto di maturità, ma non perdiamoci nei dettagli. Possiamo, secondo te, dare un senso all'idea che la maturità psicologica di una persona, sempre con il dovuto beneficio d'inventario, possa essere stimata, anche se solo approssimativamente, o da un'altra persona, che ne osserverebbe il comportamento, gli stati d'animo e le parole che pronuncia, o dalla persona stessa, sulla base di una sua personale autoanalisi? Poi, chiarita la questione della maturo-metria psicologica, possiamo anche considerare quella più vasta della maturo-metria coscienziale, o coscienzio-metria (mi scuserai i neologismi). Riguardo il tuo secondo commento, non vedo nell'articolo di Andrea Di Terlizzi alcun tentativo di avallare le sue tesi "marchiandole" come scientifiche.

MISHA. Parto dal secondo commento, quello che si riferisce al mio secondo commento. Posso rispondere, forse, con una domanda: che tipo di affermazione è questa del testo?: «L'età dell'Acquario è quella della collaborazione e della fraternità, non più come aggregazione e uniformità ad una linea di pensiero proposta dall'esterno (per quanto positiva possa essere), ma come risultato di un cambiamento di coscienza del singolo (di minore o maggiore entità), capace di dare il meglio di se stesso, in nome di un ideale comune, ideale che deve essere universale, condivisibile da chiunque ed estraneo ad ogni forma di settarismo, di chiusura e dogmatica credenza». Certo, mi sembra innanzitutto un enunciato in cui si danno per "scontate" ed "evidenti" cose che sono abbastanza oscure: 1) "esistono delle età dell'universo, come per l'uomo" (non so poi perché siamo nella fase adolescenziale: quando è stata l'infanzia?); 2) tra queste età c'è quella dell'Acquario, identificata (è una certezza, una fede, un'opinione?) con "quella della collaborazione e della fratellanza" (che cosa doveva dunque essere l'epoca settecentesca della "fraternité" dei Lumi?); 3) quest'epoca è legata a una condizione: un cambiamento di coscienza del singolo con effetti sicuri su un'aggregazione non realizzata "dall'esterno" (e qui appaiono altri termini bisognosi di luce: "il meglio di sé"; "ideali comuni, universali"; "settarismo"; "dogmatica credenza": ad esempio, se la bussola fosse una persona o un'era, la sua insistenza sul "NORD" sarebbe una "dogmatica credenza"? Oppure: se l'uomo fosse – secondo definizione immutabile – "animale razionale", questa sarebbe una "chiusura"? Queste cose che cosa sono? Chi ce le assicura?).

MAKSIM. Caro Misha, dalla mia prospettiva il testo di Andrea di Terlizzi è prima di tutto un testo evocatore di possibilità. Non un trattato. Questo mi sembra evidente sia dal contesto in cui è stato pubblicato (Facebook) sia dalla sua lunghezza (molto modesta). Naturalmente, chi leggendo questo testo sente una certa traenza per alcuni dei concetti espressi, è implicitamente invitato ad approfondirli. Ad esempio, leggendo i libri dell'autore, o libri scritti su questi temi da altri autori, contemporanei o del passato. E tutte le tue domande sono certamente pertinenti. Immagino che ti porrai domande simili quando ti confronti con le idee direttrici della tua fede, in quanto cattolico. E sia detto tra noi (si fa per dire), mi piacciono molto le tue ultime due domande: "Queste cose che cosa sono? Chi ce le assicura?". Un monito importante, da tenere sempre presente, soprattutto quando ci si inoltra su sentieri poco battuti.

MISHA. Parto dalla "maturometria" (la terminologia "scientifica" scatta spesso in automatico più nei commenti che nell'articolo stesso): l'idea – come quella di "coscienziometria" – è nebulosa e sarebbe destinata a restare nella nebbia se rimanesse chiusa in ambito, come dice lei, psicologico: infatti, come potremmo sapere se è più matura la decisione di prendere l'aereo o la bicicletta se non si sapesse contemporaneamente dove si deve andare? Con uno sguardo alla meta, infatti, apparirebbe piuttosto chiaro che è più maturo prendere la bici che non l'aereo, per andare dal barbiere (a un chilometro di distanza da casa mia e date per scontate le altre condizioni: che so, che non nevica, che l'asfalto è buono, ecc.) e che è indice di maggiore maturità non avventurarsi con la bici per il percorso Matera-Lugano, decidendosi preferibilmente a prendere l'aereo. Così per altre cose: è "matura" la chiave se entra nella toppa per aprire la porta di casa. La "maturità" non mi sembra la qualità misurabile di un oggetto isolato da un contesto: essa è una "adeguazione" e i suoi gradi sono delineabili da una più o meno perfetta adeguazione del soggetto al contesto e, non in subordine, al proprio fine! Visto che ci siamo, mi permetterà – in tempo di Quaresima – di raccontarle un episodio accaduto durante l'arresto di Gesù (e raccontato in Giovanni, 18, 19-23), che mostra limpidamente che cos'è la maturità come "adeguazione" ed "equilibrio":

«Il sommo sacerdote dunque interrogò Gesù intorno ai suoi discepoli e alla sua dottrina. Gesù gli rispose: "Io ho parlato apertamente al mondo; ho sempre insegnato nelle sinagoghe e nel tempio, dove tutti i Giudei si radunano; e non ho detto nulla in segreto. Perché m'interroghi? Domanda a quelli che m'hanno udito, quel che ho detto loro; ecco, essi sanno le cose che ho detto". E com'ebbe detto questo, una delle guardie che gli stava vicino, dette uno schiaffo a Gesù, dicendo: "Così rispondi tu al sommo sacerdote?" Gesù gli disse: "Se ho parlato male, dimostra il male che ho detto; ma se ho parlato bene, perché mi percuoti?"»

Ecco: il criterio (la misura) dell'uomo immaturo era: "Non si risponde così all'autorità"; il criterio dell'uomo maturo era, PUR DOPO UNO SCHIAFFO: "Dialoga con me sul vero e sul falso, sul giusto e sull'ingiusto: se ho parlato male, dove ho sbagliato? Se ho parlato bene, perché mi percuoti?" Lascio questo episodio alla sua meditazione, ricordandole che l'insegnamento che viene da quell'episodio sulla maturità travalica le "ERE" ed è sempre fecondo in qualsiasi ERA! Il Maestro, già solo come uomo e "uomo maturo", senza scomodare il "Dio", è un paradigma-misura che travalica la "storia" e "le storie" e tutte le dinamiche spazio-temporali! A questo punto, niente di meglio che augurarle di cuore BUONA PASQUA, a lei e ai suoi cari, amici o parenti, aspettando di riprendere queste "singolari tenzoni", un po' arruffate, quanto prima!

MAKSIM. Naturalmente, Misha, il termine "coscienziometria" non c'entra nulla con l'articolo e l'autore: è una mia aggiunta (il termine fu a dire il vero coniato da Waldo Vieira). L'interpretazione che dai del termine "maturità", nella prima parte del tuo messaggio, non mi sembra molto pertinente. "Maturità", nella sua accezione primaria, fa riferimento al raggiungimento di un determinato stadio di sviluppo di "un qualcosa". Nel caso della maturità psicologica, ad esempio al raggiungimento di una piena autonomia e indipendenza di vita. Più pertinente invece è la seconda parte del tuo messaggio (dalla mia prospettiva), che fa riferimento all'idea di un modello, in questo caso quello del Maestro Gesù, che può essere usato, infatti, come "metro di paragone". Vedo che ti stai dando anche tu alla coscienziometria ☺. Buona Pasqua anche a te.

MISHA. Bene! Ma anche l'idea del raggiungimento di uno stadio di sviluppo è un processo comprensibile solo dal punto di vista di un principio ben definito che "si sviluppa" fino al completamento delle sue potenzialità. Il seme di una quercia non evolve in direzioni del tutto sconosciute. Il suo sviluppo fino a "maturità" è intimamente connesso a due condizioni fondamentali: 1)-che resti sempre se stesso, la sua "natura" resti "quercia" in ogni fase di sviluppo, dall'embrione invisibile fino alla quercia robusta; 2)-che non perda la consapevolezza che tutte le sue potenzialità, per essere sue, e per essere realisticamente in "sviluppo" o evoluzione, non devono cominciare a fantasticare di "potenzialità indiscriminate", ritenendo possibile, ad esempio, diventare seme di sambuco! Questa non sarebbe "apertura antidogmatica": sarebbe semplicemente un'utopia dalle tragiche conseguenze per la povera quercia che si crede sambuco! La traccia di un sentiero a cui attenersi per camminare non è una "camicia di forza": potrebbe rivelarsi la benvenuta opportunità che viene offerta alla mia capacità di camminare e di svilupparmi nel camminare (correre, saltare, ballare...)! Altrimenti potrebbe succedere, a una foresta senza "tracciato", di chiamare "libertà senza condizionamenti" un deserto senz'acqua o, per stare in tema di tracciati, un deserto dove l'acqua c'è ma non mi arriva perché viene rifiutata la "tubatura" che ne orienta il percorso, disperdendola nel nulla! Proprio con l'analogia della crescita umana, si dovrebbe capire che ci sono "fasi" in cui si rischia di morire senza un "tracciato" che ci costruiscono gli altri per sopperire ai nostri limiti. In fondo in fondo, non è molto realistica l'esistenza dell'età dell'Acquario, se non nella fantasia colorata di un geniale Andersen redivivo!

MAKSIM. Il tuo discorso non fa una piega, Misha, quando affermi che possiamo attuare solo il nostro potenziale, non quello di altri. Ma qual è questo nostro potenziale? Per rimanere nei confini della tua metafora, il problema è che le tracce sul sentiero sono più di una (e non solo una, come dici tu). Quindi, è comunque necessario esplorare, per cercare la traccia buona. E senza vera libertà, niente vera esplorazione, solo la sua simulazione (nel migliore dei casi). Certo, come giustamente affermi, l'esplorare comporta dei rischi. La ricerca interiore, indubbiamente, richiede coraggio.

ADOLE-SCIENZA

21 maggio 2014

MAKSIM. In latino il termine *circare* apparteneva al gergo della caccia. Il cane *circava* facendo cerchi sempre più ampi attorno ai luoghi dove era stata avvistata la preda. Il termine ricercare è invece iterativo, e indica l'atto di cercare più volte, cioè con attenzione, accuratezza, sistematicità e completezza. Infine, autoricercare è riflessivo, e indica la possibilità di spostare il focus della propria indagine dall'esterno verso l'interno, ossia dagli oggetti percepiti al soggetto percepente, oltre che al meccanismo della percezione in quanto tale. In altre parole, se quello della ricerca è un moto primariamente centrifugo, "verso l'esterno", quello dell'autoricerca è un moto essenzialmente centripeto, "verso l'interno": i cerchi sempre più si restringono al fine di catturare l'ambita preda, che si nasconde da qualche parte al centro, nel nostro nucleo più intimo e profondo, dove risiede la nostra identità primaria, ciò che realmente siamo al di là delle nostre false rappresentazioni e dei filtri deformanti creati dalla nostra mente ordinaria. Quanto sopra riassume in modo simbolico l'essenza dell'autoricerca, ossia di quel procedere attraverso il quale l'essere umano, da tempi immemori, tenta di sollevare un lembo del grande velo, cioè del mistero che avvolge l'esistenza di ciascuno di noi; un mistero che possiamo riassumere in alcuni interrogativi, quali ad esempio: *Chi e che cosa sono veramente? Da dove vengo e dove vado? Perché mi trovo su questo pianeta, in questo specifico gruppo di coscienze, in questo periodo storico? Posso migliorare la mia condizione, sia interiormente che esteriormente? C'è qualcosa al di là della morte fisica? Qual è il mio potenziale evolutivo e come fare per attuarlo? Hanno senso tutte queste domande e in che misura è possibile rispondere?* Semplificando all'estremo, è possibile affermare che a tutt'oggi, su questo pianeta, il contesto in cui le persone si pongono questo genere di interrogativi è ancora, principalmente, quello religioso e, salvo eccezioni, ad essi vengono date risposte mediante il ricorso ai cosiddetti dogmi della fede. In sostanza, il credente accetta, spesso di buon grado ma acriticamente, le risposte che la sua confessione ha stabilito per lui, accettando implicitamente che la possibilità di rispondere in modo più personale e critico a questi grandi interrogativi non sia alla sua portata. In altri ambiti, come quello della filosofia, questi quesiti sono invece indagati senza ricorrere a risposte prestabilite, quindi in uno spirito di vera ricerca della verità, o comunque di una verità relativa. D'altra parte, solitamente un filosofo affronta questi temi in modo prettamente intellettuale, cioè al di fuori di un percorso personale di sperimentazione del contenuto degli stessi. Rimaniamo quindi, sostanzialmente, nel campo della speculazione intellettuale, delle costruzioni di teorie, sicuramente articolate e spesso profonde, ma dove la parte di sperimentazione e applicazione pratica, quindi l'aspetto della conferma e della falsificazione sperimentale, è assente. Per dirla con una battuta: I filosofi sanno essere abili pensatori, oltre che osservatori, ma non amano troppo "sporcarsi le mani", restandosene a guardare il mondo dall'oblò. Coloro che invece, nel corso della nostra storia più recente, hanno cominciato a sporcarsele per davvero le mani, sono stati gli scienziati, vale a dire quella classe di pensatori che hanno scelto di "leggere" un unico grande "libro", nel confronto del quale hanno rivolto tutto il loro interesse: il libro del mondo, cioè della realtà tutta. In un certo senso, lo scienziato si trova a metà strada, da un punto di vista metodologico, tra il religioso, che crede acriticamente a quanto scritto nei testi ipoteticamente rivelati dal divino, e il filosofo, che difficilmente si immerge nelle profondità del mondo. Naturalmente, lo dico per non creare malintesi, sto qui semplificando all'estremo la discussione e adoperando i termini "religioso" e "filosofo" nel loro senso più riduttivo e stereotipato. È chiaro che esistono visioni più dilatate sia della ricerca filosofica che della pratica religiosa che si rifanno a modelli più articolati e complessi di indagine. Filosofi e religiosi di questa tempra sono però figure più rare, spesso controverse, che risiedono ai margini delle loro rispettive organizzazioni. Dunque, proseguendo in questo mio ragionamento, dalla tradizione filosofica lo scienziato ha attinto il suo amore per il pensiero logico e razionale, vale a dire per il pensiero coerente, non contraddittorio, intelligibile, compatibile con l'osservazione, mentre dalla tradizione religiosa, paradossalmente, ha attinto la sua particolare professione di fede. Infatti, anche uno scienziato è indubbiamente un uomo di fede: crede fermamente nell'intelligibilità del mondo, nella possibilità di acquisire maggiore conoscenza circa la sua natura e il suo funzionamento, quindi nella possibilità di fornire risposte attendibili a domande che siano sufficientemente ben poste. A differenza del filosofo però, lo scienziato non se ne rimane con le mani in mano, se così si può dire. In un certo senso, si può affermare che l'uomo di scienza ha saputo portare lo strumento dell'osservazione a un livello superiore, passando da una forma essenzialmente passiva di analisi a un processo molto più attivo di interrogazione del reale, che si traduce nel cosiddetto metodo sperimentale, cuore pulsante di ogni ricerca scientifica degna di questo nome. Per dirla con una metafora: Lo scienziato apre l'oblò ed esce dalla sua "nave mentale", immergendosi nelle acque del mondo, nuotandoci dentro, toccandolo in tutti i modi possibili e immaginabili. E lo fa attraverso un approccio sistematico, ordinato, organizzato, per trarre da queste sue azioni sperimentali delle informazioni davvero utili, cioè organizzabili in un corpus di conoscenze (dette teorie scientifiche) in grado di spiegare l'oggetto del suo studio. Inoltre, lo fa confrontando il frutto delle proprie scoperte con quelle dei suoi colleghi, sempre alla ricerca di un consenso, ben consapevole che la dimensione dell'oggettivo, in ultima analisi, è di natura intersoggettiva. La scienza esprime dunque, in linea di principio, una metodologia di indagine più completa rispetto a quella espressa dalla filosofia e dai sistemi religiosi. Infatti, anziché tentare di leggere e interpretare un semplice libro, che si presume parli della realtà, ambisce a leggere e interpretare direttamente il reale. Inoltre, anziché osservare il mondo attraverso il solo strumento della propria mente pensante, agisce e interagisce con esso a più livelli, in modo mirato, creando ad arte delle situazioni sperimentali (i famosi test sperimentali) con cui è in grado di formulare domande (operazionali) specifiche e ottenere risposte particolareggiate. D'altra parte, lo scienziato moderno del pianeta terra, all'inizio del terzo millennio, pur avendo saputo ampliare la propria metodologia di indagine, spingendosi oltre quella della filosofia e della religione, per ragioni storiche ha contemporaneamente ridotto drasticamente i propri orizzonti, limitando la propria analisi a solo alcuni aspetti del reale. Le ragioni storiche a cui mi riferisco sono ovviamente, in occidente, quelle di un potere religioso che ha dettato per secoli quale dovesse essere la corretta visione circa la natura della realtà e della vita, imponendo tale ortodossia di stampo rigorosamente dogmatico con ogni mezzo possibile. Basti pensare a figure come Giordano Bruno, o Galileo Galilei, per comprendere le difficoltà in cui si sono imbattute certe coscienze in evoluzione, nell'esprimere la possibilità di un pensiero libero e non dogmatico. E ancora oggi si deve prendere atto che sono numerosi i paesi dove l'unica forma di interrogazione del reale può avvenire solo entro i limiti interpretativi stabiliti dalle caste religiose tutt'ora al potere. Si comprende allora che, quale reazione a un lungo periodo di oppressione, la scienza, nel suo cammino di crescita, abbia cercato di porre la maggiore distanza possibile nei confronti di quei temi che da sempre preoccupano gli uomini di religione (oltre che, beninteso, i filosofi), quasi si trattasse per lei di una questione di sopravvivenza. Ne consegue che lo scienziato moderno, se da una parte lotta con forza per spingersi oltre la pigrizia di certe speculazioni filosofiche, spesso sterili, e di certe superstizioni religiose, figlie unicamente dell'ignoranza, dall'altra rinuncia a indagare la realtà tutta, cioè a porsi le domande più fondamentali, promuovendo così una forma di riduzionismo e limitazionismo che, paradossalmente, finisce con lo sposare quelle stesse forme di pigrizia e di ignoranza che si poneva di combattere. Per dirla in altri termini, se da una parte lo scienziato moderno, nella sua veste di ricercatore, può sicuramente essere considerato il simbolo di un lungo processo di maturazione, in cui l'uomo, forse per la prima volta su questo pianeta (in termini di movimento collettivo) raggiunge la possibilità di promuovere un'indagine veramente libera, espressione di un pensiero autonomo e ancorato al reale, dall'altra questa sua "maggiore età" sembra dover pagare il prezzo del sacrificio di quella parte di ricerca che è al centro stesso dell'interrogazione dell'uomo, sin dall'alba dei tempi. A titolo di esempio emblematico, posso citare la ricerca nel campo della moderna parapsicologia. Senza entrare qui nei dettagli, vorrei ricordare che nell'ultimo secolo i cosiddetti fenomeni paranormali (detti anche fenomeni anomali), come la chiaroveggenza, la telepatia, la precognizione e la psicocinesi, sono stati oggetto di esperimenti di laboratorio molto approfonditi e particolareggiati, compiuti da numerosi ricercatori iconoclasti che hanno coraggiosamente sfidato il ridicolo e messo a volte in pericolo la loro stessa credibilità e carriera scientifica. Ma sebbene i risultati di queste numerosissime indagini avvalorino la tesi della realtà di questi fenomeni (a prescindere dalla loro interpretazione), ancora oggi esiste un evidente ostracismo della più parte degli uomini di scienza che rifiutano in blocco tali risultati, senza nemmeno entrare nel merito degli stessi (salvo eccezioni), malgrado si tratti di dati ottenuti nell'ambito di esperimenti di laboratorio perfettamente controllati, eseguiti nel rispetto dei più rigorosi criteri dell'arte sperimentale. Questa mancanza di scientificità da parte di quegli stessi scienziati che per secoli hanno combattuto l'oscurantismo religioso, è il sintomo evidente che la scienza sia un'attività condotta da uomini, e che questi uomini-scienziati siano soggetti alle stesse leggi psicologiche e sociologiche cui è sottoposta ogni altra coscienza in evoluzione su questo pianeta. Con questo intendo dire che nel suo movimento di disidentificazione dal pensiero "mistico-religioso", la scienza, nel suo insieme, ha finito con l'identificarsi con una visione diametralmente opposta, che è quella del materialismo metafisico, o del fisicalismo. Ma proprio perché diametralmente opposta, rimane anch'essa, paradossalmente, una visione di stampo essenzialmente dogmatico. Ad alcuni lettori verrà forse in mente l'età adolescenziale, tipico passaggio nel percorso di maturazione psicologica di un essere umano. Se nella fase del bambino vi è totale dipendenza nei confronti della realtà genitoriale, nella fase adolescenziale si tenta di conquistare maggiore autonomia, solitamente passando da una condizione di piena identificazione nei modelli genitoriali a quella di un'identificazione in modelli diametralmente opposti, vale a dire rifiutando in blocco ogni contenuto dei primi. In questo modo, l'adolescente recide (sebbene ancora solo in parte) il "cordone ombelicale psicologico" e sperimenta la sua capacità di esistere a prescindere dai riferimenti genitoriali. Solo in seguito, terminata questa prima fase di ribellione, cioè superata la crisi di identità a cui essa fa riferimento, l'individuo può raggiungere la piena maturità psichica, reintegrando quei pezzetti che nel processo di "disubbidienza adolescenziale" si era perso per strada. Per dirla con Paul Watzlawick: "Essere maturi significa saper fare ciò che è giusto, anche se sono i genitori ad averlo vivamente consigliato". Questa analogia con la psicologia evolutiva mi pare assai calzante nel descrivere l'attuale condizione della scienza, nel nostro periodo storico. Possiamo dire, infatti, che quello della religione sia stato il modello genitoriale di partenza, da cui ha avuto origine l'impulso della ricerca, cioè il tentativo di dare risposte agli interrogativi fondamentali della vita. È difficile stabilire se in tempi remoti, forse pre-storici, siano esistiti su questo pianeta movimenti religiosi che fossero espressione di un vero genitore normativo positivo — per usare una tipica espressione dell'analisi transazionale di Eric Berne — cioè capaci di guidare costruttivamente l'evoluzione e sostenere la piena maturazione degli individui. È certo però che la maggior parte dei sistemi religiosi attuali ha perso questo ruolo di leadership, trasformando l'autorevolezza di un tempo in una bieca e cieca forma di autorità. In altre parole, l'ipotetico genitore normativo positivo, in grado di offrire una direzione e illuminare il cammino, si è trasformato col tempo in un genitore normativo negativo, favorendo in questo modo sia l'estremo della sottomissione, sia quello della ribellione. Fortunatamente, la piena sottomissione al potere religioso è storia antica nei paesi di moderna costituzione, che vedono nel secolarismo uno dei principi fondamentali dello stato. D'altra parte, dobbiamo osservare che la fase di ribellione adolescenziale dell'attuale istituzione scientifica non sembra essersi ancora esaurita. La scienza infatti, ancora oggi, sente di poter sopravvivere solo al prezzo di distinguersi in tutto e per tutto dal suo genitore normativo negativo, operando una chiara scelta di campo. Nel fare questo però, assume a sua volta una veste normativa negativa, decretando dall'alto del suo piedistallo, spesso su basi puramente arbitrarie, quale conoscenza sia tale, cioè scientifica, e quale invece sia solo pseudoscientifica, e in tal senso non attendibile. Ma come dice il detto: Buttando l'acqua sporca dobbiamo vegliare a non gettare allo stesso tempo anche il bebè! Il bebè è quel nucleo luminoso che possiamo ipotizzare sia all'origine dei primi movimenti religiosi, che hanno dato corpo a quelle domande che l'uomo rivolgeva al cielo, alla ricerca del senso della sua esistenza e di quella strana percezione (a volte consapevole) che aveva di sé. In altre parole, per uscire dalla sua crisi di identità adolescenziale, tutt'ora in corso, la scienza — forse dovrei dire l'adolescienza — ha interesse a guardarsi indietro e recuperare il seme di quelle domande originali, senza le quali la grande montagna scientifica rischia alla fine di partorire un topolino. [Tratto da: "Cercare, ricercare, autoricercare...", AutoRicerca, Numero 4, Anno 2012].

MISHA. Caro Maksim, sono costretto, almeno provvisoriamente fino a prova contraria, a inserire queste sue considerazioni in una lista dei "luoghi comuni" che si preoccupano poco di un esame davvero critico degli argomenti trattati: 1)- la religione come sistema di risposte prestabilite (i "dogmi"), che impedirebbe una ricerca critica e personale: è un po' come parlar male degli "assiomi" in geometria, accusandoli di non far progredire la ricerca matematica; o il solito "potere religioso che ha dettato per secoli quale dovesse essere la corretta visione circa la natura della realtà e della vita"; 2)- la filosofia come ricerca prettamente intellettuale, "al di fuori di un percorso personale di sperimentazione e applicazione pratica": per fortuna non la può leggere Platone (o Heidegger), per il quale la filosofia era un imparare a vivere e a morire; 3)- la scienza come strumento privilegiato di osservazione "a livello superiore" (?!), mentre io credevo che la scienza fosse proprio nata dall'esigenza di ridurre la complessità del reale ai suoi elementi "misurabili" e sperimentabili. Nacque per questo, agli albori della modernità, la distinzione tra "qualità primarie" (quelle misurabili come l'estensione) e "qualità secondarie", praticamente inesistenti per la "scienza". Quanto poi allo scienziato che "apre l'oblò ed esce dalla sua nave mentale immergendosi nelle acque del mondo...", mi sembra che contraddica un'"autoricerca", che sarebbe un ritornare in "interiore homine" (di cui già è stato grande maestro un Sant'Agostino), oppure un esplorar i regni delle realtà extrasensoriali o "paranormali", il cui accesso sarebbe stato impedito "storicamente" dal "potere oscurantista religioso". Non ci siamo. Da parte mia, le vorrei suggerire soltanto di tener conto, nel corso della sua "autoricerca", che – sebbene non ci siano percorsi proibiti per nessun tipo di indagine – il regno del sovrasensibile non può essere affrontato con metodi razionali inadeguatissimi all'oggetto, e poi – cosa più importante di tutte – di tener conto che il "sovrasensibile" non è un calderone indistinto che si definisce unicamente per la sua caratteristica di "stare al di là" del sensibile. Di "sovrasensibile" ce ne sono almeno "due", per così dire: quello "sottoterra" (la parapsicologia) e quello "sopra la terra" ("in cielo"). Dico solo di fare attenzione se si sta scavando "sottoterra" o se si sta "volando" sopra il cielo. Ognuna di queste operazioni (che non è un comodo "camminare a piedi" con gli strumenti della "ragione") richiede metodi e consapevolezza diversi, nonché rischi diversi, ai limiti della perdita del senno (quando questo fosse costretto – troppo tardi – ad accorgersi che, per evolvere in coscienza, in realtà non ha fatto altro che aprire un "vaso di Pandora". I trattati di "demonologia" (e la prego di leggere la parola in senso esclusivamente tecnico, non religioso) sono pieni di supercoscienziosi che non hanno più potuto "controllare" i propri cosiddetti "esperimenti di laboratorio". E ne è piena anche la letteratura fantastica, che su questi temi non ha perduto per nulla la sua attualità. Spero almeno che lei si renda conto di "argomentare" secondo un ritmo totalmente "positivistico" (che mi ricorda la dottrina dei tre stadi di Comte) in cui si auspica un superamento dei "pregiudizi" religiosi e l'avvento di un'era positiva scientifica. Forse lei – per quel che dice alla fine – differisce in questo: che vorrebbe guardarsi indietro e, buttando "l'acqua sporca" dei pregiudizi religiosi, "recuperare il seme di quelle domande originali". Così magari potrà accorgersi "criticamente", "da sé", che quel volgersi all'indietro non sarà soltanto un recupero delle domande, ma persino un recupero delle risposte che oggi lei chiama dogmatiche. Perché potrebbe scoprire che il dogma è la formulazione sintetica di esperienze di "autoricerca" già fatte e non lo strumento acritico di qualche "chiesa" assetata di potere. Ma la sua forma mentis "positivistica" non le permette di valutare diversamente. Quello che lei sta pensando come "novità", se lo ritroverà come cosa già pensata, che la sta aspettando al varco, perché nulla di nuovo c'è sotto il sole degli uomini. Del resto, guardarsi all'indietro, per recuperare qualcosa dopo "le crisi adolescenziali", è un tornare al "padre" da figliol prodigo. Gesù glielo sta già dicendo da parecchio tempo con le sue parabole, che contengono tutta la possibile "scienza" di questo e dell'altro mondo! Ma ogni cosa e ogni uomo ha i suoi ritmi e i suoi tempi e bisogna lasciare a ognuno i suoi ritmi e i suoi tempi. Questa è la libertà.

MAKSIM. Grazie Misha della tua reazione. È sempre interessante leggerti. È particolare che mi metti in guardia dai luoghi comuni, e poi apri il tuo discorso con un vero e proprio luogo comune: quello degli assiomi della geometria. Infatti, nel campo della geometria, ma non solo, si è cominciato a fare progressi proprio quando si è capito che alcuni di questi assiomi avevano un carattere contingente, e non universale. È noto infatti che la geometria Euclidea si è rivelata del tutto inadeguata per descrivere lo spazio tridimensionale in cui abitiamo con i nostri corpi macroscopici. Ed è altresì noto che per poter raggiungere una visione – non dico corretta, ma più corretta – è stato necessario abbandonare uno degli assiomi – il famoso quinto assioma di Euclide, delle "rette parallele" – per poter accedere alle famose geometrie non-Euclidee, che ad esempio servono a descrivere lo spaziotempo della relatività einsteiniana. Quindi, se da un lato gli assiomi sono utilissimi, perché ci permettono di capire qual è il minimo necessario per costruire una teoria, quindi una spiegazione, se non accettiamo che tali assiomi possano essere rivisti, riconsiderati, modificati, ampliati, ecc., la soluzione, alla lunga, rischia di trasformarsi in una prigione. Ti faccio un altro esempio. Negli anni trenta, proprio quando la fisica quantistica è stata compiutamente formulata, c'è stata un'altra teoria, matematica, che ha ricevuto una piena assiomatizzazione: la teoria delle probabilità, ad opera del russo Kolmogorov. Ora, ciò di cui ci si è accorti in seguito, è che alcuni assiomi della teoria classica delle probabilità erano palesemente violati dalle probabilità quantistiche, così come il quinto assioma di Euclide era violato dalla relatività einsteiniana. In altre parole, se vogliamo descrivere – comprendere – la natura delle probabilità insite nel reale, così come ci sono state svelate dalla fisica quantistica, dobbiamo anche in questo caso rivedere i fondamenti della teoria probabilistica. È in questo senso, e solo in questo senso, che i "dogmi" possono essere utili: Possono esserlo fino a quando restano dei puntatori, e non degli enunciati che non è possibile riconsiderare, alla luce dell'evoluzione della nostra conoscenza. Per quanto riguarda la mia considerazione circa la filosofia, intesa come ricerca prettamente intellettuale, mi sembra che non hai letto attentamente il testo. Infatti, ho messo un chiaro "warning", affermando che, mi cito: "Naturalmente, lo dico per non creare malintesi, sto qui semplificando all'estremo la discussione e adoperando i termini "religioso" e "filosofo" nel loro senso più riduttivo e stereotipato. È chiaro che esistono visioni più dilatate sia della ricerca filosofica che della pratica religiosa che si rifanno a modelli più articolati e complessi di indagine. Filosofi e religiosi di questa tempra sono però figure più rare, spesso controverse, che risiedono ai margini delle loro rispettive organizzazioni". Per il resto, è ovvio che un percorso di autoricerca promosso con discernimento terrà necessariamente conto anche dei pericoli insiti in ogni esplorazione di territori nuovi. Si possono fare incontri edificanti, ma anche incappare in cattive compagnie. Non mi sembra però di avere mai lasciato adito all'idea che quando esploriamo l'extra-sensibile non vi siano precauzioni da prendere, quindi faccio fatica a capire le ragioni del tuo commento, circa il "calderone" di cui parli. E naturalmente, non ho nulla contro le "conoscenze rivelate", l'importante è che tali conoscenze siano in grado di condurre ad esperienze trasformative. La fede è l'ipotesi, e ben venga se questa ipotesi ci è fornita da una fonte attendibile, o possibilmente attendibile, cioè da qualcuno che avrebbe fatto un pezzo del cammino che noi ancora dobbiamo fare. Dopo la fede, cioè dopo l'ipotesi, c'è la speranza, ossia l'osservazione che se un cammino è stato possibile per qualcuno, simile a me, può esserlo anche per me, per un principio di uniformità; e meglio se questa speranza è accompagnata da un metodo, studiato per aiutarci a percorre quel cammino. Lo yoga di Patanjali è un bellissimo esempio di un antico metodo che ci è stato offerto. Naturalmente, non è il solo. Gesù ha offerto il suo, forse meno distante dallo yoga di quello che si vorrebbe far credere. E dopo la speranza, c'è la conoscenza, che corrisponde alla possibilità di toccare con mano, in modo concreto ed esperienziale, quella possibilità, realizzandola. L'importante è che il primo elemento di questa triade, la fede, mantenga il suo valore primario di ipotesi, e non di assoluto non-sindacabile. Altrimenti, il rischio è di rimanere intrappolati entro una ristretta geometria Euclidea. Solo un approccio alla spiritualità che contempli una dimensione di vera ricerca, ritengo, può permetterci di andare oltre la "prigione Euclidea", e abbracciare una spiritualità più matura. Certamente libera, ma non ingenua.

MISHA. Così mi conferma che la confusione è massima (non sua... dico tra noi!), anche se accetto di buon grado la sua "ironia" su "fede speranza e... carità, sintomaticamente sostituita da "conoscenza". Mi conferma inoltre nel sospetto che lei ami giocare con le parole, indipendentemente dal contenuto e dal significato proprio delle stesse. A nulla servirebbe dimostrare che le parole hanno un contenuto "proprio", anche se a volte analogico, perché lei è molto bravo a mostrare che ognuno può interpretare le parole come meglio crede, eventualmente secondo il significato che meglio fa al caso del "momento evolutivo". 1) Io sono ignorante di cose "scientifiche" in senso stretto. Ma sono certo che nessuna "nuova" conquista scientifica è degna di questo nome se è "alternativa" alle vecchie. La scienza è vera scienza se la fase evolutiva del momento "X" non esclude, ma include la fase superata "X-1". La concezione dello spazio-tempo einsteiniana non sostituisce "relativisticamente" la concezione dello spazio-tempo assoluto, che rimane vera nel suo ambito. Credo che sia così anche per la geometria. Una linea come linea non cambia il suo significato per il fatto che, vista da molto lontano, è un punto. Una formula scientifica che va a sostituirne un'altra vecchia è "scientifica" soltanto se "ingloba" in una visione più onnicomprensiva il vecchio, non se lo esclude. L'identificazione di un oggetto non è "materiale" e "assoluta", ma formale e relativa, dove "relativa" non significa che un oggetto cambi connotati quando io ne colgo o ne scelgo una sola "formalità". Una curva può ben essere considerata una retta, in un ambito più riduttivo, ed essere studiata, in quell'ambito, come retta con le leggi e le caratteristiche di una retta. Dunque è scorretto chiamare gli assiomi della geometria euclidea "luoghi comuni" per motivi esclusivamente di dialettica retorica con me. Una sedia resta una sedia: il fatto che lei la vuole considerare formalmente come "un grave", essa mi dice che lei è un fisico; se io la considero nella forma e nei colori, essa le dice che io sono un arredatore; se pinco pallino guarda al prezzo, avrò l'informazione che pinco pallino è un economista. Ma i punti di vista "formali" non cambiano la realtà "materiale" della sedia, trasformandola in "tavolino". Le leggi del grave non sono le leggi del mercato, ma l'oggetto è quello. Ecco: noi dobbiamo innanzitutto "togliere il velo" al giochetto della "relatività" per stabilirne – tra me e lei – un significato univoco, in modo da usarla in un senso appunto UNIVOCO. Perché una cosa è usare la parola "relativo" per dire: io considero questa sedia "relativamente" a una particolare legittima prospettiva (fisica, o economica, o estetica, ecc.); altra cosa è usare la parola "relativo" per insinuare il dubbio che uno è legittimato a vedere in quella sedia quello che vuole, secondo un suo particolare modo di vedere (sedia, tavolino o astronave a quattro zampe). La fede non cambia la sua natura di fede per il fatto che esiste una "evidenza" o "conoscenza" delle cose che la relativizza. La fede, nel suo ambito, ha sempre la stessa natura e di conseguenza la stessa immutabile definizione: "certezza di cose che non si vedono". Dalla definizione vera di fede ("certezza di cose che non si vedono") lei si può rendere conto che non è mai un'ipotesi, come lei "crede" per sentito dire. È ovvio che il vedere o il conoscere direttamente una cosa tocca un ambito diverso (quello della visione e della conoscenza) e quindi toglie alla cosa la necessità di essere approcciata nella "fede", ma non fa della "fede" una cosa superata nel suo ambito. In tema religioso, infatti, la "visione beatifica" supererà la fede, che morirà, come morirà la speranza. Sperare di arrivare a Milano non ha senso, una volta arrivati! Insomma: un dato, se è veramente scientifico, non potrà mai essere superato, ma tutt'al più letto e inglobato in una visione "scientifica" più onnicomprensiva. Einstein non era affascinato negli ultimi anni dai problemi della "totalità"? 2) Su filosofia e religione, lei tira il sasso e poi nasconde la mano. Se usa i termini in maniera riduttiva, e lo dice, non può poi decretare – per le religioni e le filosofie che non le piacciono – che sono quelle a essere "riduttive" in virtù di non meglio precisate "visioni più dilatate" (si drogano?), che si troverebbero sempre "fuori dalle organizzazioni". Più dilatate o più arbitrarie? Io, per esempio, le posso assicurare che non è così e che lei combatte contro un'idea di "religione" che è un vero e proprio "luogo comune", da cui si è lasciato permeare "colpevolmente" (e dico colpevolmente perché non posso accettare questo da una persona intelligente ed esperta e libera che parla di autoconsapevolezza tutti i giorni). 3) La triade fede, speranza e conoscenza è un'invenzione simpatica e geniale, ma è priva di senso per chi sa che la fede è "un assenso dell'intelletto critico" a certe cose e non un abbandono irrazionale a belle fantasie senza "prove". Fede e conoscenza non si oppongono: ciò che si oppone è "la conoscenza per fede" e "la "visione faccia a faccia", dove la "visione faccia a faccia" non è che sia opposta: solo rende superflua la fede! Lei conosce qualcuno che vede "dio" faccia a faccia sin da questa vita? Eduardo De Filippo diceva che la vita è come la sala d'attesa di un dentista: sperimenteremo come stanno le cose quando verrà il nostro turno per tirarci il dente. La fede è tutto ciò che riusciamo a raccogliere "criticamente" del dentista, per farci un'idea ragionevole della sua professionalità. Richiede il massimo della funzione "critica" nel raccogliere i dati e soprattutto nell'unificarli secondo criteri razionali, altrimenti ci potremmo trovare davanti a un macellaio e non a un dentista! P.S.: "credere" di vedere ciò che per natura può essere solo "rivelato" da forze che ci superano, è una delle forme più singolari di "credulità"! A meno che, come è storicamente successo, per negare Dio non si sia avuta la pretesa di sostituirsi a lui, come puntualmente accade inevitabilmente per chi lo "uccide" (come ben aveva visto Nietzsche, che alla morte di Dio non poteva che spingere l'acceleratore verso il "Superuomo"!).

MAKSIM. Riguardo il tuo primo punto, confondi i fenomeni con la spiegazione dei fenomeni. Certe spiegazioni (teorie) col tempo proprio si estinguono, e di loro non rimane traccia nelle spiegazioni successive, salvo come fossili. I fenomeni osservati, i dati dell'esperienza, quelli ovviamente rimangono, ma vanno ad acquisire un significato completamente diverso. Nella teoria del flogisto, ad esempio, la combustione avveniva perché il materiale infiammabile conteneva flogisto. Nulla di questa spiegazione è sopravvissuta nella moderna teoria dell'ossidazione. Le nuove teorie includono le vecchie nel senso che (sto semplificando) consentono di spiegare le stesse cose che spiegano le vecchie, sebbene solitamente meglio, e sono anche in grado di fare delle previsioni che le vecchie non sono in grado di fare. Ma le vecchie spiegazioni spariscono del tutto: non si trovano in alcun modo contenute nelle nuove. La forza di gravitazione (su cui Newton recitò il suo famoso "ipotesi non fingo") semplicemente non esiste più nella teoria di Einstein. Diventa una "forza apparente" (quindi non più una forza), espressione di una proprietà geometrica dello spazio. Allo stesso modo, nulla della spiegazione che voleva che gli angeli sospingessero i pianeti è rimasto nella teoria di Newton. Le nuove spiegazioni sono nuove proprio perché non contengono le vecchie. Non è un ampliamento, è un rifacimento su basi completamente diverse (e ogni nuova spiegazione apre a nuovi interrogativi, prima impossibili). Detto questo, il progresso scientifico avviene anche in parte nel senso che dici tu: pezzi vengono aggiunti a una teoria esistente, oppure, formulazioni più precise di una teoria vengono proposte. Ma ogni tanto accade qualcosa di diverso, e di più importante: una vera e propria nuova spiegazione si fa strada. Questa dà vita a una cosiddetta rivoluzione scientifica, che muta completamente la nostra prospettiva sulle cose. Per le visioni dilatate, alcuni sciamani usavano e usano infatti anche delle droghe, nell'ambito dei loro rituali, per "ottenere la visione". Il problema delle droghe è che solitamente producono degli effetti non controllabili, non favoriscono il discernimento, e alla lunga diventano più un problema che una soluzione. Senza parlare dei danni cerebrali, spesso irreversibili, che sono in grado di produrre. Personalmente, non sono favorevole. Va detto però che ogni cosa che noi facciamo agisce su di noi come una sorta di droga, nel senso che, se facciamo qualcosa di non ordinario, come ad esempio respirare in modo più profondo e consapevole quando preghiamo (come facevano i primi monaci cristiani, i cosiddetti "padri del deserto"), automaticamente altereremo un equilibrio, quindi il nostro stato di coscienza. Alterazione non necessariamente implica patologia. A volte è utile, se non necessario, alterare un equilibrio, e credo che Gesù era un maestro in questo. Detto questo, Misha, io non combatto nessuna "idea di religione", suggerisco solo che la religione avrebbe interesse a creare le condizioni per una maggiore ricerca al suo interno. Ma capisco che l'idea stessa di ricerca necessiti a sua volta dell'idea che vi sia qualcosa da cercare, e che quindi il contenuto della rivelazione andrebbe inteso non come qualcosa di definitivo, ma come qualcosa in continua evoluzione. E questo è indubbiamente un pensiero eretico. Per dirla in un modo diverso, dalla mia prospettiva il divino non ha mai smesso di rivelarsi, lo ha sempre fatto e continuerà sempre a farlo, in tutti i modi possibili. L'assunto che lo abbia fatto una sola volta, in un solo modo, in un solo luogo, è ovviamente un punto di partenza troppo riduttivo per che si muove nella logica della ricerca, che non dà mai nulla per scontato. Il ricercatore è anche lui un uomo di fede, ma ha fede più nelle possibilità insite nella ricerca (e nella trasformazione che essa sottende), che in un contenuto specifico. Detto questo, concludo osservando che il significato delle parole è sempre e comunque contestuale. Per questo è possibile "giocare" con le parole: perché come un fluido, possono sposare diverse forme, quindi diversi significati. Ed è proprio perché lo possono fare che sono strumenti così efficaci per indagare il reale. Il problema, naturalmente, è usarle con discernimento, senza creare confusioni. La "mia" triade "fede-speranza-conoscenza" non è senza senso: ha, semplicemente, e esattamente, il senso che le ho dato, per il modo in cui ho scelto di contestualizzare il significato potenziale di quei termini. Puoi non concordare con la mia contestualizzazione, ma dire che è senza senso è, come dire... senza senso ☺.

TRA DOGMI E RAZIONALISMO

24 maggio 2014

MAKSIM. Diceva Bertrand Russell: "Il mondo non ha bisogno di dogmi, ha bisogno di libera ricerca". Naturalmente, è importante precisare che si tratta di ricerca libera. La ricerca motivata dal lucro ad esempio, non è tale, poiché il suo scopo non è la verità, ma per l'appunto il lucro. Ma che altro possiamo cercare, se non il vero, il reale, l'oggettivo, il permanente? Naturalmente, non per tutti "ricerca" e "ricerca della verità" sono sinonimi. "Big Pharma" può essere un buon esempio di cattiva ricerca, mossa da interessi quasi esclusivamente economici. Purtroppo non è il solo cattivo esempio. Il giorno in cui la ricerca smetterà di essere pilotata, su questo pianeta, raggiungeremo sicuramente un'era di maggiore benessere. Ma non è semplice, poiché una ricerca libera significa anche un'umanità più matura e consapevole. In altre parole, al momento abbiamo la qualità di ricerca che rispecchia l'attuale livello evolutivo del pianeta. E non è solo una questione di soldi, è anche una questione di controllo, e di potere. Ricerca libera significa anche uomini liberi, e questo rappresenta per molti un serio problema. Ma ci arriveremo. L'importante è che gli uomini e le donne di buona volontà si diano da fare in questa direzione, cominciando con la loro ricerca e libertà interiore.

MISHA. Ovviamente sono totalmente d'accordo sul suo primo commento: libera ricerca, verità, l'oggettivo e il permanente. Sorvolo sull'ultimo, dove ritornano tesi per me discutibili (del tipo: «abbiamo la qualità di ricerca che rispecchia l'attuale livello evolutivo del pianeta»; oppure, fideisticamente: «ci arriveremo»). Quanto alla tesi in generale, che «il mondo non ha bisogno di dogmi, ha bisogno di libera ricerca», torno sommessamente a ripetere che le due cose si contrappongono solo nella mente di chi ha un'idea del tutto errata dei dogmi (e qualche notizia sul "potere" repressivo orecchiata in ambienti carichi proprio di pregiudizi). Dato il suo amore per la ricerca e la libertà e data la sua avversione – almeno per quel che lei dichiara a parole – per ogni sorta di pregiudizio, la invito amichevolmente a metter nel carrello questo libro – "Come la Chiesa cattolica ha costruito la civiltà occidentale", di Thomas E. jr. Woods, Cantagalli editore – che le offre una panoramica "alternativa" a certi "luoghi comuni". Questo, giusto per non rimanere chiusi nelle orribili segrete della "Santa Inquisizione", ancora oggi, nell'Anno Domini 2014. E anche per cercare di tamponare alla meno peggio il vezzo masochistico dilagante di sputare continuamente nel proprio piatto (ma probabilmente non è il caso suo), preferendo sistematicamente pietanze altrui, a volte anche un po' indigeste!

MAKSIM. Misha, non so dirti esattamente se Russell pensava solo ai dogmi religiosi, o se intendeva i dogmi in un senso più ampio. Io sicuramente intendo il termine in un'accezione molto ampia, vale a dire, ogni assunto che per qualche strana ragione decidiamo di non dover mai più rimettere in questione. Una posizione di questo tipo andrebbe idealmente sempre evitata, se non vogliamo rischiare di trovarci un giorno in un vicolo cieco evolutivo. Naturalmente, il fatto che una cosa possa essere cambiata non significa che debba necessariamente esserlo. L'importante è che se e quando fosse necessario farlo, la cosa sia possibile. Detto questo, è indubbio che la nostra cultura abbia radici cristiane, mi sembra quasi una lapalisse.

MISHA. Caro Maksim, con certe sue risposte aumentano i miei dubbi che lei ami giocare con le parole: le allarga, quando gli altri le stringono, le stringe quando gli altri le allargano, con il risultato che si sfugge quasi sempre al succo del discorso: Russell pensava proprio esattamente ai dogmi religiosi, perché la citazione è tratta da una sua famosa "operetta" dal titolo "Perché non sono cristiano" (del resto il termine "dogma" non è nato in un'accezione "larga" tanto da sfuggire alla sua chiara connotazione religiosa e cattolica in particolare). Detto fra parentesi, la suddetta opera è una collezione di così superficiali banalità, che quasi stento a credere che siano nate dalla penna di un genio. Le farò un solo esempio. Dal capitolo primo, le leggo come il Nostro confuta uno degli argomenti che San Tommaso adduce per provare razionalmente l'esistenza di Dio, "l'argomento della causa prima". Dice il Nostro: «Forse è l'argomento più semplice e facile da comprendere. Ogni cosa in questo mondo ha una causa e, proseguendo nella catena delle cause, si giunge a una Causa Prima, cioè a Dio. Oggi questo discorso non ha molta importanza pratica. Filosofi e scienziati se ne sono occupati per confutarlo; ma il principio della Causa Prima non regge da se stesso. Quando ero giovane e studiavo questi problemi con molta serietà, ammisi per molto tempo il principio della Causa Prima. Un giorno, però, a diciotto anni, leggendo l'autobiografia di John Stuart Mill, trovai questa frase: "Mio padre mi insegnò che la domanda: 'Chi mi creò' non può avere risposta, perché suggerisce immediatamente un nuovo interrogativo: 'Chi creò Dio?'"». «Compresi allora – continua Russell – quanto fosse errato l'argomento della causa Prima. Se tutto deve avere una causa, anche Dio deve averla. Se niente può esistere senza una causa, allora perché il mondo sì e Dio no?...». Ora, caro Maksim, stento a credere che questi "argomenti" puerili possano essere utilizzati da personaggi del calibro di Russell. Infatti, senza essere scienziato, ciascuno di noi, nella banale esperienza quotidiana, incontra oggetti che sono causa di qualcosa senza essere a loro volta causati in quel "qualcosa" di cui sono causa. Esempio: il sole, che illumina ma non può "essere illuminato"; oppure, cambiando una vocale, il sale, il quale sala ma non può "essere salato"; l'acqua bagna senza poter "essere bagnata", come il fuoco riscalda senza poter "essere scaldato". Ecco la banalissima ragione (RAGIONE nel senso proprio "ragionevole" del termine) per cui chi crea non può "essere creato"! Rimanendo coi piedi per terra, si scoprono analogicamente molte più cose di Dio di quante ne possa scoprire una grossa testa fra le nuvole. Forse è per personaggi come Russell che sono stati scritti certi passi della Scrittura: «Ti rendo lode, Padre, Signore del cielo e della terra, perché hai nascosto queste cose ai sapienti e ai dotti e le hai rivelate ai piccoli» (Mt. 11, 25). P.S.: esistono degli assunti che non possono essere "illuminati", ma non c'è una "strana ragione", come lei pensa. C'è una ragione profondamente razionale, glielo accennavo prima: i "dogmi" servono per illuminare e non per essere illuminati. E, appena si cerca di illuminarli, non solo vengono ricacciati vieppiù nel buio, ma perdono la loro funzione precipua! È un po' quello che succede a un'automobile che, di notte, punta i fari accesi sulla campagna: la fonte della luce, dietro i fari, non può che rimanere – logicamente – al buio! O quel che succede agli occhi che, nella funzione di vedere, non possono essere visti. Ecc. Ecc. Ecc. La vera questione è che quando la "ragione critica" crede di poter scorrazzare dappertutto, in spazi che non le competono, diventa razionalismo e, come già ho avuto modo di dire qualche altra volta (con le parole del cardinale Biffi): "La ragione sta al razionalismo come i polmoni stanno alla polmonite"! Concordo con lei quando dice che una cosa può essere cambiata. Ma in questa asserzione c'è nascosta una piccola verità: e cioè che lei non potrebbe accorgersi del "cambiamento" di quella cosa se quella cosa non potesse rimanere SEMPRE essenzialmente "quella cosa" per tutto il tempo del "cambiamento"! Nulla, se non l'essenza immutabile di quella cosa, potrebbe farle dire a un certo punto: "questa cosa è cambiata"! La migliore garanzia di ciò è che continua a identificarla come "quella cosa", malgrado il cambiamento!

MAKSIM. Le analogie sono uno strumento interessante per illuminare certe possibilità. Vanno usate però con discernimento, sempre ricordando che è possibile trovare analogie per sostenere una tesi e il suo esatto contrario. Che la funzione dei dogmi sia quella di agire un po' come torce, in grado di illuminare, non c'è dubbio; ma che queste torce possano a loro volta essere illuminate, da altre torce, è anche questo fuori dubbio. Ed è chiaro che, quando un dogma viene illuminato, questo perde, in quel momento, temporaneamente, la sua funzione precipua. Se una torcia emette una luce fioca, resta una fonte di luce. D'altra parte, può indubbiamente essere illuminata da una fonte di luce più intensa. Oppure, per usare un'altra analogia, non è detto che tutte le parti di una torcia emettano luce propria: alcune potrebbero restare in ombra, e potrebbe essere utile, se non necessario, illuminarle. La radianza della superficie di un sole non è necessariamente omogenea: ci possono essere delle macchie che emettono meno luce, e che pertanto è possibile maggiormente illuminare, magari agendo all'interno stesso della stella, innestando nuovo materiale per promuovere una combustione di maggiore qualità. Stessa cosa per una fiamma, che può avere diverse temperature, quindi può essere scaldata da un'altra fiamma, più calda, o è possibile aumentare la sua temperatura aggiungendo più ossigeno, affinché possa meglio respirare, e di conseguenza scaldare e illuminare. Detto questo, quando si parla di dogmi, religiosi o meno, quindi di un'ipotetica visione dell'assoluto, c'è un problema su cui continuamente si gira attorno. Per quanto non vi sia contraddizione logica nell'ipotizzare l'esistenza dell'assoluto, e per quanto possiamo sicuramente ipotizzare che frammenti di quell'assoluto siano arrivati a noi, come possiamo distinguere i veri dai falsi frammenti, o peggio ancora, come possiamo smascherare i frammenti ambigui, che contengono parti vere (luminose) e parti false (che non emettono luce)? C'è solo un modo: provare ad osservarli ed esaminarli attentamente, cioè illuminarli con la luce della nostra ragione. Naturalmente, fino a quando la nostra luce resterà fioca, difficilmente saremo in grado di portare luce su eventuali crepe, o zone d'ombra, presenti in quei frammenti, quindi il nostro compito più importante è indubbiamente quello di far crescere la nostra capacità di ragionare in modo corretto, di osservare in modo neutro, di sviluppare il nostro discernimento, la nostra libertà interiore, e sperimentare in modo ampio il reale. Questo, al fine non solo di usare i dogmi disponibili, cioè i puntatori disponibili, per illuminare il nostro cammino, ma anche, necessariamente, per illuminare quegli stessi dogmi, rimettendoli se del caso in questione. Rimanendo in tema di religione, ogni religione ha i suoi puntatori-torce-dogmi specifici, e questa sola constatazione dovrebbe invitare il credente a una certa prudenza. Quindi, tornando a Russell, possiamo tranquillamente tralasciare la prima parte della sua massima, e affermare che "[...] il mondo ha bisogno di libera ricerca". Ma questa ricerca, proprio perché libera, deve essere anche in grado di rimettere in questione ogni possibile fonte di luce. L'unico leader religioso a capo di un'istituzione di un certo rilievo che ho sentito esprimere un pensiero che andava in questa direzione è il Dalai Lama. Per citare le sue stesse parole: "Nel Buddismo in generale, e soprattutto nel Buddismo Mahayana, l'atteggiamento di base è un generale scetticismo. Persino le stesse parole del Buddha ci dicono che è meglio restare scettici. Questo atteggiamento scettico solleva automaticamente delle domande. Le domande portano a risposte più chiare o a successive indagini. Perciò il Buddismo Mahayana fa maggiore affidamento sulla ricerca che sulla fede".

MISHA. Se lei dovesse usare un simbolo per indicare la luce, che simbolo userebbe? E per indicare il calore? Quando si sarà data la risposta, vedrà che almeno la metà del suo commento su luce e calore è perfettamente inutile. Io non ho detto che i dogmi sono delle "torce", perché non lo sono. Così ammetterebbero di essere illuminati o riscaldati da una fonte più luminosa e più calda. Ma non si chiamerebbero più dogmi, perché non sarebbero più "princìpi primi", sarebbero spiegabili alla luce di una fonte "più primaria". Poco male: questa fonte più primaria si chiamerebbe DOGMA, PRINCIPIO, e saremmo punto e a capo, perché allora questa fonte più primaria diventerebbe a sua volta inspiegabile. Ma è mai possibile che non riesco a comunicarle una cosa semplicissima: lei inventi pure a piacere migliaia di migliaia di contesti diversi, il ragionamento non si sposta di una virgola: in ogni contesto le "relazioni" si organizzerebbero sempre intorno a un elemento "primo e principale" che farebbe da perno "immobile" al sistema. Diciamo, da DOGMA! Se, in un qualsiasi contesto, noi riusciamo a trovare il "bandolo" di una matassa, il bandolo sarebbe ipso facto indiscutibile. È una pia illusione e UN PREGIUDIZIO ritenere di sconfiggere presunti dogmi in nome di una presunta libera ricerca, perché sono due cose che non confliggono. Ogni universo ha un "centro immobile", cioè "a-critico". Se lei riuscisse a spiegarlo, lo farebbe solo con la conseguenza inevitabile di intronizzare in un altro universo un altro centro indiscutibile. Non esiste un universo senza princìpi primi: soltanto una malattia mortale può pensarlo: IL RAZIONALISMO! Vale a dire la pretesa che la ragione non abbia "uno statuto", dei "vincoli", dei "centri" che la fanno essere se stessa, negando i quali non fa altro che SUICIDARSI, non ESERCI-TARSI CRITICAMENTE! Questi arzigogoli apparentemente astratti, del resto, li può verificare lei stesso ad occhio nudo. SEMPRE (dico "sempre"!), in tempi di massima espansione del "razionalismo" e delle "pretese" autonomie della ragione, questa è caduta contemporaneamente vittima dei più vieti pregiudizi degni di un uomo primitivo: Cartesio – padre della geometria analitica – cercava il Santo Graal; lo scienziato Newton era legato mani e piedi all'ermetismo e alla magia; Sir Arthur Conan Doyle (l'inventore del "razionalissimo" Sherlock Holmes) credeva nelle fate e diceva che riusciva a fotografarle. Magnati della politica, dell'industria, del giornalismo oggi lasciano le chiese al popolino bue, ma loro si fanno leggere la mano dalle più volgari fattucchiere (o fattucchieri) dell'universo. Il perché è semplice: la ragione che non vuole "bussole" al di sopra di sé, prima o poi perde la bussola e finisce per dare i numeri al lotto. Al giorno d'oggi troverà molte persone assennate e di successo che corrono dietro agli UFO, a conferma di un noto aforisma di Chesterton: "Chi non crede in Dio, non è che non crede più a niente; è che comincia a credere a tutto". O a conferma di quell'altro, ancora più illuminante: "Il pazzo non è l'uomo che ha perso la ragione. Il pazzo è l'uomo che ha perso tutto, tranne la ragione!" Mi dia retta: per un sapiente contrappasso, "l'intellighenzia" che lascia al popolino il culto del sacro, ritenendolo ingenuo, è destinata a sfornare inesorabilmente i più accaniti "creduloni" della storia e del pensiero umano!

MAKSIM. Caro Misha, come fai a stabilire a priori che un perno è immobile? Per farlo, non lo devi forse osservare? Non devi forse mettere alla prova la sua presunta immobilità? Come faccio a spiegarti una cosa semplicissima, ossia che chiunque può dichiarare "Questo è l'unico perno immobile!" e subito dopo aggiungere "Non osservatelo, non provate a muoverlo, è proibito farlo!" O addirittura, pretendere che il perno sarebbe inosservabile, sebbene allo stesso tempo sotto gli occhi di tutti. Nel primo capitolo del Daodejing, l'autore fa la seguente affermazione: "Il tao di cui io parlerò non è l'eterno Tao". Quando parli di dogmi, dicendo che non sarebbero illuminabili, penso tu confonda l'eterno Tao – Dio – con ciò che gli uomini sono in grado di dire e comprendere a proposito di Esso. I dogmi di cui tu mi parli non sono l'eterno Tao, per questo sono illuminabili, ed è bene provare ad illuminarli, per le ragioni che ho già detto. Riguardo il tuo ultimo commento, mettere nello stesso calderone ciarlatani e seri ricercatori, non mi sembra, come dire, una cosa seria, dammi retta ☺.

MISHA. Alla sua prima domanda posso rispondere – ribadendo sempre la stessa cosa – con un'altra domanda: "Che cosa le fa dire che il Maksim di 50 anni fa che vedo in fotografia è lo stesso di quello che mi sta davanti 50 anni dopo? "Il soggetto" del cambiamento (Aristotele lo chiama "sostanza" = "stante sotto", "sottostante") c'è ma non si vede. La sostanza – dice Aristotele – non è l'oggetto proprio della sensibilità. Quindi alla domanda: "non la devo forse osservare?", si risponde: "Nient'affatto! La sostanza non è oggetto di osservazione diretta, ma soltanto dell'intelletto, "attraverso" le sue "proprietà" (Aristotele dice, in linguaggio tecnico, "è sensibile per accidens)". È sperimentabile in ragione di quella caratteristica dell'intelletto che, quando i sensi vedono una forma rotonda, di colore rosso-verde sul tavolo, gli fanno dire a colpo sicuro, sulla base dell'esperienza: "Questa è una mela", anche se sensibilmente si vede solo il rosso e il rotondo, quel gusto, quell'odore o quel sapore. Ma la mela non la posso osservare, perché solo il sensibile è oggetto "proprio" dei sensi: il colore e le forme per l'occhio, l'odore per l'olfatto, la ruvidezza per il tatto, il suono per l'udito, il sapore per il gusto. La mela può essere rossa, gialla, grande o piccola, mezza bacata, mezza mangiata. Può essere del tutto guasta e tuttavia diciamo: "quella mela che ho comprato ieri si è guastata". Ha cambiato colore, forma, odore, tutto, ma è "quella mela"! La "sostanza non cambia e non si può osservare! Non è che ci sono dei cardinali che ti proibiscono di cambiarla, è lei immutabile

nei cambiamenti. I cardinali ne prendono solo atto, si inginoc-
chiano dinanzi alla forza del reale, pesantemente "dogmatico".
Forse lei non ha mai curiosato nell'epistemologia dei grandi
classici, in questo caso Platone o Aristotele (che – come lei sa –
non avevano "chiese" a disposizione delle loro fantasie). Quanto al Tao, lei si butta la zappa sui piedi, perché intuisce che "i
dogmi" descrittivi del divino gli assomigliano nel contenuto,
anche se non nel modo di esprimerlo: anch'essi dicono
"l'indicibile"! Però non vuole riconoscerlo, ha dei pregiudizi:
dice che "non sono l'eterno Tao" e vanno illuminati. Con che
cosa, dato che sono "abbaglianti"? Quanto al nostro modo di
esprimerci, siamo sempre insufficienti a chiamare "il Tao" ap-
propriatamente, così come è ineffabile la Trinità, malgrado la
ragione "teologica". Il Tao non si può nominare e tuttavia lo
nominiamo: TAO! È la condizione umana!

MAKSIM. Lo so bene, Misha, che non c'è nessun cardinale che
mi proibisce di avere una comprensione differente circa quella
misteriosa sostanza, ci mancherebbe altro. Così come non c'è
nessun filosofo, tipo Russell, che può proibire a un cardinale di
aderire a certi dogmi specifici. Personalmente, non vedo però
cosa c'entri la "forza del reale" quando si parla di dogmi specifici come "l'infallibilità papale", "l'immacolata concezione",
"l'esistenza dell'inferno", ecc. Ma questo dev'essere un limite
del mio intelletto che non si è inginocchiato a sufficienza ☺.
Detto questo, non ho problemi a riconoscere, contrariamente a
quanto affermi, che ogni ricerca degna di questo nome, interiore
o esteriore che sia, è un tentativo di "dire l'indicibile". Penso
solo che questo tentativo debba essere portato avanti secondo i
dettami di una libera ricerca, a trecentosessanta gradi. Libera e,
naturalmente, pienamente responsabile. Un ultimo appunto.
Quando si parla di "dire l'indicibile", bisogna capirci bene. Non
significa che l'indicibile, perché tale, non possa essere detto.
Semplicemente, non può essere svelato interamente, e sicuramente non tramite una ricerca unicamente intellettuale. Per questo la vera ricerca non è fatta di sola teoria, ma anche di pratica.
Al processo di natura teorico-intellettuale deve affiancarsi un

processo di natura pratico-trasformativa. Altrimenti, difficil-mente potremo assaporare la mela di cui parli, superando le an-tiche proibizioni a cibarcene e, soprattutto, accedendo a versioni sempre meno grossolane della stessa. Ma su tutto questo, ov-viamente, non è necessario essere d'accordo. L'importante è che la libera ricerca sia possibile, così come la libera aderenza ai diversi dogmi delle diverse fedi. Il tutto, naturalmente, *cum grano salis*, da entrambe le parti ☺.

TRA MITO E REALTÀ

29 maggio 2014

MAKSIM. "Nel Buddismo in generale, e soprattutto nel Buddismo Mahayana, l'atteggiamento di base è un generale scetticismo. Persino le stesse parole del Buddha ci dicono che è meglio restare scettici. Questo atteggiamento scettico solleva automaticamente delle domande. Le domande portano a risposte più chiare o a successive indagini. Perciò il Buddismo Mahayana fa maggiore affidamento sulla ricerca che sulla fede". [Dalai Lama, Nuove immagini dell'universo, dialoghi con fisici e cosmologi, a cura di Arthur Zajonc – Raffaello Cortina Editore].

ZAN. "La tradizione Mahayana Zen non è un mondo di credenti; non si addice a coloro che hanno fede, bensì a quelle anime audaci in grado di lasciar cadere ogni fede, ogni mancanza di fede, dubbi, ragione, mente, ed entrare semplicemente nella loro pura esistenza, priva di qualsiasi confine. Questo porta con sè una incredibile trasformazione e mentre gli altri sono implicati in filosofie lo Zen è immerso nella metamorfosi. Il linguaggio Zen dev'essere compreso non con la ragione, né con la mente intellettuale, ma col tuo cuore amorevole". [Osho]

MISHA. Lo scettico – dal greco σκεπτικος (leggere "skeptikòs) – ha il significato etimologico di: "colui che osserva, riflette, considera". Non è l'atteggiamento di chi "non crede", è la postura di chi guarda. Nel termine è implicita l'idea del "guardare disinteressato", dell'osservare il reale mettendo fra parentesi ogni atteggiamento pre-giudiziale che impedirebbe "lo sguardo", l'osservazione, ostacolando l'indagine e la correttezza delle conclusioni. Voglio solo dire che, da questo punto di vista, lo scetticismo come "atteggiamento di base" non è certo esclusivo del Buddismo. Era l'atteggiamento di Aristotele, di Sant'Agostino (dal quale – udite udite! – Cartesio assunse il suo "dubbio metodico"), era l'atteggiamento di San Tommaso D'Aquino che raccomandava, nel mettersi in ricerca, una "universalis dubitatio de veritate" (una messa in dubbio totale delle verità acquisite). La "orientalofilia" è legittima (io stesso amavo e amo tuttora il buddismo zen), ma guardiamoci attorno un po' più vicino, senza pregiudizi davvero! P.S.: ... senza contare che non sempre certe discipline funzionano se si astraggono dal contesto culturale in cui nascono e si sviluppano. L'Occidente, a partire dal famoso 68, che abbondava di Oriente, teosofia, zen e vie alternative del cosiddetto "potenziale umano", non ha mai smesso di flirtare con tradizioni diverse, ma sempre con risultati superficiali e spesso per "moda". A Zan raccomanderei di documentarsi nei dettagli della fine di santoni come Osho e delle sue "Comuni"! "Dai frutti li riconoscerai"!

MAKSIM. Non è l'astrazione dal contesto culturale d'origine che produce la superficialità, Misha. È semplicemente la superficialità che produce la superficialità, a prescindere dai contesti culturali. Riguardo a Osho, concordo che vi siano alcuni aspetti controversi circa questo personaggio, ma il suo pensiero difficilmente può lasciare indifferenti. Ricordo che da giovane, alla lettura di uno dei suoi libri, ebbi la mia prima ventata di aria fresca. Detto questo, penso anche che in numerose circostanze, nei suoi ashram, nelle pratiche che proponeva, gli sia decisamente sfuggita di mano la situazione. Ma le sue chicche restano delle chicche. Detto questo, ho conosciuto numerose persone che erano o sono sannyasin di Osho, e in generale le ho trovate piuttosto aperte e centrate. Quindi, direi che i frutti di questo santone non sono poi così male, considerando quello che c'è in giro, cattolicesimo incluso.

ZAN. Al signor Misha: grazie del suggerimento. Riguardo Osho non ho mai letto un suo libro quindi sono completamente ignorante sui suoi insegnamenti. Sinceramente non mi interessa documentarmi sulla "fine" che ha fatto. Non sono una sua studentessa. Mi piaceva molto la sua frase sul buddhismo Zen e l'ho pubblicata. Punto.

MISHA. Osho, amore di gioventù... illusorio! Zucchero filato della generazione anni '60. Una miscela inconcludente e confusionaria di meditazione orientale e psicoanalisi occidentale, padre di meteore svanite: "gli arancioni", che ingrossavano le fila della moda trasgressiva di un tempo svanito! Il cattolicesimo, che pure ha figli snaturati, è vivo e vegeto, serio e duraturo e prega sulle tombe dimenticate dei "figli dei fiori", ancor più snaturati nel loro culto dello sballo! L'astrazione dal contesto culturale non produce la superficialità, non l'ho detto! Ma certo una pia illusione. Credo che non fosse un caso l'abbinamento "occidentalista" tra il "fumo" delle droghe, un certo pacifismo misticheggiante e utopistico e un certo esibizionismo orientaleggiante: un matrimonio d'interesse, celebrato nei templi della cosiddetta cultura alternativa, contro la società occidentale e cristiana, centrata sull'idea di persona e sul pensiero realista che ha costruito la sua civiltà, oggi sputacchiata! I residui di questa "trasgressione" hanno lasciato tracce indelebili, ancora oggi i loro fantasmi spompati tentano di risvegliarsi in certe "conquiste di civiltà" della legislazione italiana, come quella della recente legalizzazione delle droghe cosiddette leggere.

MAKSIM. Non ho un particolare interesse, Misha, nell'analizzare le contraddizioni di Osho e del suo movimento, salvo ribadire che molti dei suoi testi sono tutto, meno che banali. Sono comunque sicuro che una persona della tua cultura e spessore sappia fare bene la differenza tra il contenuto luminoso di determinate tradizioni e il fatto che queste possano poi trasformarsi in "pratiche alla moda", completamente svestite del loro intento primario. Eviterei inoltre l'amalgama con i temi dell'attualità, come ad esempio quello della legalizzazione delle droghe leggere, che andrebbero affrontati unicamente sulla base del buon senso e del discernimento. Comunque, le "droghe leggere" sono legali da tempo nei paesi occidentali, e addirittura il buon Gesù le distribuiva alle feste, trasformando l'acqua in alcol. Non dimentichiamo, l'alcol è responsabile di una fetta importante della spesa sanitaria nei paesi europei, ed è uno dei fattori di rischio più elevati per la salute dell'uomo, e una delle principali cause di mortalità e morbilità. È una sostanza psicoattiva che induce dipendenza, in grado di produrre danni non solo al bevitore ma anche alle famiglie e al contesto sociale allargato, in quanto solitamente promuove comportamenti violenti, abusi, abbandoni, perdite di opportunità sociali, incapacità di costruire legami affettivi e relazioni stabili, invalidità, incidenti sul lavoro e sulla strada. Ora, quello di cui abbiamo bisogno, circa le "droghe leggere", alcol incluso, più che di proibizioni è, di protezione dei minori e di informazione. Tutto il resto è, mi sembra, una profonda ipocrisia.

MISHA. Mi dispiace che il mio caro amico Maksim, con la passione per la ricerca "spiritualistica", non veda la netta opposizione finalistica tra chi beve e chi si droga: il vino viaggia dal corpo per conquistare lo spirito, la droga va direttamente allo spirito per penetrare nel corpo. E tutte le conseguenze che derivano da questa differenza non sono di poco conto. Lasciamo stare la battuta su Gesù: la considero una perdonabile caduta polemica di stile in una persona che ha scelto l'equilibrio come misura dei suoi dialoghi. A meno che... non abbia bevuto (ah ah ah)! Nota seria di riflessione (per capire la natura vera della droga e di conseguenza la differenza tra droga e vino): «...la droga è una forma di protesta contro i fatti, la realtà. Chi ne prende, si rifiuta di rassegnarsi al mondo dei fatti. Cerca un mondo migliore. La droga deriva dal disperare di un mondo sentito come il carcere dei fatti, nel quale alla lunga l'uomo non può resistere. Naturalmente vi si aggiunge parecchio d'altro: la ricerca d'avventura, il conformismo che induce a fare quel che fanno gli altri, l'abile affarismo degli spacciatori e cose simili. Ma il nocciolo è davvero la protesta contro una realtà sentita come prigione. Il "gran viaggio", che le persone tentano nella droga, è la forma pervertita della mistica, il pervertimento dell'umana esigenza d'infinito, il no all'invalicabilità dell'immanenza e il tentativo di infrangere le barriere della propria esistenza per slanciarsi nell'infinito. La paziente e umile avventura dell'ascesi, quell'avvicinarsi dell'ascendente – a piccoli passi faticosi – al Dio discendente, viene surrogato dal magico potere, dalla chiave magica della droga: la vita morale e religiosa dalla tecnica. La droga è la pseudomistica di un mondo che non crede, ma che pure non riesce a liberarsi dall'assillo del paradiso» [card. Joseph Ratzinger, 1988].

MAKSIM. La mia non è una battuta Misha (né ritengo una caduta di stile, se non altro secondo i miei parametri di stile), ma semplicemente una constatazione, che contiene una piccola provocazione, il cui scopo è far riflettere. L'alcol è una droga. Punto. È una droga leggera perché è possibile ottenere dal consumo dell'alcol un effetto psicotropico leggero, se consumato con moderazione. Gesù, a quanto pare, se non altro il Gesù delle parabole (quello reale, non sappiamo bene, magari lui serviva succo d'uva), non era contrario al consumo di una sostanza psicoattiva, nell'ambito di un festa. Il mio punto è che non ci sono ragioni di ritenere che altre sostanze, che possono anch'esse essere consumate con moderazione, da persone adulte, e produrre effetti psicotropici leggeri, debbano ricevere oggi un trattamento legale diverso. O si proibisce anche l'alcol, o si legalizzano le droghe leggere. E naturalmente, il discorso non ha nulla a che fare con la lotta alla criminalità. La criminalità va combattuta, e ai minori va vietato il consumo di ogni tipo di sostanza potenzialmente dannosa per la salute, e agli adulti si deve consentire un uso personale di droghe leggere, come l'alcol e la canapa, in quanto, se consumate con moderazione possono essere gestite senza ripercussioni maggiori per la comunità. In futuro poi, l'uomo non avrà forse più bisogno né di fumare né di bere, ma questo è un altro discorso. Detto questo, l'alcol, come ogni altra sostanza fisica psicoattiva, viaggia dal corpo al cervello, alterando la chimica di quest'ultimo, con la conseguente produzione di stati alterati di coscienza. L'affermazione "la droga va direttamente allo spirito per penetrare nel corpo" è totalmente priva di senso. La droga si assume per via corporea, non per via spirituale, qualunque droga, alcol compreso. Non è comunque mia intenzione fare l'apologia delle sostanze che creano dipendenza (alcol incluso). È bene però non raccontarsi delle storie. Immagino che Ratzinger si riferisse nell'estratto che citi alle droghe pesanti, come ad esempio l'eroina, il crack, ecc. E immagino (spero) che parlerà anche in qualche altro paragrafo che non hai citato della disperazione e fuga dalla realtà promossa dall'abuso di alcol, considerando ad esempio che più del 10% degli italiani è a rischio di alcolismo. Riguardo il termine "tecnica", è bene osservare che ogni cosa che facciamo con cognizione di causa, per promuovere un determinato risultato, è una tecnica. Lo studio è una tecnica, la preghiera è una tecnica, la religione è una tecnica, la ricerca è una tecnica, respirare in un certo modo è una tecnica, mangiare con attenzione è una tecnica, forse la vita stessa, su questo pianeta, nella nostra attuale condizione intra-fisica, è una tecnica.

MISHA. Allora, essendo il vino una "droga leggera" e la "droga leggera" un vinello solo un po' meno frizzante, aspettiamo il radioso futuro nel quale alle nozze di Cana o a tavola serviranno spinelli innocui anziché bottiglie di vino!

MAKSIM. Personalmente preferisco il vino, ma come dice il proverbio, *de gustibus non est disputandum*. Comunque, non sia mai detto che in quel radioso futuro, serviranno solo acqua di fonte.

MISHA. Parentesi rapida: quando uno dice che il vino va al corpo e la droga va allo spirito intende dire che il vino si assume intenzionalmente per benessere fisico e la droga per "benessere spirituale". Non credevo necessario dover fare queste banalissime "precisazioni". Tutto può darsi nella vita e nella "evoluzione" delle coscienze, ma mi sembra un tantino ridicolo – mi scusi – pensare che un giorno, nella "euforia generale", a tavola potrà essere servito indifferentemente un bicchierino di vino e una bella dose di "droga leggera", secondo un menù meno "dogmatico" e più libero. Per Gesù, effettivamente, non ci sarebbero grossi problemi a trasformare qualche litro d'acqua in una gradevole dose di "paradiso artificiale", caparra di quello soprannaturale! Si immagini poi quale delle due dosi potrebbe favorire più agevolmente quella "ecstasi" che invano si cerca nella vita ascetico-spirituale! Le considerazioni di Maksim – è il caso di dirlo – sono davvero STUPEFACENTI!

MAKSIM. Purtroppo, Misha, il grosso dei consumi di alcol non avviene a tavola. E la maggior parte delle persone che consumano alcol non lo fanno per una condizione di benessere fisico, né psichico, considerando il profondo degrado psico-fisico che la loro tossicodipendenza promuove. Per il resto, non comprendo bene cosa vuoi dire con la tua ultima frase: stai forse dicendo che ogni percorso di ascesa spirituale al di fuori del cattolicesimo sarebbe equivalente all'assunzione di una sostanza stupefacente? Su che basi puoi affermare qualcosa del genere?

SEIDELMATTINO. Comunque Gesù si faceva le canne. Ma, concordo, le canne non sono "droga". E, soprattutto, si potrebbe obiettare che, non essendoci un solo straccio di prova (storica o archeologica) che sia mai esistito, con ogni probabilità non faceva né uso di stupefacenti né di miracoli. Del resto l'oppio dei popoli sono le loro religioni e non i loro miti, no?

MAKSIM. Credo, cara Seidelmattino, che vi siano sufficienti tracce storiche per affermare che una figura, riconducibile a Gesù, sia davvero esistita (se non erro è la posizione che va per la maggiore anche tra gli studiosi). Quanto a sapere se questo personaggio storico corrisponda a quanto si dice di lui nei diversi testi di fede, canonici o meno, questa è ovviamente tutta un'altra storia. Sul fatto che fumasse, mi trovi personalmente impreparato. Che invece le religioni siano l'oppio dei popoli, tutto dipende, ritengo, da cosa si intende per "religioni". Già una prima importante distinzione da fare è tra "religione" e "istituzioni religiose". La religione, in senso ampio, non è certo l'oppio dei popoli, ma l'ambito entro il quale i popoli hanno storicamente fatto, e ancora oggi per buona parte fanno, esperienza della dimensione del sacro, cioè della dimensione spirituale. Altra cosa sono invece le istituzioni religiose, che indubbiamente sono in grado di diventare qualcosa che con la religione (con l'esperienza genuina della dimensione spirituale) poco o nulla hanno a che fare. Ma qui non entro nel merito, anche perché ognuno lava i panni sporchi in casa propria.

SEIDELMATTINO. Discorso molto molto lungo, complesso e altrettanto affascinante. Sì, ci sono delle "tracce" che il Gesù dei vangeli sia esistito, ma delle "tracce" in un periodo dove in Palestina c'erano i romani, che annotavano pure se un ladruncolo rubava una mela; il solo fatto che non abbiano mai scritto un rigo su qualcuno che ha fatto il bordello che ha fatto Gesù, è già un dato che da solo mette molto in discussione la sua esistenza. Poi c'è il fatto che Gesù condivide la stessa identica biografia con almeno altre 6 divinità prima di lui (Horus e Mitra i più noti, di una lunga lista) e non vedo perché su, diciamo, 5 messia nati da una madre vergine, il 25 dicembre, morti crocefissi e risorti dopo tre giorni, che facevano gli stessi identici miracoli (vista ai poveri, far rialzare i morti, camminare sull'acqua, eccetera), che avevano 12 (non 13 non 15 non 11 ma 12) discepoli... insomma, mi resta davvero difficile che l'ultima divinità fotocopiata sia quella davvero esistita. Ma che un messia stile Gesù sia esistito in Palestina in quel periodo, non v'è dubbio, ce ne stavano moltissimi e tutti erano denominati "messia". Personalmente sono certa che siano realmente esistite molte persone illuminate stile Gesù, ogni mito ha un fondo di realtà, e la mitologia/religioni nascono di certo da qualcosa di realmente accaduto o esistito. Però, no, non credo che, per esperire (che temine brutto) la spiritualità, si abbia bisogno delle religioni (e men che mai delle loro istituzioni), sono due cose molto diverse fra loro e non necessariamente interconnesse. Conosco moltissime persone, me compresa, che si possono definire "spirituali" e contestualmente "per nulla religiose". Le religioni sono un'invenzione degli uomini, sono come i partiti politici in un certo senso. Si può credere in un ordine di cose superiore senza votare nessun partito celeste.

MAKSIM. La parola "religione" è ormai carica di tanti significati contrastanti. Se la tua spiritualità è vissuta anche tramite una pratica, come ad esempio quella di sederti in silenzio, magari in contemplazione della natura, allora sei religiosa a tua insaputa. Ma ovviamente non è necessario usare quella parola, che resta comunque una bella parola, se correttamente intesa.

SEIDELMATTINO. No, zero pratiche, in 14,5 anni di India ho meditato solo genocidi di massa. Mia nonna, un'integralista del cattolicesimo, mi diceva sempre "tu odi le religioni ma vivi seguendo i precetti del cristianesimo in modo molto più rigido di qualunque suora". E io le rispondevo che quelli erano i precetti del buonsenso, dell'etica, del senso di giustizia e, forse, di un pizzico di buon cuore. Sono caratteristiche, queste, che prescindono dalle religioni ed è per questo che le religioni le usano. Perché sono comuni.

MISHA. Rinuncio a intervenire su questioni come "religione", storicità di Gesù, sulla barzelletta del Gesù fumatore, sul 25 dicembre, sul rapporto di Gesù con i miti pagani. Mi limito a segnalare due cose: 1) C. S. Lewis, amico di Tolkien ("Il Signore degli anelli"), studioso appassionato e "scettico" di miti, autore ineguagliabile di racconti "fantasy", da cui hanno tratto anche qualche film ("Le cronache di Narnia"), si è convertito quando ha capito che tutti i miti, di tutti i tempi, si sono "incarnati" e "storicizzati" in Gesù Cristo il quale, di Mitra (che non è mai esistito se non come desiderio del cuore e fantasia) non è che l'incarnazione (non a caso l'Incarnazione è un dogma-assioma-principio primo, per capire la differenza tra cristianesimo e tutte le religioni). Per inciso, Lewis ha raccontato poi la sua conversione nella sua autobiografia dal titolo significativo: "Sorpreso dalla gioia", che vi invito a leggere; 2) la seconda cosa che voglio segnalare è una ricorrente battuta di Maksim, che dovrebbe far capire, almeno superficialmente, la necessità di una "istituzione" anche per la vita spirituale. La battuta è un inciso: "correttamente intesa"! Proprio per rispondere all'obiezione: "e chi lo dice che cosa deve essere "correttamente inteso", Gesù ha istituito la Chiesa e il suo Magistero. Poi, è vero, l'ha lasciata in mani non sempre degne, per ricordarci che essa non è in mani d'uomo più o meno virtuose! P.S.: E Dio lo sapeva bene quanta fantasia c'è nella "spiritualità", specialmente in quella "fai da te", sempre restia a tenere i piedi per terra e propensa a lasciarsi abbindolare da "ogni vento di dottrina"! O a insuperbire davanti a ogni forma di sottomissione!

MAKSIM. Hai perfettamente ragione, Misha, il fatto che vi siano tracce di altri personaggi (mitologici o meno) con le caratteristiche di Gesù, può essere usato sia come tesi a favore che contro la natura divina esclusiva del Cristo. Come dici, lui sarebbe venuto a compiere/incarnare i miti. Naturalmente, per amor di logica, dobbiamo aggiungere le altre possibilità. Seidelmattino ha espresso l'idea che Gesù possa essere unicamente un mito, senza corrispondenza nel reale, al pari di tutti gli altri. Poi, c'è anche la possibilità che il divino (qualunque cosa sia) si sia incarnato di fatto varie volte su questo pianeta, sotto diverse spoglie (quindi i miti non sarebbero tali). Questo apre ovviamente a visioni e concezioni del divino ancora differenti. Naturalmente, anche queste altre possibilità possono essere esplorate, in una ricerca a trecentosessanta gradi, in cui non si ritiene di avere tutte le risposte sin dal principio. Per quanto riguarda il tuo punto sull'istituzione religiosa cattolica, anche qui ovviamente è necessario un atto di fede, in quanto non è per nulla certo che Gesù abbia voluto creare una chiesa. Qui naturalmente ognuno può interpretare le cose come meglio gli aggrada. Credo che nemmeno i primi padri della chiesa ritenessero che vi fosse una connessione tra Pietro e la figura del papa. La famosa "pietra" di cui tanto si parla potrebbe essere, molto più semplicemente, la "fede di Pietro" e non "Pietro" stesso quale individualità umana. Detto questo, aggiungo che non sono particolarmente interessato a queste "questioni di fede". L'importante è che ognuno sia libero di riflettere su queste cose liberamente, nel rispetto altrui, e senza rischiare che gli venga tagliata la lingua (come ancora oggi avviene in certi paesi). È interessante comunque osservare come Seidelmattino ritenga che Misha e gli altri fedeli credano a delle favolette, e come Misha ritenga a sua volta che molti non fedeli, o fedeli di altre religioni, o di "nuove forme di spiritualità", credano a loro volta a delle favolette. Un bello specchio per entrambi. Questo, dal mio punto di vista, esprime la necessità di avvicinarsi a questi temi con mente aperta e spirito di ricerca, senza pregiudizi a priori. A tal fine, non sarebbe male, dal mio punto di vista, anche per tornare alla citazione in calce a questo scambio, che i diversi interlocutori ogni tanto affermassero qualcosa del genere: "questo è quello che credo, ma a dire il vero, con certezza non lo so". Capisco che possa essere un'utopia. Ma fideisticamente dico: "ci arriveremo, anche se, a dire il vero, con certezza non lo so"!

SEIDELMATTINO. Uffa, né io né Misha abbiamo mai asserito di avere la verità né in mano né in testa. Misha crede in Gesù, io no. Per altro io ho detto che "tutti i miti hanno un fondo di verità" e "di certo gente jesustyle è esistita". Mica ci posso fare nulla se documentandomi non ho trovato un motivo valido per credere in una divinità piuttosto che in un'altra!

MISHA. Dunque dunque: innanzitutto bisogna evitare di arrampicarsi sugli specchi, sia da parte mia sia da parte di tutti i partecipanti a queste "dispute" o "dibattiti". Altrimenti non c'è "logica" che tenga: 1) Lei dice: «il fatto che vi siano tracce di altri personaggi (mitologici o meno) con le caratteristiche di Gesù, può essere usato sia come tesi a favore che contro la natura divina esclusiva del Cristo. Come dici, lui sarebbe venuto a compiere/incarnare i miti. Naturalmente, per amor di logica, dobbiamo aggiungere le altre possibilità». Ho bisogno di chiarimenti: a) che cosa significa "mitologici o meno"? Mitra è un personaggio "mitologico" senza "meno"; b) ci sono: da un lato i personaggi mitologici; dall'altro Gesù. Alcuni personaggi mitologici hanno le caratteristiche di Gesù e, da parte sua, Gesù ha le caratteristiche di alcuni personaggi mitologici. Ma c'è una cosa nella quale i personaggi mitologici e Gesù differiscono radicalmente, ed è la storicità di Gesù, cioè il fatto banale che Gesù camminava per le strade della Palestina, mangiava, beveva, parlava, e Mitra no! È vero, Giove e Giunone parlavano, facevano l'amore e si arrabbiavano, ma solo nella fiction del mito: facevano parte di una geniale storia romanzata. Gesù no! Però, io non ho detto che la storicità di Gesù costituisca una prova della sua divinità perché, se bastasse la storicità per decretare la divinità di qualcuno, anche Napoleone sarebbe Dio, anche Misha e Maksim. Quindi, per essere logico, un discorso deve innanzitutto essere "ordinato", prima e oltre che concreto. Non si danno "optional", «per amor di logica», su questo punto: non si possono aggiungere "altre possibilità" secondo i gusti, le tendenze, i capricci, le aspettative di ciascuno: Mitra è una favola, Gesù è un personaggio storico, come Cesare, Cavour, Renzi ed il mio vicino di casa. La questione della divinità è successiva: da Renan all'ultima ruota del carro pseudo-teologico (Corrado Augias) non mettono in discussione l'esistenza storica di Gesù, ne discutono la "divinità" sulla base di ragioni le più varie: interessi di bottega degli apostoli, "allucinazioni" o "autosuggestioni", un "inconscio" piuttosto creativo, giochi di potere alla Costantino, interessati a esiti piuttosto temporali della religione, ecc. Ma qui non si può fare altro che quello che si fa con qualsiasi altro personaggio storico: consultare le fonti con quello "sguardo" di cui Maksim parlava prima, disinteressato e senza pre-giudizi. Ci sono più fonti storiche per "le gesta" di Gesù che non per qualsiasi altro personaggio storico, e gli stessi Vangeli sono un resoconto a cui gli estensori hanno dato un taglio volutamente scarno e sobrio per evitare "voli pindarici di fantasia". Uno dei motivi per cui sono stati espunti dalle "cronache" su Gesù i cosiddetti "Vangeli apocrifi" non attengono affatto – come si crede – a motivi ideologici o di potere, ma proprio a motivo della sobrietà della narrazione: è notorio, infatti, che la capacità fantastica e creativa di quei vangeli è una seria minaccia per la loro credibilità storica, sebbene la Chiesa non abbia rinunciato – sul piano immaginifico – a utilizzare nelle rappresentazioni popolari alcuni "temi apocrifi" come il bue e l'asinello. Basta fare una semplice prova: leggete un racconto dai "Vangeli canonici" e uno da quelli "apocrifi" e non tarderete ad accorgervi, solo a naso, dove la fantasia galoppa di più! 2) Maksim dice: «Poi, c'è anche la possibilità che il divino (qualunque cosa sia) si sia incarnato di fatto varie volte su questo pianeta, sotto diverse spoglie (quindi i miti non sarebbero tali)».

È un'altra frase incomprensibile, per uno che dice di amare "i fatti"! Io aspetto di sapere, da fonti perlomeno storicamente attendibili, quando può essere successo questo e chi sarebbe l'altro dio incarnato (anche solo sul piano della credenza fasulla): quale altro uomo si è ritenuto (o è stato ritenuto) Dio! Buddha, per esempio, non ha mai avuto, lui stesso, questa pretesa, e Maometto si riteneva solo un profeta di Allah, ma non Allah. L'unico "pazzo" esistente al mondo che ha millantato credito su questo punto è stato Gesù Cristo, tanto che Erode lo ha rivestito della tunica dei pazzi e l'imputato è morto esattamente della ignominiosa morte che tocca ai "toccati di cervello" (interessanti gli episodi che vanno dalla morte alla risurrezione, in cui il panico del dubbio attanaglia i poveri discepoli, in un clima tutto ostile)! Gesù non ha neppure rinunciato a dare le prove della sua risurrezione a Tommaso e ai discepoli di Emmaus. Ma sarei ingenuo se pensassi che queste battute risolvano il problema (o meglio il mistero) Gesù. La famosa "ricerca" tanto cara al mio amico è aperta e deve continuare, ma non "a capocchia", bensì sulle fonti e sulla dinamica dei fatti. Il tentativo "egualitario" di Maksim – sempre lo stesso da quando lo conosco – di mettersi in posizioni equidistanti da due "opinioni" contrapposte (per garantirsi una pilatesca "obiettività" che non esiste) risente della stessa assurdità di un giudice che, in una controversia tra un ladro di polli e un derubato, concludesse il dibattito dicendo che i due possono avere entrambi ragione o entrambi torto. Sia il ladro di polli, sia il proprietario dei polli si coalizzerebbero contro il giudice per "menarlo"! Il modo di ragionare di Maksim sembra quello di un "saggio scettico" che lascia credere a ognuno quello che vuole, tanto – si sottintende – ci si accapiglia sull'inessenziale, oppure si utilizzano "opinioni" come grimaldello integralistico per prevaricare il prossimo! Ma il trucco non funziona: Pilato non era un saggio scettico: era uno che non voleva passare i guai, dopo aver capito chiaramente – e lo dice – chi era Gesù per lui. La "medias res" dell'equilibrio è una cosa, il tentativo di rimanerne fuori per lasciare che tutte le vacche restino nere, è tutt'altra cosa! La Scrittura dice che Gesù è pietra d'inciampo, chiede una "ricerca", sì, ma anche una scelta, una decisa "opzione" dopo la ricerca, perché è un tipo strano: non tollera di essere parcheggiato nell'Olimpo degli Dei, come una favoletta qualsiasi! Concordo che bisogna avvicinarsi ai temi con mente "aperta". Ma anche "rigorosa". Se il rigore "stringe" la mente verso una conclusione liberamente cercata e trovata, lasciare aperta la mente significa soltanto renderla pascolo di predoni! Sulla Chiesa gerarchica e sulla connessione tra Pietro e il Papa, basta non fantasticare: si va a ritroso, per sapere chi ha fondato la Chiesa, a partire – all'indietro – da Papa Francesco e con l'impegno storiograficamente oggettivo di non tergiversare a destra o a sinistra, puntando alla pura "sequenza storica", senza manipolazioni. Io so la data in cui è stata fondata la Chiesa luterana o calvinista o ortodossa, e chi l'ha fondata! So come sono nati i Testimoni di Geova, e chi li ha fondati. La domanda è la stessa per il cattolicesimo: chi ha fondato il cattolicesimo? Ancora meglio: chi è stato il primo Papa? Ammesso che, andando a ritroso, Maksim trovi intrighi di potere, manfrine di Gesù Cristo e soci per dominare il mondo, e cose simili, resterebbe ancora una ricerca da fare: come può una menzogna, spinta violentemente alla ribalta della storia, essere ancora oggi non solo viva e vegeta, ma anche interessante per i suoi stessi detrattori, che ci ronzano attorno per i motivi più diversi, compreso il business? Le capita tutti i giorni che qualche poveraccio, con doti da stregone-giocoliere, vada dicendo di essere Dio ed essere preso sul serio da "imbecilli" trasversali di tutti gli spazi e di tutti i tempi? Non solo: ma di veder costruire intorno a questa menzogna o creduloneria cattedrali, opere d'arte, musica, scultura, pittura, ineguagliabile nei secoli? Di vedere dedicata la vita a una creduloneria da parte di giovani che rinunciano anche all'amore di una donna pur di dedicarsi alla "creduloneria stessa"? Essere aperti è una dote inestimabile, ma anche lasciarsi persuadere è un atto inestimabile, e Lewis – conoscitore dei miti come nessuno – si è persuaso. Solo questo ho detto io. Ma la persuasione in queste cose non è "convincimento" scientifico intorno a una formula dimostrata: è assenso che implica il coinvolgimento dell'essere e non del solo intelletto! Per questo è richiesta tutta la tua libertà e non solo quella – assai povera – della ragione matematica!

MAKSIM. Mai sentito parlare di Krishna? I paralleli con la figura del Cristo (oltre il nome stesso) sono innumerevoli. Con questo non voglio dire che il Cristo "copierebbe" Krishna, ma semplicemente che se andiamo indietro nel tempo possiamo trovare nella storia/mitologia umana numerose figure emblematiche che al pari del Cristo hanno dichiarato di essere incarnazioni del divino. È solo mitologica una figura come Krishna, o si tratta di una figura storica (apparsa molte migliaia di anni prima di Gesù) che in seguito è stata miticizzata? Comunque, di "pazzi" di questo genere, solo nella mia breve vita, ne ho incontrati tre. Per non parlare poi di personaggi come Sai Baba, che sicuramente conosci, e che personalmente non ritengo essere figure positive. Altrimenti Misha, le mie posizioni equidistanti nascono semplicemente dal fatto che, dalla mia prospettiva, la verità il più delle volte si trova a metà strada. Gesù, per quanto ne sappiamo, era un personaggio notevole, indubbiamente un Maestro, e in quanto tale sicuramente veicolava una notevole conoscenza di natura spirituale. E indubbiamente padroneggiava l'energia (sottile), essendo in grado di produrre notevoli guarigioni. E non escludo nemmeno che sulle sue larghe spalle lui abbia posto parte del karma di questa "povera" umanità. In altre parole, non ritengo sia un personaggio inventato, né un uomo qualunque, né però ritengo sia Dio, anche perché, secondo i miei parametri, una tale affermazione è del tutto sprovvista di senso e andrebbe contestualizzata. Per il resto, mi confermi che non vi sono ragioni particolari di ritenere che Gesù abbia voluto fondare una chiesa, e capisco che un tale pensiero possa essere alquanto minaccioso per un'istituzione che si fonda, per l'appunto, sul dogma del primato di Pietro. Detto questo, lo ribadisco a scanso di equivoci, io non ho assolutamente nulla contro la Chiesa Cattolica, o altri istituzioni simili, ovviamente quando operano nel rispetto della libertà di credo e pensiero altrui. Per tornare ancora una volta alla bellissima citazione del Dalai Lama, penso unicamente che abbiamo interesse ad affidarci più alla ricerca che a una fede di tipo dottrinale. E sono convinto che Gesù la pensasse esattamente allo stesso modo. Il "mio" Gesù, beninteso.

SEIDELMATTINO. Quello che non capisco io è: vi rendete conto che tremila anni fa fareste lo stesso identico spiccicato discorso parlando di Horus e del libro dei morti invece che di Gesù e i vangeli (che per altro, a differenza del libro dei morti, non hanno manco avuto il buongusto di essere stati scritti "mentre" e manco di essere "unici" visto che sono solo 4 dei tanti scritti, gli unici che la chiesa c'ha messo cent'anni a decidere che potevano essere propagandati? Mitologia e pubblicità... mah!

MAKSIM. Io mi rendo perfettamente conto Seidelmattino che l'uomo fa esperienza di una dimensione transpersonale sin dalla notte dei tempi, e che da sempre cerca di comprendere tale dimensione. Non stai forse un po' semplificando la questione, sulla base del tuo (presumo) specifico credo improntato al materialismo metafisico? Che cosa siamo, noi esseri umani, al di là delle nostre apparenze materiali, questa è la domanda da cui bisogna partire. Se hai già una risposta, e la risposta è che non siamo nulla, per te il dibattito è ovviamente già chiuso. Se invece non ce l'hai questa risposta, o non ce l'hai con certezza, ti do il benvenuto nel club dei "cercatori spirituali". La questione della divinità di Gesù, in tal senso, è secondaria (Misha non sarebbe d'accordo, immagino). Il punto principale è se vogliamo guardare la vita solo come fenomeno biologico, o anche come possibile fenomeno animico-spirituale. Nel secondo caso, vi sono numerose variabili aggiuntive per comprendere la realtà. Queste variabili sono di troppo, come direbbe Occam e il suo rasoio, oppure non possiamo proprio farne a meno, come direbbe Chatton e il suo anti-rasoio? A ognuno il compito di cercare la propria risposta, che gli auguro non definitiva.

SEIDELMATTINO. Io so poco e quello che so, per altro, è incerto. E certe "domande senza risposte" me le son fatte pure io. A differenza di altri "pensatori", io quando a una domanda credo non esistano risposte, smetto di chiedermela. Soprattutto considerando che da secoli menti più eccelse della mia se la son fatta inutilmente. Per me, solo per me, perché io penso come penso e sono come sono e lungi da me ritenere che altri debbano condividermi, io solo io, "gnaafò" a mettere un "Gesù.2" anzi ".26" stile pezza alla domanda senza risposta. Poi mi rendo conto che da sempre la fede costituisce quella risposta che non c'è. Ma io preferisco le domande senza risposte alle risposte di comodo o peggio ancora sbagliate. E per me, solo per me, la fede e le religioni sono risposte di comodo a domande che hanno una loro ragionevolissima ragion d'essere senza necessitare una risposta. Secondo me ci dobbiamo domandare tutto, ma non a tutto dobbiamo rispondere. Men che mai con i Gesù di moda del momento.

MAKSIM. La questione della scelta dei Vangeli da parte della Chiesa Cattolica, dal mio punto di vista, riguarda solo la Chiesa Cattolica. Lo ha fatto perché ha capito che erano gli unici validi, o perché gli altri erano scomodi, o per altre ragioni ancora? Personalmente la cosa mi interessa poco. L'importante è che chi s'interessa di Gesù possa avere libero accesso ai testi (antichi o recenti) che parlano di lui, e studiarli liberamente, senza essere obbligato ad appartenere al cattolicesimo, se così gli canta il cuore e la mente. Per dirla in un altro modo, non è che la Chiesa Cattolica abbia il copyright sulla figura di Gesù. E nel contempo, ha indubbiamente tutto il diritto di dire la sua sulla questione. Per Misha ad esempio, i Vangeli apocrifi sono fantasiosi. Per me invece, eliminandoli, si elimina anche la possibilità di accedere a una visione del Maestro Gesù più oggettiva, ma questa è ovviamente una mia valutazione personale, su cui non mi dilungo. Ribadisco ancora una volta che la massima del Dalai Lama esprime bene un equilibrio che è auspicabile tenere, quando ci si inoltra in un percorso di natura spirituale. Anche se la fede ha la sua importanza, la condizione *sine qua non* è quella della libera ricerca. Questo è un fatto che raramente in occidente, nelle diverse chiese, viene sottolineato. Ma forse mi sbaglio. Seidelmattino, la domanda è un'ottima cosa. E l'ambito delle religioni non è l'unico in cui tale domanda possa essere esplorata. È unicamente l'ambito tradizionale. Per dirla in altri termini, e per ribadire *ad nauseam* il concetto, la risposta non è la fede, ma la ricerca. Naturalmente, un po' di fede che la ricerca possa giungere a qualcosa ci vuole. Ma non necessariamente deve essere una fede con un contenuto specifico: è sufficiente un'apertura e un interesse sincero per la domanda.

SEIDELMATTINO. Certo che i vangeli apocrifi sono fantasiosi, la chiesa ha selezionato gli unici quattro che gli piacevano e c'ha lavato il cervello ai cattolici per secoli, te credo che i vangeli apocrifi sono "fantasiosi" per i cattolici... o si ha fede, o si cerca. E se si cerca, si trovano quasi solo domande che risposte. La fede la lascio ai poveri di spirito... (sì lo so, mi daresti una padellata in faccia per quest'ultimo rigo).

MISHA. 1)-*Ad nauseam* ribadisco anch'io: è un errore contrapporre fede e libera ricerca. Se lo si fa, o si fraintende l'una o si fraintende l'altra. 2)-Io credo in Krishna e a ogni documento che me lo attesta. Ma nessun Krishna dice mai di aver resuscitato un morto (men che meno se stesso). Ed io gli credo.

SEIDELMATTINO. Ebbene, Krishna è morto nel 3102 a.C.: freccia sul suo tallone, ha lasciato il corpo e ripreso la sua forma divina... sa di resurrezione!

MISHA. C'erano testimoni? (ah ah ah!) Per quella di Cristo sì!

SEIDELMATTINO. Certo che c'erano i testimoni, si chiamano "fanclub". Poi si evolvono in "credenti"! (Misha, perdonami, io davvero non riesco a non essere eretica. Giuro suddio che non voglio essere irrispettosa, ho persino cresciuto due figli industi, li piglio per il culo ma li mando al tempio perché mi manda ai pazzi che possano essere eretici per osmosi; devono scegliere da soli se non credere nella religione del loro paese. Io mi limito ad insegnargli la "storia di tutte le religioni", poi facessero loro!

MISHA. I miei amici sono per lo più eretici (sedicenti).

LA SCIENZA NON È UN'OPINIONE

13 giugno 2014

MAKSIM. "È impossibile comprendere la vasta gamma di manifestazioni della coscienza e delle sue parapercezioni senza comprendere il suo agente primario: la bioenergia. […] Conosciuta sin dall'alba dei tempi, la bioenergia è in generale collegabile alle seguenti denominazioni: acasa (indù), axé (africano), bioplasma (V. S. Grischenko), chi/qi (agopuntura, Cina), energia astrale, energia biopsichica, energia cosmica, energia vitale, entropia negativa (E. Schrödinger), fluido magnetico (F. A. Mesmer), fluido psichico, fluido vitale (A. Kardec), forza eterica (radiestesia), forza vitale (C. F. S. Hahnemann), libido (S. Freud), luce astrale (H. P. Blavatsky), magnetismo animale (F. A. Mesmer), od (K. L. von Reichenbach), orgone (W. Reich), prana (yoga, India) e sincronicità (C. G. Jung). Questa energia è l'elemento centrale di tutti i fenomeni proieziologici, e più specificatamente delle proiezioni coscienti. È stata messa anche in relazione ai fenomeni paranormali, alle percezioni extrasensoriali, quali ad esempio le terapie parapsichiche, i poltergeist e la telecinesi. In fisica convenzionale, l'energia è definita come la capacità di un sistema di compiere un lavoro. In un'interpretazione più ampia, possiamo intendere quest'ultimo anche come cambiamento, dinamismo, o trasformazione. Similmente, la bioenergia, che a sua volta non può essere né creata né distrutta, ma solo trasformata, può essere intesa come il mezzo tramite il quale la coscienza si manifesta nella sua dimensione di attività o, in altre parole, il modo in cui essa compie lavoro coscienziale. […] Nella visione coscienziologica, la coscienza non rinasce mai nel vero senso della parola. Ciò che di fatto avviene è una "reincorporazione energetica" (riattivazione somatica); ciò significa che la coscienza, tramite il suo mentalsoma e psicosoma, si connette indirettamente al soma per mezzo dell'olochakra (energosoma). La conseguenza diretta di questo è che per vivere meglio nella dimensione fisica, sviluppare i nostri attributi più avanzati e superare le influenze genetiche e ambientali, al fine di portare a termine il nostro programma esistenziale, è necessario imparare a controllare pienamente e consapevolmente le nostre bioenergie. [Wagner Alegretti, *AutoRicerca*, N. 6, Anno 2013]

MISHA. In questa immensa foresta di schegge d'ogni tipo, metto solo una noticina d'impatto, su suggerimento del mio "naso", allergico alle foreste (dove tutto sembra essere oscuro labirinto): è un errore gravissimo, foriero di gravi conseguenze, chiamare con lo stesso nome di "bioenergia" (come se significassero la stessa cosa), delle "realtà" tra loro assolutamente incommensurabili. A maggior ragione la cosa vale per il termine aristotelico di energheia! Forse si può solo dire che alcune di queste "scuole" hanno una comune "vocazione" spiritistica, massonica, parapsicologistica, come quella di Mesmer o Kardec.

MAKSIM. Oppure, Misha, è un errore ritenere che siano incommensurabili delle realtà che non lo sono. Nel testo citato di Alegretti, si afferma che il concetto di bioenergia sia collegabile ai diversi concetti menzionati (prana, chi, ecc.), appartenenti a diverse tradizioni, religioni, approcci, ecc. Perché secondo te, invece, non sarebbero collegabili? Spiegati meglio.

JANA. L'energia si può fotografare. Ho visto delle foto di alcuni pranoterapeuti prima, durante e dopo la seduta sui pazienti. È impressionante vedere l'intensità e la varietà dei colori del flusso energetico tra dottore e paziente.

MAKSIM. Se così fosse Jana, da tempo le "materie ed energie sottili" verrebbero studiate dalla scienza "istituzionale". Le foto di cui parli misurano delle variabili fisiche perfettamente conosciute, associate all'anatomia ordinaria, e non alla para-anatomia sottile. Naturalmente, essendo i nostri veicoli sottili collegati al veicolo fisico ordinario, quando attiviamo i primi modifichiamo anche l'attività di quest'ultimo. In altre parole, possiamo misurare le variazioni nel nostro corpo fisico indotte dall'attivazione di energia sottile, ma al momento non siamo in grado di misurare, direttamente, quest'ultima, con un apparecchio. L'unico apparecchio in grado di farlo, al momento, sembra essere la "macchina umana", che è una macchina propriamente multidimensionale.

MISHA. La faccenda mi ricorda Sir Arthur Conan Doyle (creatore del più razionalista dei detective, Sherlock Holmes), che si ridusse a fotografare "fate" nel suo giardino. È il destino classico di ogni razionalista, da Cartesio in poi: per un'inesorabile legge del "contrappasso", la ragione ormai ignara dei propri limiti si tuffa nell'occulto, alla vana "dimostrazione scientifica" persino dell'inesistente! P.S.: Consiglio, come antidoto letterario per l'estate, l'anti-Sherlock Holmes per eccellenza: il realista Padre Brown, creatura del genio di Chesterton![3]

MAKSIM. Ho l'impressione Misha, correggimi se sbaglio, che con questo tuo commento ti sei posto, come dire, su un pulpito, e che dall'alto di quel pulpito ci fai grazia della tua verità assoluta: ossia, che chi studia in modo teorico-pratico la dimensione del sottile sia paragonabile a un povero sciocco, in quanto questa sarebbe evidentemente del tutto inesistente. Questa, naturalmente, sarebbe un'evidenza chiara e forte per te, ma stranamente non lo è per quei poveri razionalisti che, come me, hanno perso il lume della ragione, essendosi tuffati nell'occulto. Qui confermi la mia tesi che la religione cattolica e la scienza ortodossa possiedano oggigiorno sostanzialmente lo stesso tipo di paradigma, improntato a un materialismo del tutto naif. Ti rendo attento comunque che il tuo commento sfiora l'argomento *ad hominem*: non entri nel tema, ma affermi semplicemente (sebbene in modo abilmente indiretto) che il tuo interlocutore avrebbe perso la ragione. Troppo facile. Perché non ci parli invece delle ragioni (teoriche e sperimentali) che ti avrebbero portato a credere che la dimensione del sottile sarebbe del tutto inesistente e inesplorabile? Sarebbe più interessante e più corretto dal punto di vista dello scambio di idee, non trovi? Aggiungo

---

[3] *www.miradouro.it/node/43119*

che di occulto si occupa ogni persona che indaga ciò che è na-scosto, ossia, ciò che richiede un'indagine più accurata per po-ter essere messo in luce. Tutte le scienze si occupano di occulto. Così come le religioni, sebbene quest'ultime lo facciano (soli-tamente) senza promuovere una vera e propria indagine, ma sul-la base di sistemi di credenza adottati *ad hoc*. Questo spiega forse il tuo commento, decisamente *ad hoc*, circa l'inesistenza di ciò di cui parla questo numero della rivista *AutoRicerca*, che naturalmente ti invito a leggere, prima che anch'esso collassi nella dimensione dell'inesistente! ☺

MISHA. Caro Maksim, il mio secondo commento non era contro l'esistenza di certi fenomeni (tralascio la questione del "pulpi-to", quello sì un vero argomento *ad hominem*). Il mio primo commento era invece una messa in guardia, sia pure sbrigativa, contro il "riduzionismo", che pretende ridurre ogni cosa alle proprie categorie interpretative, imbattendosi spesso nella radi-cale impossibilità di comprendere lo "spirituale" applicandogli "misure materiali" (grosso, sottile, ecc.), cui lo spirito sfugge radicalmente. I fisici o i matematici o i filosofi razionalisti che hanno voluto indagare "scientificamente" lo spirituale si sono imbarcati inesorabilmente in ogni genere di "esoterismo", i cui contorni si sono allontanati sempre più dalla loro beneamata "ragione", verso lidi sempre più sconfinati dell'irrazionale! Proprio la dottrina e la biografia di molti dei personaggi citati ne sono una preclara testimonianza. La mia risposta sarebbe a-deguata se lei ascoltasse il mio suggerimento di andarsi a rive-dere queste biografie, una per una!

MAKSIM. Caro Misha, lo spirito sfugge radicalmente a ogni tipo di concetto e misura? Ne sei proprio sicuro? Cosa ti dà questa certezza? E poi, cosa intendi per spirito? Il campo di indagine è troppo vasto per comprimere tutto in una parola, per poi dire che ciò che sta dietro a questa parola non sarebbe indagabile tramite un approccio logico e metodico. È qui che dico: da che pulpito? Non è perché la Chiesa ha adottato una posizione di to-tale chiusura verso ogni fenomeno bioenergetico che per forza di cose questo deve valere per ogni altra persona. Mi dici di andare a guardare le biografie. Perché mai? Cosa devo trovare, ad esempio, nella biografia di Jung, di Reich, ecc.? Di nuovo, se hai qualche informazione è la benvenuta, altrimenti, in questo caso, il tuo commento suona unicamente come un tentativo di squalifica dell'intero soggetto. Io menziono un volume dedicato al tema della bioenergia e il tuo commento, in sostanza, è: vana ricerca quella di dimostrare l'inesistenza, un tuffo nell'irrazionalità, ecc. Ti richiedo: cosa ti permette di sostenere questo? Se non argomenti e squalifichi i ricercatori in questo campo il tuo argomento (nei miei confronti ad esempio) è semplicemente *ad hominem*.

MISHA. Forse non ho detto con sufficiente chiarezza che non intendo squalificare i ricercatori, ci mancherebbe. Però dico che ciò che mi attrae di loro è una tentazione ricorrente, a cui moltissimi di loro soggiacciono: il riduzionismo. In base a questo, ogni criterio di ricerca della verità, valevole in un certo ambito e secondo una particolare prospettiva del tutto relativa, viene indebitamente esteso in ambiti nei quali quel criterio non è in grado di dare nessuna spiegazione. Mi meraviglia molto il fatto che non condivida un punto sul quale dovrebbe totalmente essere d'accordo con me. In questa tentazione cadde Freud, per esempio, quando credette di individuare nella "libido" la motivazione primaria dei nostri comportamenti, confutato poi da osservatori più attenti del comportamento umano, compreso lo stesso Jung, che a sua volta tuttavia non si salvò dalla tentazione. Tralascio Reich o altri. Lei forse non sa a quale livello di sciocchezze sono arrivati certi "scienziati" dalle prospettive "psicodinamiche" quando hanno voluto portare sul loro "letto di Procuste" fenomeni molto più grandi delle loro categorie interpretative, ottenendo come unico risultato non solo quello di oscurare vieppiù il fenomeno studiato, ma soprattutto quello di gettare discredito sul fenomeno stesso a partire dalla loro mania riduzionistica. Non voglio dilungarmi, perciò non farò molti esempi. Uno per tutti, mi ricordo anni fa come furono trattate le esperienze mistiche di Teresa D'Avila nelle mani di chi non poteva vedere in questa donna che un caso particolare di "nevrosi ossessiva", con contorno di "pulsioni erotiche sublimate". Una pena, per la scienza, per la ricerca e per la verità stessa!

MAKSIM. A parte, Misha, che il riduzionismo non è l'unico approccio metodologico della scienza, esiste anche l'olismo, l'emergentismo, ecc., e al famoso rasoio di Occam (non più del necessario) si contrappone l'anti-rasoio di Chatton (non meno del necessario). Poi, non è mai possibile decretare a priori se un metodo, o criterio, si applica o meno a un determinato campo di indagine. Quanto può essere spiegato attraverso un determinato approccio lo si evince sempre a posteriori, mai a priori. Molti campi richiedono, per essere indagati, concetti e approcci sperimentali nuovi. Alcuni di questi approcci, naturalmente, sono nuovi solo dal punto di vista del moderno approccio scientifico. Le "energie sottili" vengono descritte e sperimentate sin dalla notte dei tempi, secondo metodi essenzialmente "in prima e seconda persona". Naturalmente, la scienza moderna, che lavora tipicamente "in terza persona", ancora non si è mossa, in senso ufficiale, nella direzione di un'indagine seria di queste realtà, senza volerle ridurre a priori a qualcosa che emergerebbe unicamente dalla nostra realtà fisica ordinaria. Mancano ancora dei modelli esplicativi convincenti, circa la natura dell'interazione tra queste realtà più sottili e la nostra realtà densa. E, beninteso, qui i termini di "sottile" e "denso" vanno intesi solo in senso figurato: li adopero solo per ragioni storiche. Già nella tradizione indiana si parlava di "corpo sottile" e "corpo grossolano", oltre che di "corpo causale", così come nella tradizione occidentale si distingueva il corpo dall'anima e dallo spirito. Che un giorno queste realtà più "sottili" verranno indagate così come indaghiamo la nostra realtà ordinaria, per me è fuori di dubbio. Così come è fuori di dubbio che questo richiederà un "upgrade" dei nostri concetti e metodi di indagine. Ma affinché questo sia possibile, sempre più ricercatori dovranno accettare di promuovere una (auto)sperimentazione personale, affinando le loro percezioni e parapercezioni. Ma questa è un'altra storia, e per chi è interessato non posso che invitare alla lettura del volume citato nel mio post; posso consigliare anche il numero 1 e il numero 5 della rivista, che contengono molti elementi esplicativi circa la nostra anatomia sottile. P.S.: So benissimo a quale livello di sciocchezze sono arrivati certi scienziati, così come so benissimo a quale livello di sciocchezze sono arrivati certi uomini di fede, e certi uomini in generale, quando diventano preda del pensiero superstizioso.

MISHA. La chiusa polemica è "ad hominem", dunque tralascio, compresi i termini "preda" (che implicherebbe una specie di invasamento) e "superstizione" (che etimologicamente designa qualsiasi atto di culto reso o a chi non compete oppure a chi compete ma in modo indebito. Tommaso D'Aquino la considerava un peccato contro la religione secondo tre aspetti: l'idolatria – adorazione di idoli –, la divinazione-pretesa di conoscere cose occulte con mezzi non stabiliti da Dio – e la vana osservanza – in cui rientra anche la magia). Ritornando al suo commento, mi sembra più un normale e legittimo atto di fede che non un universo di certezze scientifiche, tra percezioni, parapercezioni e roba simile. Credo che esistano queste cose, che si possono anche descrivere a certi livelli (così come ora posso descrivere tranquillamente i miei stati di febbricitante, con tutte le percezioni che li accompagnano), ma descrivere è una cosa ben lontana dallo spiegare!

MAKSIM. Misha, la mia chiusa non è "ad hominem" in quanto, semplicemente, e concordando con te, riconosco che nessuno (scienziati inclusi) sia immune alle false credenze. Detto questo, è strano come tu, continuamente, associ il concetto di scienza al concetto di certezza. La scienza si muove nell'incertezza, non nella certezza. Semplicemente, tenta col tempo di ridurre tale grado di incertezza. Il problema in ciò che scrivi è il seguente: chi stabilisce quali sono i mezzi non stabiliti da Dio? Come puoi immaginare, pensare di conoscere il volere di Dio è faccenda assai delicata, che certamente non ha promosso grande armonia su questo pianeta. E con questo naturalmente non voglio dire che ogni metodo sia lecito. Dico semplicemente che i

73

metodi li si riconoscono dai frutti, senza bisogno di scomodare Dio. O se preferisci, Dio ci offre consiglio consentendoci di raccogliere i frutti delle nostre esperienze, e imparare da essi. Riguardo l'aspetto della spiegazione, centrale nell'approccio scientifico, sono d'accordo che descrivere è una cosa e spiegare è un'altra cosa. E non ho mai detto che elucidare certe materie sia cosa facile. Ma non è necessario capire tutto subito. Si può procedere per gradi. È così che funziona la ricerca.

MISHA. Se io non potessi associare alla parola "scienza" la parola "certezza oggettiva" quale differenza ci sarebbe tra "scienza", "opinione" e "fede"? Nessuna! Allora starebbero nello stesso calderone filosofia, scienza, religione e opinioni personali. In realtà la scienza, per essere tale (e a prescindere da varie suddivisioni cui può essere soggetta), deve possedere tre proprietà caratteristiche: dal punto di vista soggettivo, la CERTEZZA ("ad scientiam – dicono i saggi – requiritur cognitionis certitudo"); dal punto di vista oggettivo, l'UNIVERSALITÀ; in più, la NECESSITÀ (dice San Tommaso, sulla scia di Aristotele: "*De ratione scientiae est quod id quod scitur existimetur esse impossibile aliter se habere*" (la scienza esige che quanto si conosce si veda essere impossibile che sia diversamente).

MAKSIM. Non vedo ragioni per confrontare scienza, opinione e religione. Indubbiamente, l'indagine scientifica non si occupa di opinioni, ma semmai di idee, o meglio ancora di spiegazioni e previsioni, e della loro evoluzione. La scienza non è un'opinione, non perché le sue teorie siano degli enunciati certi, ma perché sono degli enunciati che si evolvono secondo un metodo critico (sia logico-razionale che sperimentale). A quanto pare Misha non hai molta considerazione per il lavoro svolto da Popper e da chi ha eliminato le false certezze e false credenze dall'impresa scientifica, come ad esempio la credenza che esista qualcosa come un metodo induttivo. Abbiamo già fatto questa discussione, ma a quanto pare sei rimasto sulla tua posizione. Considera però che questa tua posizione, cioè il tuo modo di intendere la scienza, è del tutto superato. Nessun filosofo della scienza affermerebbe oggi quello che affermi tu sulla scienza e sulle sue teorie. Se c'è una cosa certa, è che quest'ultime si e-volvono costantemente, e non nel senso di un mero affinamento di determinati concetti. Spesso si tratta di vere e proprie rivoluzioni cognitive, che aprono a scenari sul reale prima impensabili. In quanto alla fede, dalla mia prospettiva, e come già detto varie volte, questa è semplicemente un'apertura fiduciosa verso l'ignoto, cioè il riconoscimento che la realtà è molto più ampia e misteriosa di quello che la nostra percezione ordinaria della stessa ci lascerebbe supporre. In tal senso, la fede è sicuramente il motore che muove ogni ricercatore degno di questo nome. E, naturalmente, è bene non confondere la fede con la credenza (non la credenza dove si mettono via i piatti!); la fede, nella sua essenza, non ha contenuti specifici, e quando li ha li considera semplicemente come delle ipotesi, delle possibilità in divenire.

MISHA. Chi è allora uno scienziato, non l'ho ancora capito. E non ho capito che cosa significhi: "la scienza dice che..." rispetto a "l'amico del quinto piano afferma che...". Non parliamo poi se si comincia a dire: "l'acqua scende dall'alto in basso, questo è quello che sappiamo finora per esperienza; ma non è detto che domani non possa andare dal basso in alto". La scienza è compatibile con gli asini che, se non volano, potranno un domani volare? Io non credo, neppure alla luce delle epistemologie più spericolate e innovative. Se la scienza evolve, come è sperimentabile da chiunque, non per questo – lo ripeto ancora – fa tabula rasa del vecchio, tutt'al più si innesta e completa, implica, include e mai scarta o spazza via!

MAKSIM. Di questo abbiamo già parlato in altre sedi, e ti avevo anche offerto degli esempi significativi. Alcune teorie sopravvivono e si evolvono, altre si estinguono, proprio come i dinosauri. E comunque, confondi i fatti (osservo l'acqua che va dall'alto verso il basso) con la spiegazione dei fatti (Aristotele: si muove verso il suo luogo naturale; Newton: è sospinta dalla forza gravitazionale; Einstein: si muove lungo una geodetica in assenza di forze). I fatti osservati restano, la spiegazione invece di quei fatti è soggetta a continue rivisitazioni, spesso assai radicali.

MISHA. PERCHÉ? Perché succede questo? Ognuno appiccica ai fatti il suo perché? Io confondo? Sì, sì io confondo. Vedo piangere una donna dalla finestra della cucina. PERCHÉ? Il fenomeno della lacrimazione è quello: in termini psicoenergetici ognuno può descrivere il perché. Già. Ma scusi, io voglio sapere non come avviene che piange, voglio sapere PERCHÉ piange! Lei faccia la sua ipotesi: sta sbucciando una cipolla; io faccio la mia: è raffreddata; lui fa la sua: ha avuto la notizia che le è morto un figlio. Ma il perché, oltre il giochetto delle ipotesi, è UNO SOLO e non altri. Se non si coglie IL PERCHÉ VERO, non ipotetico, io non posso neppure intervenire su quella donna. Senza un movente, non c'è scienza. L'orgone, la libido, la psicosintesi... me ne faccio un baffo di queste pur lodevoli analisi. Mi serve IL PERCHÉ, altrimenti le più sconclusionate parole d'amore che due si scambiano all'angolo della strada possono essere coscienziosamente passate al setaccio da un volenteroso psichiatra che passa e conclude che quei due sono matti! E, avulsi dal contesto, tutti sono Napoleone, quello vero e quelli finti dei manicomi. Lo sa lei che alcuni sacerdoti sono stati portati in tribunale per "circonvenzione di incapace", o per "abuso della credulità popolare"? Può un prete predicare la maternità vergine o l'ascensione? E può una scienza permettersi di entrare con categorie poverelle, puramente quantitative, con le quali sarebbe come voler andare sulla luna con la 500? Ma quella donna perché piange? Il vero motivo qual è? L'indagine può spingersi ai moventi o dobbiamo ritenere i moventi irrilevanti ai fini di una minuziosa analisi delle ghiandole lacrimali? Già, io confondo sì, confondo parecchie cose, e non è la prima volta né sarà l'ultima. Ma anche i suoi personaggi, di cui lei ha fatto un brutto elenco poco fa, confondono parecchie cose assai diverse tra loro. Mi creda, ASSAI DIVERSE. È la loro diversa qualità che decide la loro vera natura! Ma le qualità non sono state espunte dalla ricerca scientifica da Galileo in poi? E ora, con i frutti avvelenati dello scientismo, come si fa a recuperare le "qualità" nell'alveo dello "scientifico", se già l'idea stessa di "scientifico" è extrascientifica? Come può far rientrare le "qualità" dentro un'indagine oggettiva e valida per tutti? Forse sapendo che ciò è proibitivo, lei continua a ripetere una cosa che non so che senso abbia dal punto di vista "scientifico": esperienziale, esperienziale, esperienziale! Ma le esperienze soggettive possono diventare scienza solo se possono essere UNIVERSALMENTE VALIDE PER TUTTI E PER SEMPRE. Altrimenti anche la ricerca è arbitrio! Io conosco una sola definizione non ingannevole di SCIENZA: "conoscenza certa ed evidente di un enunciato in forza del suo perché proprio"! La proprietà del triangolo di avere la somma degli angoli interni pari a 180° è valida sempre e inoppugnabilmente e non è certo negata dai progressi delle geometrie alternative, di cui non sono che un caso particolare. La scienza vera è "inclusiva", non "escludente" e nessuna vera ricerca potrebbe equiparare le verità scientifiche ai dinosauri. Lei crede che la teoria eliocentrica abbia messo in soffitta la teoria ritenuta contraria? Proprio i progressi della scienza in senso relativistico hanno reso "non assoluta" l'una posizione rispetto all'altra. Tanto che sono nati addirittura "scienziati anarchici" come Fayerabend. Si faccia dire da lui qualcosa su Galileo.

MAKSIM. Caro Misha, personalmente non ho alcun problema con il concetto di verità e il fatto che la scienza abbia come scopo ultimo la verità. Ma l'approccio al vero della scienza è graduale, e mai definitivo. Anche perché, per poter formulare delle verità, è necessario possedere il linguaggio adatto per farlo, e quel linguaggio lo si costruisce progredendo nel cammino della conoscenza (oltre al fatto che, beninteso, non tutte le verità, necessariamente, si lasciano esprimere tramite linguaggio). La scienza, benché fatta da uomini, che esprimono il loro pensiero soggettivo circa i fenomeni, non per questo costruisce qualcosa di soggettivo. Infatti, e qui sta la chiave di tutto, essa non solo pone in continuazione queste idee alla "prova dei fatti", che andranno a confermarle o falsificarle, ma anche e soprattutto alla discussione tra pari. Questo aspetto, del confronto critico tra pari, è al centro dell'evoluzione delle idee scientifiche. Infatti, le idee-teorie-ipotesi che possono essere direttamente testate in senso sperimentale sono una stretta minoranza. La maggior parte delle idee scientifiche vengono infatti scartate sulla base di un confronto logico-razionale, di natura critica. È facile concepire una teoria in grado di fare le stesse previsione di un'altra teoria, aggiungendo delle spiegazioni *ad hoc*. Questo genere di teoria però verrà presto scartata dalla comunità scientifica perché la si riterrà carente di POTERE ESPLICATIVO. La teoria che un tempo diceva che i pianeti erano sospinti dagli angeli era perfettamente in grado di spiegare i fenomeni planetari, ma era una teoria che non aveva alcun potere esplicativo. Quindi, non è stata scartata perché non era in grado di rispondere a dei perché, ma perché il potere esplicativo di quelle risposte fu ritenuto del tutto insufficiente (infatti, spostava il problema di spiegare il moto dei pianeti al problema di spiegare il moto degli angeli, di cui nulla si sapeva). Col tempo poi, molte spiegazioni si sono intrecciate con altre. Questa è una delle caratteristiche delle buone spiegazioni: non è facile modificarle, senza che ciò abbia ripercussioni sull'intera struttura di spiegazioni a loro interconnesse. A volte succede che bisogna farlo, e in tal caso è necessario rivedere più di una sola spiegazione. Detto questo, quello che è importante comprendere è che la scienza si è dotata di un metodo. Questo metodo funziona perché si fonda sul confronto critico delle idee. Questo confronto critico, e libero (se non altro idealmente, poi c'è la pseudoscienza, pilotata da interessi non scientifici, ma questa è un'altra storia), e sistematico, più il confronto coi dati sperimentali, quando possibile, è ciò che permetta alla scienza, attività umana, quindi per definizione soggettiva, di tendere verso una conoscenza sempre più oggettiva. Ma la garanzia di possedere la spiegazione ultima, la cosiddetta verità, questa nessun scienziato potrà mai rivendicarla (anche se molti a torto possono farlo, dimenticandosi della natura della loro indagine). Ma va bene così, possiamo imparare a rimanere in piedi nella vita, e progredire nella ricerca, anche accettando un'assenza di certezze assolute, e senza per questo rinnegare l'esistenza di una possibile verità ultima. Ora, circa la parola "esperire", in contrapposizione alla parola "sperimentare", la differenza qui è unicamente tra ricerca in prima e terza persona. Al momento la scienza "ufficiale" utilizza principalmente la ricerca in terza persona. Se non riuscissero a misurare i rapidi movimenti oculari dei sognatori, in un certo senso i neuroscienziati arriverebbero oggi fino a dubitare che i sogni esistano in quanto fenomeni. Ovviamente, non è proprio così, poiché la stragrande maggioranza delle persone ricorda la propria attività onirica, quindi è fuori dubbio l'esistenza dei sogni. Ma immagina una situazione ipotetica in cui vi sarebbe un'assenza totale di segnali fisiologici esteriori associati ai sogni. Potrebbero essere nondimeno studiati? Naturalmente sì, solo che il loro studio avverrebbe tramite un'indagine inizialmente solo in prima persona. Lo stesso vale oggi per quei fenomeni energetici che non è possibile misurare esternamente tramite apparecchiature. Dobbiamo per questo ritenerli inesistenti? Ovviamente no. Dobbiamo inoltre ritenere che non possono essere studiati? Certamente no, in quanto è possibile portare avanti l'indagine tramite autosperimentazione, quindi confrontare i risultati ottenuti nell'ambito di queste autosperimentazioni, e promuovere, come sempre avviene in ambito scientifico, il dibattito critico delle idee, che col tempo andrà ad eliminare le spiegazioni meno convincenti, quelle che possiedono il minor potere esplicativo. Concludo sottolineando che la tua definizione non ingannevole di scienza è piuttosto ingannevole secondo me. Infatti, idealmente, la scienza è: un'attività umana che si fonda sull'esperienza, il cui scopo è comprendere la realtà mediante la costruzione di teorie critiche in grado di spiegarla. Questa è la sua definizione essenziale, e come vedi non contiene il termine "verità", o "evidenza", o "certezza", ecc.

MISHA. Caro Maksim, la ringrazio del suo lodevole sforzo esplicativo. Ma io devo trovare il motivo vero per cui quella donna piange, non la "teoria più esplicativa", che per me è una frase tabù, bisognosa di spiegazione a sua volta. L'enunciato che l'intelletto formula deve (proprio a onore dei fatti) appunto corrispondere alla realtà dei fatti. In relazione a un fatto, è ovvio che ci possano essere anche cento interpretazioni o teorie esplicative, se viene esclusa la possibilità di una verità oggettiva.

Einstein, come lei sa, non ha certo aspettato i risultati degli e-sperimenti postumi per essere sicuro di quello che diceva. L'approccio alla "verità" è certo graduale per chi fa un compito in classe di matematica, ma la soluzione data fra parentesi è una sola. Non a caso una "teoria del tutto" è divenuta assolutamente necessaria anche per ovviare alla miriade di frammentazioni e-splicative o pseudo esplicative dei "fatti".

MAKSIM. Misha, che la nozione di "teoria più esplicativa" ri-chieda qualche spiegazione in più, questo è fuori dubbio. Ma per questo ci vorrebbe ben altro spazio. In un precedente scam-bio ti avevo segnalato un bellissimo libro, di David Deutsch, "La trama della realtà" (Einaudi). Al capitolo 2, l'autore spiega molto bene l'intera faccenda. Citandolo: "Lo scopo della scien-za è comprendere la realtà attraverso spiegazioni. Il metodo cri-tico caratteristico (ma non unico) della scienza è la progettazio-ne e l'esecuzione di esperimenti decisivi, il cui risultato può fal-sificare una o più teorie rivali". Sempre in questo libro, al capi-tolo 7, c'è un bellissimo dialogo, che spiega anche perché, mal-grado il senso comune, le giustificazioni di tipo induttivo non sono valide. Rimando a quel testo per un eventuale approfon-dimento. Per il resto, ribadisco che l'esistenza di "spiegazioni in evoluzione" non è assolutamente in contraddizione con l'esistenza di una verità oggettiva. Inoltre, è importante com-prendere che le teorie scientifiche, pur essendo in evoluzione, non hanno nulla di arbitrario. Sono infatti sopravvissute a tutte le possibili critiche e falsificazioni, nel corso del tempo, e sono in accordo con tutti i dati sperimentali noti. Detto questo, sono curioso: cosa ti fa dire che Einstein era sicuro che le predizioni della sua teoria avrebbero trovato conferma? Tutt'al più pos-siamo dire che era speranzoso, al limite fiducioso, ma che era sicuro certamente no. Anche perché, come spieghi allora che i suoi colleghi, ad esempio Eddington, profondo conoscitore del-la relatività, si sarebbe dato tanta pena dopo la guerra nel cerca-re una conferma sperimentale alla teoria? Ovviamente perché nessuno, Einstein in primis, era certo della validità delle sue previsioni. E naturalmente, una cosa sono le previsioni, e altra cosa le spiegazioni. Dalle spiegazioni conseguono delle previsioni, che è possibile mettere alla prova dei fatti, ma anche spiegazioni differenti possono dare luogo alle stesse previsioni, per questo ci saranno sempre teorie concorrenti, in un dato momento storico, quindi visioni della realtà differenti. Differenti ma non arbitrarie, perché ci sono spiegazioni che appartengono al passato, che non è più possibile riesumare: si tratta di quelle che sono già state falsificate. Il tuo ultimo esempio, del compito in classe con la soluzione data tra parentesi, non è un buon esempio. Per almeno due ragioni: la prima è che non conosciamo la soluzione tra parentesi. La seconda è che quello che importa davvero non è trovare la soluzione, ma le ragioni di quella soluzione. La scienza, nella sua accezione più nobile, si occupa di questo: di scoprire quelle ragioni. Ma nessuna ragione in scienza è mai definitiva. È questo il suo bello.

IL VIAGGIO O LA META?

22 giugno 2014

MAKSIM. "Non correre mai dietro un bus, una donna o una teoria cosmologica. Ce ne sarà sempre un'altra nel giro di pochi minuti" [John Wheeler]

MISHA. È come ammettere che la nostra unica speranza sta in ciò che è certo e definitivo, che non passa né ogni cinque minuti né ogni cinque anni né ogni cinque secoli. È così: solo ciò che è "per sempre" merita il nostro cuore!

MAKSIM. Sono d'accordo Misha. E una delle "cose" che "è per sempre" (fino a prova del contrario) è la ricerca... la ricerca della Verità.

MISHA. Caro Maksim, lei doveva nascere napoletano. I napoletani riescono a vendere anche l'aria in barattoli di ogni dimensione! La ricerca di una cosa è la ricerca di una cosa, non è mica la cosa!

MAKSIM. Infatti Misha, noterai che ho messo il termine "cosa" tra virgolette, nel mio precedente commento. E comunque, non mi vorrai far credere che la Verità sia una cosa. Semmai una "cosa" (tra virgolette).

MISHA. Lei pensa sempre in maiuscolo. Se lei cerca moglie e io pure, non è che cerchiamo tanto per divertirci a cercare; possiamo dire: 1)-che cerchiamo la stessa cosa; 2)-che cercare la stessa cosa non vorrà certo dire che sposeremo la stessa donna (a ognuno la sua); che trovare vuol dire esattamente smettere di cercare.

MAKSIM. Vorresti dire Misha che una volta che abbiamo trovato non ci sarebbe più nulla da cercare? Speriamo di no, sarebbe la fine dell'avventura ☺.

MISHA. Già. Se lo immagina lei uno che cerca sua figlia a "chi l'ha visto" e, dopo averla trovata, pensa: che peccato, era così elettrizzante! Oppure uno che prende il treno per andare a Milano e, all'arrivo, non vuole scendere perché si è affezionato ai panorami del finestrino? Dialogo tra il capotreno e il viaggiatore-ricercatore: "Che cosa è venuto a fare lei qui?" "A cercare!" "A cercare che cosa?" "Niente" "Come niente?" "È che cerco la ricerca. Quello che cerco non significa niente: è un pretesto per cercare!" "Arriviamo al dunque..." "No, lei non capisce: non arriviamo da nessuna parte, se no finisce il bello" "Faccia come crede. Sappia che il treno riparte fra dieci minuti per..." "Non mi dica per dove. Vengo con voi. Mi piace viaggiare!"

MAKSIM. Esatto Misha, la Vita è un viaggio, e a ogni meta raggiunta, dopo aver riposato un po', e goduto del panorama, ci si prepara per la prossima tappa, per la prossima avventura. L'importante è smettere di cercare le certezze. Solo in quel momento si comincia davvero a viaggiare, e a trovare. In primo luogo sé stessi. Detto questo, concordo: "cercare la ricerca", "amare l'amore", "imparare ad imparare"...

MISHA. La differenza tra un viaggiatore e un vagabondo è proprio qui: l'assenza, nel secondo, di uno scopo "incarnato". Si ama l'amore, non l'amato! L'amato è un mezzo per l'amore, la meta è un mezzo per il viaggio (non il viaggio è mezzo per la meta)!

MAKSIM. Non ho mai scritto che non ci sono mete. Ho solo suggerito che ogni meta nasconde un nuovo viaggio, *ad infinitum*. E l'amata/o lo si può amare (veramente) solo nella misura in cui si ama, in primo luogo, l'amore. E, naturalmente, quando parlo di amore non parlo certo di innamoramento, che è tutta un'altra cosa.

MISHA. Allora ritorniamo all'inizio, si metta d'accordo: "non correre mai dietro a un bus, una donna, o una teoria cosmologica, se nel giro di pochi minuti ce ne sarà un'altra!" Se nel giro di pochi minuti ce ne sarà un'altra, non vale la pena, no?

MAKSIM. Misha, la citazione di Wheeler fa riferimento al semplice fatto che, essendo quello della cosmologia un campo di indagine molto speculativo, anche perché non è molto facile "mettere il cosmo in un laboratorio", c'è la tendenza a un certo proliferare di teorie, molte delle quali velocemente passano di moda. Tutto questo però non ha nulla a che fare con l'avventura di più ampio respiro del fisico, e più generalmente di ogni ricercatore del vero – astronauta o entronauta che sia – che cerca di conoscere e comprendere il reale in modo sempre più oggettivo. Ti assicuro che ne vale la pena. Anche perché quello che ci arricchisce veramente è il viaggio, non la meta.

CONTENITORE E CONTENUTO

24 giugno 2014

MAKSIM. "La pratica dello Yoga conduce alla possibilità di sospendere l'attività mentale ordinaria. Quando questo avviene, la coscienza riposa su se stessa, nella sua natura essenziale, in uno stato di concentrazione. Altrimenti, quando non c'è concentrazione, la percezione si presenta nella sua modalità ordinaria, e promuove identificazioni". [Patanjali][4]

Naturalmente, Non c'è un solo modo di spiegare questo aforisma, poiché possiamo promuovere identificazioni secondo diverse modalità. Una di queste, forse la più fondamentale, è quel meccanismo semiautomatico che ci fa identificare con il contenuto dei nostri pensieri. Diveniamo quel contenuto perché lo riteniamo a priori vero. Quando attraverso la meditazione l'attività mentale ordinaria viene sospesa, emerge il testimone silenzioso, che è libero di osservare (e in seguito, eventualmente, di indagare) i pensieri che accadono nella mente, che prima ancora di essere pensieri veri o falsi, semplicemente sono pensieri. Da questa postura osservativa è possibile smettere di essere ciò che pensiamo e, semplicemente, cominciare ad essere.

MISHA. Intanto vorrei essere sicuro di inquadrare il tema corret-tamente, per sapere se siamo nel campo di una scienza-tecnica o di una religione come un'altra, coi suoi riti e miti (escludendo le degenerazioni salutiste che lo yoga ha assunto da almeno 40 an-ni in Occidente):

«Lo Yoga è il metodo attraverso il quale si ottiene il dominio di tutte le forze spirituali e le si guida nella direzione desiderata; la meta è il raggiungimento della pace interiore, della conoscenza suprema e, da ultimo, della liberazione dai legami del mondo e

---

[4] Testo tratto da : « Lo Yoga Darshana di Patanjali », Lulu edizioni, 2013, a cura di Massimiliano Sassoli de Bianchi.

della materia che sono "maya" cioè illusione e seduzione. Infatti per gli induisti e i buddisti l'uomo non è responsabile del male e della sofferenza ma sono parte integrante della realtà per cui il mondo va rifiutato in blocco o, nella migliore delle ipotesi, svuotato di ogni consistenza metafisica... Patañjali definisce lo Yoga come la "soppressione degli stati di coscienza" ("citta-vrtti"). Gli "stati di coscienza" sono illimitati ma inquadrabili in tre categorie: 1) gli errori e le illusioni; 2) le esperienze psicologiche normali di colui che non pratica yoga; 3) le esperienze parapsicologiche provocate dallo yoga e accessibili ai soli iniziati. Per Patañjali le prime due categorie d'esperienza vanno abolite e sostituite con una esperienza "estatica" sovrasensoriale ed extrarazionale. Diversi sono i modi per raggiungere la salvezza proposti dall'induismo e dal buddismo per uscire dalla "maya" e entrare nell'Assoluto, poiché questi dipendono dalla visione del mondo propria di ogni scuola e corrente. Mentre il cammino di salvezza e di liberazione ("moksa") per l'induismo dipende principalmente dallo smantellamento della "maya" mediante la regressione psicologica del nostro io umano nel Brahaman, per il buddismo comporta lo spegnimento della sete di qualsiasi consistenza e desiderio. Le pratiche salvifiche Yoga non si escludono comunque l'una con l'altra e sono spesso complementari: 1) Tantra yoga (via dei riti magici); 2) Yoga mârga (via degli esercizi fisici e spirituali); 3) Karma yoga (via delle opere); 4) Jnâna yoga (via della conoscenza); 5) Bhakti yoga (via della devozione). La salvezza non si raggiunge nell'arco di una sola vita, come del resto nella mistica plotiniana, ed è postulata la reincarnazione» [François-Marie Dermine].

Se tutto è corretto (nei limiti di una sintesi che non tiene conto delle varie configurazioni che lo Yoga ha assunto nei secoli: fase vedica, fase preclassica – con le Upanishad – fase classica – con lo Yoga Sutra di Patanjali e il suo cammino in otto fasi, una specie di "ottuplice sentiero" di memoria buddista, – e poi la fase postclassica, moderna, ecc.), faccio due domande: 1)-Si tratta di una via religiosa come un'altra? 2)-Dato che non c'è coscienza se non "di qualcosa" (e questo lo sanno anche in Occidente) in che cosa consisterebbe la sua "natura essenziale"? Anche filosofi occidentali laici hanno compreso che chi ha coscienza di qualcosa e il qualcosa di cui si ha coscienza sono sperimentabili come due cose diverse, non necessariamente identificantisi. È necessaria una "via ascetico-mistica" per questo?

MAKSIM. Dalla mia prospettiva, lo Yoga (dalla radice sanscrita "Yuj", che significa unire, o unificare) è un'avanzata scienza di integrazione psicofisica e mentale il cui elevato contenuto conoscitivo, realizzabile unicamente tramite un percorso di sperimentazione e ricerca personali, ha per obiettivo l'accelerazione dell'evoluzione coscienziale tramite il risveglio della consapevolezza e del potenziale interiore del praticante. 1) Si tratta di religione? Direi proprio di no, a meno che non si intenda "religione" nel senso di "religere", cioè unire ed unificare, come indica per l'appunto la radice della parola "Yoga". 2) Affermi che non c'è coscienza se non di qualcosa. È proprio vero? Sarebbe un po' come affermare che un contenitore non può esistere in assenza di contenuto. Per usare questa metafora, possiamo dire che il praticante di Yoga cerca di ottenere proprio questo: accedere al livello del contenitore tramite un processo graduale e metodico di disidentificazione dai suoi contenuti. Questo non perché tali contenuti sarebbero da rifiutare; hanno la loro ragione d'essere, e anche la loro utilità. Semplicemente, dobbiamo imparare a riconoscerli per quello che sono, altrimenti non avremo mai accesso all'esperienza (non ordinaria) del contenitore.

MISHA. Per ora mi limito a una breve "analisi logica": un "contenitore" senza contenuto non si chiamerebbe nemmeno contenitore, che dal contenuto prende l'essenza stessa del suo nome.

MAKSIM. L'aspetto importante della metafora, Misha, è che un contenitore non è interamente riducibile al suo contenuto. In tal senso, la realtà del contenitore trascende quella del contenuto. Per fare un esempio, è possibile sperimentare una condizione di presenza mentale anche in assenza di flussi di pensiero. Da tale presenza è poi possibile sperimentare la possibilità di contemplare la nostra attività mentale senza promuovere identificazioni coi suoi contenuti. Come quando anziché fissare gli oggetti in una stanza, spostiamo il nostro livello di osservazione allo spazio contenuto nella stanza, o alla stanza nel suo complesso.

MISHA. Per il resto, mi permetto di segnalarle due saggi: uno ("TECNICHE DELLO YOGA") è stato scritto da un'autorità nel campo dello studio delle religioni e delle tecniche ascetico-mistiche, MIRCEA ELIADE, il quale afferma che lo Yoga è niente di meno che "il metodo sperimentale per realizzare l'uomo-Dio"; che risale al dio indù Shiva (detto "signore dello Yoga") e che si realizza attraverso tre strumenti: le ASANAS (posizioni), il PRANAYAMA (esercizi di controllo respiratorio) e i MANTRA (ripetizione di suoni). È un cammino di autodivinizzazione che consiste nell'entrare in uno "stato alterato di coscienza" (una specie di autoipnosi indotta, o trance) in cui la mente viene praticamente svuotata e che si serve della "meditazione" (DHYANA) adatta a favorire, con il distacco dal mondo, uno stato di non percezione, che ha per oggetto la vacuità (SUNYATA), il senza-determinazioni (ANIMITA) e la non-presa-di-posizione. In questo tipo di mistica orientale si cerca l'assoluto nel SÉ. Il SÉ si identifica col mio IO che deve tendere ad autoannullarsi. Lo scopo ultimo è la fusione dell'"atman" con il "Brahman", cioè dell'individuo con l'essenza divina. Lo Yoga risveglia l'energia divina addormentata in noi (KUNDALINI) simboleggiata da un serpente arrotolato su se stesso. Il secondo saggio che voglio segnalarle [F. Dermine, "Mistici Veggenti e Medium"] purtroppo è scritto da un domenicano, ma – fino a prova contraria – anche i domenicani pensano. In esso è scritto:

«Lo scopo principale dello Yoga non è di spiritualizzare i rapporti dell'uomo con i suoi simili. Al termine del cammino yogico si pone l'isolamento assoluto" (kaivalya) che la monade libera riacquista nello stato di non differenziazione e di non relazione assolute dell'estasi suprema... Cogliamo un segno o indizio di questa negazione della dimensione relazionale nel punto di partenza delle religioni orientali, ossia l'universalità del dolore da fuggire, fuggendo dal mondo, e non, come per il cristianesimo, il peccato concepito come incapacità di rapportarsi a Dio e al prossimo».

L'istante in cui l'uomo acquista una tale conoscenza porrebbe termine alla catena delle reincarnazioni, detta anche legge del karma (samsara), il vero "inferno" per l'indù, e consentirebbe all'uomo di raggiungere lo stato di felicità definitiva, detto Nirvana: "estinzione", "spegnimento", "soluzione", "bambolina di sale (l'uomo) che si scioglie nel mare (Nirvana)". Gli ultimi due commenti non hanno potuto tener conto dell'annotazione di Maksim, secondo il quale un contenitore non è interamente riducibile al suo contenuto. Ma io non ho mai detto questo: dico soltanto che un "contenitore" ha bisogno del contenuto, se non altro per non andare in crisi di identità come "contenitore". Un po' come il padre e il figlio, che si identificano soltanto nella loro dimensione relazionale. E se ci fa caso non si può avere nessuna conoscenza se, come dicevano i classici, il conoscente in atto e il conosciuto in atto non sono la stessa cosa, perché la conoscenza è questo tipo di "assimilazione": l'identificazione del conoscente in atto e del conosciuto in atto! In un'assimilazione materiale (come il mangiare) il cibo diventa noi; in un'assimilazione spirituale come la conoscenza accade il contrario: è il conoscente che "diventa" il conosciuto; e anche nell'amore, l'assimilazione è dell'amante all'amato!

MAKSIM. Si è detto di tutto e di più sullo Yoga. Prima di parlarne però, almeno un po' bisognerebbe averlo praticato, per poterlo conoscere dall'interno, e comprenderne lo spirito. Lo strumento realizzativo dello Yoga è infatti essenzialmente di natura pratica. Inoltre, il distacco o meno dal mondo di cui parla Eliade è una scelta che poco ha a che fare con la pratica stessa dello Yoga. Possiamo isolarci e praticare, come facevano alcuni asceti, oppure rimanere immersi nel mondo e praticare. L'importante è praticare. Inoltre, il distacco di cui si parla non è dal mondo, ma dalle nostre percezioni ordinarie dello stesso. Ora, a cosa porta la pratica, se autentica? A uno stato di sempre maggiore unità percettiva e consapevole dell'universo, che porta il praticante ad amare ogni cosa e creatura. Affermare, come scrive ad esempio il domenicano che citi, che al termine del cammino dello Yoga si pone l'isolamento assoluto, è un'emerita sciocchezza. Qui si confonde liberazione con isolamento. Inoltre, più grave ancora, non si comprende a quale livello evolutivo corrisponda tale condizione. Stiamo parlando di possibilità avanzatissime, che nessuno di noi qui è in grado di realizzare (fino a prova del contrario) e nemmeno di comprendere. Suggerirei quindi di partire dalla base, sforzandoci di costruire un centro, che a sua volta ci consentirà di perseverare nella pratica e intensificarla, e gradatamente realizzarne il contenuto. Riguardo il tuo ultimo commento, circa la necessità di fondere il conoscente con il conosciuto, per avere un accesso diretto, non mediato, allo stesso, in linea di massima sono anche d'accordo. Il problema da risolvere però è come promuovere questa fusione, senza che ciò comporti con-fusione.

MISHA. Ah, per me nessun problema da risolvere. Basta capire che ci sono cose che non facciamo noi, ma vengono fatte per noi. Fusione senza confusione, mi ha fatto ricordare un bel brano musicale: "ma guardate l'idrogeno tacere nel mare, guardate l'ossigeno al suo fianco dormire..." Quanto al suggerimento contenuto alla fine del penultimo commento, "partire dalla base e costruire un centro", non sono ben in grado di capirlo. Però voglio informarla che il padre domenicano in questione ha praticato yoga e zen anche da religioso. Tuttavia, se dovesse essere sempre necessario sperimentare qualcosa per capirla a fondo, forse non sarebbero vere le parole di D. H. Lawrence (quasi precursore letterario della psicanalisi), secondo il quale una delle poche persone adatte a capire veramente il sesso sarebbe il Papa che non ne fa uso! In effetti, spesso è proprio colui che sta "dentro" un'esperienza che non riesce a capirne né le cause né le conseguenze! Non credo che un pesce sia sempre in grado di capire il valore e la natura dell'acqua in cui è immerso, esattamente come chi in un ambiente surriscaldato dai caloriferi può essere messo in guardia solo da chi lo avverte da fuori che lì c'è aria consumata!

MAKSIM. Penso infatti, Misha, che le parole di D.H. Lawrence non siano vere. E hai ragione, chi sta dentro un'esperienza a volte non è in grado di capirla. Per questo è così importante "abitare" le proprie esperienze, cioè viverle in modo consapevole. Detto questo, questa tua osservazione denota secondo me una scarsa comprensione della materia. Infatti, si potrebbe dire che la pratica meditativa (elemento centrale dello Yoga) sia per eccellenza una pratica osservativa, cioè esattamente un metodo per divenire consapevoli di quell'acqua invisibile in cui ci muoviamo. Detto questo, è ovvio che praticare Yoga è una cosa, e avere la fortuna di trovare un insegnante in grado di guidarci e promuovere una pratica matura è un'altra cosa. Ma questo è un problema che è presente in ogni ambito della ricerca spirituale (e non solo): i falsi insegnanti e i falsi insegnamenti, spesso distorsioni di insegnamenti autentici, sono ovunque, e il fatto di appartenere fosse anche a un'antica un'istituzione non ci mette certo al riparo da questo genere di pericolo. Quindi, il contenuto del tuo avvertimento si applica *urbi et orbi*, e non specificatamente allo Yoga, o sbaglio?

ALBERI O CIMITERI?

27 giugno 2014

MAKSIM. Rivoluzione epocale: "grazie a un'idea del designer spagnolo Martin Azua, è nata infatti l'urna Bios, cioè un'urna completamente biodegradabile che contiene un seme di albero. Una volta piantato, il seme dell'albero si nutre e assorbe le sostanze nutrienti dalle ceneri. L'urna è realizzata in noce di cocco e contiene torba compattata e cellulosa. Le ceneri vengono mescolate con queste sostanze, e il seme collocato all'interno. È anche possibile scegliere quale tipo di albero si vuole far crescere, e quindi quale tipo di albero si può diventare nella "nuova vita". Una sorta di rinascita post-morte: chi può preferire una pietra tombale a quest'idea così geniale? Anche perché questi alberi potranno essere collocati ovunque, e non negli angusti e depressivi cimiteri" [Tratto da un articolo di Peppe Caridi, apparso il 26 marzo 2014 su *www.meteoweb.eu*].

"Quando il mio ultimo giorno verrà, dopo il mio ultimo sguardo sul mondo, non voglio pietra su questo mio corpo, perché pesante mi sembrerà. Cercate un albero giovane e forte, quello sarà il posto mio; voglio tornare anche dopo la morte sotto quel cielo che chiaman di Dio". [Guccini]

SEIDELMATTINO. Diecimila punti all'idea del secolo! A me sono morti un po' tutti, mai andata in un cimitero, non so nemmeno dove sono sepolti i miei genitori. Fossero stati alberi, lo saprei e sarei spesso andata a trovarli. Andare a trovare una scatola sotto terra m'è sempre sembrata una boiata assurda. Un albero lo andrei a trovare senza sentirmi deficiente!

MAKSIM. I funerali, idealmente, dovrebbero essere delle celebrazioni, delle vere e proprie feste, gioiose, in cui le persone augurano buon viaggio a colui che si sta muovendo su altri piani di esistenza. I cimiteri, come suggerisce il post, potrebbero semplicemente trasformarsi in parchi naturali, da visitare per riconciliarci con le energie della natura e ricordarci che le nostre spoglie mortali non sono permanenti. Detto questo, non è necessario detestare gli attuali cimiteri e funerali. Possiamo semplicemente osservare che nella misura in cui la nostra consapevolezza e maturità crescerà, semplicemente questi si trasformeranno.

SEIDELMATTINO. Be', mo' non esageriamo. Ti sfido a gioire quando sei piccolo e ti muore un genitore, se non tutti e due, o quando ti muore una figlia o una nipotina o un fratello. Te lo dai in faccia il piano altro dove puoi dirti che sta svolazzando... perdona la crudezza espressiva.

MAKSIM. Quando si è piccoli, Seidelmattino, abbiamo semplicemente bisogno di sapere che c'è qualcuno che si prende cura di noi, genitori, nonni, zii, non è così importante. Il resto è solo una questione di come ci rappresentiamo il reale, e questo, quando siamo piccoli, dipende molto da chi ci sta attorno. Detto questo, il mio precedente commento si riferisce primariamente agli adulti, che poi sapranno trasferire la loro comprensione anche ai piccoli di cui si occupano.

SEIDELMATTINO. No, quando sei piccolo nessun nonno o nonna o zio, per quanto magnifico, può sostituire una madre e nemmeno un padre. Trovo assurdo anche solo pensarlo. E trovo ancora più assurdo che possa pensarlo tu. Che, per quanto non abbia, suppongo, perso i genitori a sette anni, di psicologia ne mastichi. Che robe dici?! Sulla questione degli adulti, ti passo che un adulto può augurare buon viaggio ad un altro adulto... ma non se sei un genitore e ti muore tua figlia di due anni. Poi ok, in un tuo "epimondo" popolato di esseri paranormali magari può anche succedere. In un mondo normale no ed è giusto che non accada, perché, se accadesse, vorrebbe dire che è un mondo popolato da psicopatici nel senso clinico del termine.

MAKSIM. "...nessun nonno o nonna o zio, per quanto magnifico, può sostituire una madre e nemmeno un padre...", ti invito,

Seidelmattino, a indagare con più attenzione questo pensiero. È indubbio però che se lo ritieni vero a priori, la tua diventerà una profezia autoavverante. D'altra parte, se accetti la possibilità che le cose possano andare diversamente, potresti avere delle sorprese. Di cosa ha bisogno un bambino? Primariamente di amore, nutrimento e protezione. Personalmente conosco persone felicissime, ed equilibratissime, che sono state cresciute non dai loro genitori. Tutti psicopatici?

SEIDELMATTINO. A me sono morti tutti, la mamma da piccola, il papà dopo, famiglia decimata... sono una persona equilibrata. Ma è una boiata colossale pensare che tutti siano intercambiabili. Non lo sono, non lo sono stati per me, né per nessuno che conosco e che ha avuto la sfortuna di non avere i genitori. A mia nipote, di ora 5 anni, quando ne aveva tre è morta la sorella di 19 mesi. Ora ha un'altra sorella di due anni e una in arrivo. Tre giorni fa mi ha chiesto perché Dio non ritrasforma sua sorella da angelo a bambina, così che possa tornare da lei. Quello che affermi è insensato, ma lo rispetto. Io darei una gamba per poter passare solo cinque fottutissimi minuti con mia madre, e manco so che faccia aveva, visto che all'epoca, per difesa, l'ho cancellata dai miei neuroni e non ne ho un solo singolissimo ricordo. Eppure darei tutto quello che ho e che non ho per cinque minuti con lei. E a mia nipote potranno spuntare altre trecento sorelle meravigliose, a lei manca la prima. Ha una sorellina che adora, i due genitori migliori del mondo, settantamila amici, io come zia che la ADORO e vado ogni settimana a trovarla per spupazzarmela insieme alla sorella... ma a lei manca lo stesso. Ovviamente. Non siamo pezzettini di lego, i legami d'amore sono unici e irripetibili e quindi insostituibili.

MAKSIM. Non è mia intenzione farti cambiare idea, Seidelmattino. Permettimi solo di aggiungere che, di fronte alla sofferenza, possiamo aprirci all'indagine e provare a scoprire che cosa, realmente, ci fa soffrire. L'amore non cessa quando una persona se ne va, quindi, da dove ha origine questa nostra sofferenza? È una domanda che a questo punto lascerei aperta, proprio perché, per rispondere, ognuno deve fare il proprio percorso di chiarificazione. A meno che, beninteso, si scelga a tutti i costi di non abbandonare il proprio "corpo del dolore", come ama chiamarlo Eckhart Tolle.

MISHA. La "svolta epocale" è uno dei tanti modi vecchi e stravecchi utilizzati dalla cosiddetta "ragione" per occultare, o addolcire o abbellire o falsificare la realtà della morte, a favore di un vecchissimo e ciclico rigurgito di paganesimo o, peggio, di irrisolti problemi psicologici che emergono nell'anima di fronte alla morte. Non a caso i tentativi cominciarono con la cosiddetta "età dei lumi", o illuminismo, l'epoca che, dovendo eliminare i pregiudizi oscurantisti della tradizione, tentò addirittura di reinventarsi un calendario, poi miseramente fallito. E furono spese ingenti somme, all'apparenza per proteggere l'igiene dei cittadini, ma in realtà per proteggere l'igiene mentale di governanti alle prese con "reazioni isteriche dettate da un male oscuro che tormenta proprio chi grida più forte di essere libero da ogni paura oscurantista" [V. Messori]. Guardate bene, prima di gridare alla "novità epocale", perché non è affatto la prima volta che lo sviluppo tecnologico viene messo al servizio di vecchie paure, a cominciare dai giacobini e poi da Napoleone Bonaparte. Per fortuna il popolo e la gente comune, meno nevrotizzata dei suoi padroni, si ribellò, perché non intendeva farsi sottrarre i propri morti da utopie ecologistiche o giovaniliste. Trascrivo, a beneficio di una vs. meditazione seria (senza andare a scomodare il significato altamente simbolico delle tombe e dei cimiteri), qualche passo significativo da un libro di Vittorio Messori ("Scommessa sulla morte"), contenuto in un paragrafo titolato significativamente: "la guerra al cimitero" (libro scritto nel lontano 1982, trentadue anni fa, a riprova di come sono nuove queste "vecchie novità"):
«Quell'Illuminismo del quale... siamo tutti figli – in America, come in Europa, come in Unione Sovietica – arriva al potere politico alla fine del Settecento: con la rivoluzione americana prima e, soprattutto, con la rivoluzione francese poi. Appena

raggiunta la facoltà di imporre leggi, quei nostri trisavoli si affrettano a decretare un provvedimento significativo: ordinano cioè l'espulsione, urgente e forzosa, di ogni tomba dai luoghi abitati. Quasi che, non potendo abolire per legge la causa, la morte cioè, della legge si servano per rendere almeno invisibile l'effetto, il cimitero. Si intende: conosciamo bene le "gravi ragioni igieniche" accampate da quei signori per giustificare il loro provvedimento, presentato ovviamente come "segno di progresso". Ma c'è sempre un petulante, un indiscreto. In questo caso il guastafeste è... Louis V. Thomas, antropologo, che ha studiato a fondo le leggi sui cimiteri della nuova Europa dopo la rivoluzione: "Dietro quei provvedimenti in apparenza molto razionali, c'è in realtà l'alibi nevrotico inventato da una società che tenta di sottrarsi alla sua angoscia". Questa la conclusione dello studioso d'oggi, dopo l'analisi delle laiche disposizioni funerarie. Le quali altro non erano che la traduzione in decreto-legge dell'appello lanciato da uno dei padri prestigiosi della nuova cultura, Wolfgang Goethe: «Via le tombe! Via le tombe!», esortava dunque quel grande, nostalgico del paganesimo e delle sue superstizioni. Invece che avanti, si andava qui indietro, si ritornava al terrore degli antichi per i quali la sola vista di un sepolcro bastava per essere colpiti dal "fascinum", il maleficio, il malocchio, la jettatura».

MAKSIM. Caro Misha, ti invito ad osservare in modo più semplice la questione: (1) delle ceneri, frutto di una cremazione (secondo il rituale funerario che uno preferisce); (2) un'urna con all'interno il seme di un albero; e (3) un albero che cresce al posto di una lapide. Tutto qui. Ti confesso che fatico a cogliere il senso del tuo discorso e delle tue citazioni. Se preferisci la lapide, benissimo. Ma se qualcuno invece preferisce l'albero, in cosa consisterebbe la nevrosi, o l'angoscia?

SEIDELMATTINO. Sai essere "infinitamente riduttivo" tu. Nel senso letterale del termine, "ossimorico" del termine intendo. Riduci sempre tutto a un qualche "infinito". Un po' come fanno i guru in India da me; tu vai lì che hai una rogna "ics", e loro ti dicono che il problema non ce l'hai tu, ma ce l'ha la tua "anima universale". Diamo a Cesare quel che è di Cesare e alla sua anima universale qualunque altra cosa sia che le appartiene, ovunque essa sia, un ovunque che sta ovunque tranne che qui. Sai che non oserei mai offenderti, ma so che sai che non so non parlare fuori dai denti io. Trovo che sia puro qualunquismo filosofico supporre che il dolore per la perdita di una persona molto vicina e molto amata sia superabile con la filosofia orientale. Fossi Yogananda ci metterei due secondi, ma sono Seidelmattino, e questo pianeta è popolato da semplicissime Seidelmattino che sono fisiche e non metafisiche. La morte di un figlio o di una madre sono robe fisiche, avrebbe serissimi problemi a superarla pure Krishnamurti. Non è una roba umana farsi scivolare addosso cose simili, è sovraumana. Di lì trovo riduttivo affermare che gli umani "ebbè però, potreste pure esse' mpò più divini quando vi muore un figlio, essuvvia pigroni, in quel figlio era incarnata l'anima universale, era solo apparentemente "vostro" figlio, potreste pure fare 'no sforzetto e andare al di là delle apparenze no?!" No. Non solo non si può, ma manco si deve. Perché se si dovesse, saremmo tutti dèi invece che uomini. E io sono certa del fatto che essere umani ha la sua ragion d'essere. Nel momento che si diventa sovraumani, è il momento che star qui non ha più senso. E trovo più ragionevole dare consigli pratici su come convivere con un certo tipo di dolore, piuttosto che consigli non pratici su come non viverlo affatto.

MAKSIM. Non è la prima volta che mi capita di affrontare argomenti simili, e in sedi come queste quasi sempre si vengono a creare numerosi malintesi, e distorsioni (a dire il vero anche in altre sedi). Vuoi per la delicatezza del tema, che quasi sempre promuove reazioni di tipo emotivo (anche per le esperienze difficili che molti hanno vissuto), vuoi per la difficoltà di contestualizzare le cose in modo corretto, in poche frasi. Nei miei commenti ho solo indicato una possibilità (nel commento iniziale ho per l'appunto precisato "idealmente") senza mai pretendere che questa possibilità debba necessariamente essere per tutti un'attualità. È un fatto che non lo sia, come è un fatto che i cimiteri, su questo pianeta, non sono foreste. Il discorso dei bambini poi, è particolarmente delicato, e anche in questo caso ho ben precisato che il mio commento si riferiva primariamente agli adulti, proprio perché i bambini, soprattutto quando piccoli, non hanno sufficienti strumenti, da soli, per elaborare determinati eventi. Oltre alla questione dello sviluppo psicologico, la differenza sostanziale tra un bambino e un adulto è che un bambino non è in grado di sopravvivere senza i suoi genitori (nella natura è così). In tal senso, la scomparsa dei genitori è di fatto una minaccia concreta, fisica, in quanto viene meno la protezione e il nutrimento (amore incluso). Se però c'è qualcuno che ne fa le veci, che si occupa del bambino come facevano i genitori, cioè che si fa carico dei suoi bisogni reali, con la stessa dedizione dei genitori (e perché no, magari anche con maggiore dedizione, come spesso accade nel caso dei nonni, che hanno maggiore disponibilità ed esperienza), la minaccia principale viene meno. Certo, è necessario poi, sempre e comunque, elaborare la dipartita, ma questo è sempre possibile farlo, e il modo in cui lo si fa, nel caso di un bambino, dipende soprattutto dal modo in cui lo fanno le persone che si occupano di lui. In un determinato contesto, un bambino può vivere un vero trauma, in grado di produrre una ferita profonda, che richiederà molto lavoro in età adulta per essere guarita, in un altro contesto l'evento potrebbe essere vissuto in modo molto meno traumatico, se non addirittura armonico, nel rispetto delle emozioni che necessariamente emergeranno, se le persone che stanno attorno al bambino sono in grado di elaborare l'evento, a loro volta, in modo armonico. Forse un modo semplice di capire cosa intendo è quello di riflettere a come il divorzio dei genitori in determinate famiglie possa generare problemi molto profondi nei figli, mentre in altre, più mature e responsabili, questi problemi non si manifesteranno affatto. In questo caso parlo per esperienza personale. I miei figli quasi non si sono accorti del divorzio dei loro genitori, che lo temevano soltanto per sentito dire, per come ne parlavano alcuni loro compagni di classe. Nel caso della dipartita di una persona cara, naturalmente, le cose sono molto più delicate, e va benissimo che vi sia una parte di sofferenza nel processo. Non ho mai scritto che è sbagliato soffrire. Ho semplicemente ricordato che esiste una via per ridurre in modo graduale la sofferenza nella nostra vita. Il primo passo in questa direzione è quello di indagare il contenuto delle nostre credenze, chiedendoci, ad esempio, se è proprio vero che certi vuoti siano incolmabili, come spesso riteniamo, senza magari esserci mai presi la briga di verificarlo. E naturalmente, se crediamo che un vuoto sia incolmabile, indubbiamente lo sarà. Ora, lo ripeto ancora una volta a scanso si equivoci, questo lavoro di autoindagine lo possono fare solo gli adulti, i quali poi potranno offrire ai loro bambini visioni più luminose della vita e della morte, nei limiti della loro comprensione.

SEIDELMATTINO. Primo: grazie per quello che hai scritto; secondo: visti gli argomenti che tratti, sei un mago di funambolo, io non ci riuscirei mai; terzo: il macello del perdere certe persone sta tutto nel non riuscire a non pensare al trilione di cose che con quelle persone avresti potuto fare, vivere, sentire, soffrire, gioire, scoprire eccetera eccetera eccetera. E solo avendo un sasso al posto del cuore e una medusa in quello del cervello si riesce a non pensare a certe cose. E purtroppo dirsi che arriverà un tempo senza tempo dove ritroverai certe persone e potrai fare quello e molto altro, avere fede in sintesi, non aiuta molto. Quarto: non è il mio caso in qualità di figlia, ma lo è in qualità di madre, sì, una mamma seconda fica tanto quanto sarebbe potuta essere la prima, è di certo il più straordinario dei cerotti, ma resta un cerotto. I miei figli sono figli del più infame dei bastardi, eppure a loro non solo non avere un padre, ma non avere proprio quello lì, quello che li ha concepiti, anche se sono consapevoli di che scoria tossica sia, gli manca. Loro non vogliono essere amati in generale, lo sono moltissimo e ci si sentono da sempre moltissimo amati. Vorrebbero essere amati dal loro padre (che è uno che quando li incontra si gira dall'altra parte e lo fa da sempre). Non so a che punto ero, perdo il conto dopo il numero tre solitamente, a naso sto al cinque, ma bando all'avarizia e, sesto: i divorzi sono traumatici solo perché il più delle volte i due genitori fanno un gran casino. Quello che vogliono i figli non è che si stia tutti insieme sotto lo stesso tetto, ma che ci si ami e rispetti. Due genitori possono tranquillamente separarsi e restare amici, continuare a fare un gioco di squadra e crescere i propri figli insieme anche stando non solo in due case diverse, ma persino in due paesi diversi. Io ho qualche coppia di amici molto intelligenti e di gran cuore che ci riesce, ma la maggior parte son persone piccine che mettono i propri interessi o le proprie paure, gelosie, rivalse eccetera prima dei bisogni dei propri figli. Non è il divorzio in sé il problema, la separazione, ma il tipo di persone che si sta separando.

MISHA. Il problema più serio, caro Maksim, è proprio qui: che lei fatica a cogliere il senso del mio discorso e delle mie citazioni. Eppure io mi sembravo chiaro, facile e comprensibile. Pazienza, non c'è molto da fare, specialmente se tutto si risolve nel fare quello che si preferisce, secondo i gusti. Confido solo che qualcuno degli interlocutori che mi ha letto, abbia capito le cose che ho detto che – ripeto – non mi sembravano così faticose da capire. Quanto alle "profezie autoavveranti", mi sembra né più e né meno che una furbata pazzesca: non bisogna credere vera una cosa "a priori", ma siamo avvertiti: se la riteniamo vera e si avvera, non è mica la verità, è semplicemente una "profezia autoavverante". Ma che discorso è?

MAKSIM. La "furbata" di cui parli è una faccenda talmente seria che molti psicoterapeuti evitano anche solo di fare diagnosi, o meglio di comunicarle, perché sanno bene quanto sia facile creare l'effetto perverso di una profezia autoavverantesi.

MISHA. Ma sì, l'avevo capita, non era difficile. È soltanto un po' sofistica, elimina comodamente e senza rischi i confini tra la verità oggettiva e la verità "creata" da noi, sicché l'importante è non raccapezzarsi più. Il gioco è fatto. Io mi chiedo chi mai, con questo poderoso armamentario tecnico a disposizione, oserà mai darle torto su qualsiasi cosa con un minimo di attendibilità, dato che anche le allucinazioni producono verità profetiche. Mi ricorda il motto di un profondo conoscitore e praticante dello "Yoga della potenza", che è tutto un programma: "la verità non è che una menzogna forte, la menzogna non è che una verità debole". EVVIVA!

MAKSIM. Credo Misha che tu stia confondendo il dibattito filosofico, o scientifico, con la pragmatica della comunicazione umana. Quello in cui noi crediamo, a prescindere dalla sua corrispondenza con il reale, è in grado a sua volta di produrre realtà, nel senso di modificare i nostri comportamenti, e di conseguenza i comportamenti delle persone con cui interagiamo. Questo non ha nulla a che fare con i sofismi, ma col fatto che solitamente noi agiamo sulla base di ciò che crediamo essere vero. Qui il discorso della verità oggettiva non c'entra nulla.

MISHA. Non poteva non succedere che anche questa volta non avessi fatto confusione su qualche cosa. In questo caso, per profezia autoavverantesi si doveva intendere qualcosa che riguarda i nostri comportamenti nei confronti del reale e non il reale. In altri termini, il nostro atteggiamento nei confronti della realtà può cambiare secondo il grado di positività o negatività con cui la viviamo, anche nei suoi aspetti negativi. Ma se mio figlio è essenziale alla mia vita e muore, il fatto di prevederlo (se muore mio figlio, io muoio) è una verità, non credo che si debba chiamare "profezia autoavverantesi". Prendo comunque atto che "produrre realtà" significava "modificare i nostri comportamenti"! Questo però, ammetterà, non era per niente tanto chiaro come "profezia autoavverantesi".

MAKSIM. Sbaglio, Misha, se dico di aver scorto nei tuoi ultimi commenti una leggera vena sarcastica? Ovviamente, credere a delle cose vere ha delle conseguenze molto differenti dal credere a delle cose non vere, o non necessariamente vere. Per riprendere il tuo esempio, posso credere di non dover mai abbandonare le miei spoglie mortali, ma prima o poi le abbandonerò, essendo questo un evento che non posso cambiare con i miei comportamenti. Se invece credo di dover morire all'età di 40 anni, come è morto mio padre (esempio fittizio), allora, se mi fisso su quell'idea, fino a farla diventare un monopensiero, potrei aumentare notevolmente le probabilità che questo accada, magari perché inizierò a comportarmi esattamente come faceva mio padre, o come una persona che non si prende più cura di sé, ecc., e in questo modo aumenterò le probabilità della mia dipartita anticipata. In altre parole, ho il potere di creare la realtà della mia morte prematura. Le nostre aspettative – positive o negative – hanno delle conseguenze pratiche, e in tal senso possiamo dire che producono realtà, cioè eventi ed esperienze che andranno a condizionare la nostra vita, senza che questo sia necessario. Per dirla in altri termini, il nostro strumento mentale è molto potente, ma la più parte delle persone non lo sa. Quindi, non è consapevole di vivere esperienze, anche emozioni, che sono unicamente il prodotto del nostro modo di pensare. Se diveniamo consapevoli di questo meccanismo, possiamo imparare a usare meglio, in modo più costruttivo, questo strumento. Non per negare ciò che è, in quanto questo non funziona, o meglio, non funziona sulla lunga distanza (autoingannarsi per un po' è sempre possibile), ma per creare una realtà migliore nel rispetto (cioè nel riconoscimento) di ciò che è. Sostanzialmente, si tratta di riconoscere che vi è una parte del reale che non possiamo cambiare, ma solo conoscere, e un'altra parte del reale la cui natura è potenziale, e che è possibile attuare quel potenziale in diversi modi, portando attenzione ai nostri pensieri, parole, e infine azioni.

MISHA. Io sono d'accordo, ma c'è un piccolo particolare che inceppa il ragionamento: è vero che le nostre aspettative hanno delle conseguenze pratiche, ma spesso le risultanze pratiche della nostra vita determinano le nostre aspettative. Secondo me, lei "isola" arbitrariamente i cosiddetti "poteri della mente" dall'esperienza, che sembra quasi non contare nulla su questi "poteri": un uomo che colleziona insuccessi sul piano professionale, si aspetterà un insuccesso dalla prossima occasione. Se la Nazionale di calcio vince alla grande le prime partite, è probabile che i suoi "poteri" aumentino per le prossime; se le partite le perde, "i poteri" si vanno a far benedire. Per un "falso spiritualismo" i poteri sono tutto, e plasmano l'esperienza a comando, nell'illusione che basti lavorare su di sé per cambiare la realtà, anche se fino a quel momento è proprio la realtà che ha costituito quello che io sono; per uno "spiritualismo incarnato", anche i poteri sono strettamente connessi all'esperienza concreta! I circoli viziosi si autoalimentano come quelli virtuosi, ma la mente è sempre coinvolta nei fatti, mai disincarnata. È precisamente questo il rischio che corrono certe vie di "autorealizzazione interiore": lo scivolamento, a volte impercettibile, verso la "fantasia" e – la cosa più grave di tutte – verso l'irrealtà! La stazione eretta dell'homo sapiens ci dice che nessuna testa può librarsi seriamente nei cieli se non tiene sempre i piedi ben piantati per terra! Sempre, dico sempre, lo spiritualismo "sano" è quello che ogni tanto verifica dove si trovano i suoi piedi. E – giusto per farle ricordare qualche nostra conversazione sul fondamento della nostra umanità – l'elemento biologico resta sempre strettamente connesso a quello spirituale, perché i due sono amici: il secondo nobilita il primo e lo eleva, ma il primo garantisce al secondo di non perdersi nel nulla eterno delle proprie divagazioni fantastiche scambiate per realtà! Quando quell'armonia "naturale" non c'è, bisogna infallibilmente diagnosticare che c'è qualcosa che non funziona! Del resto, nella vostra scienza non è la stessa cosa? Ci sono formule teoriche attendibili senza verifica?

MAKSIM. Personalmente non so di quali poteri parli, Misha. Qui si tratta, molto più semplicemente, di comprendere come funziona la mente ordinaria, e come questa possa essere in grado di determinare il bello e cattivo tempo nella nostra vita, a prescindere dalle circostanze in cui viviamo. Per questo è così importante l'igiene mentale e poter acquisire una certa padronanza dello strumento mentale. Così come è indubbiamente importante indagare le proprie credenze, perché spesso crediamo in cose non vere, magari perché tramandateci di padre/madre in figlio, che sono poi in grado di condizionare pesantemente la nostra esistenza. Non mi è inoltre chiaro perché ritieni che io voglia isolare la mente dall'esperienza. Questa mi sembra più che altro una tua interpretazione. Quando poi parli di falso spiritualismo, in relazione all'importanza di lavorare su di sé, contrapponendo addirittura il lavoro su di sé alla realtà, qui davvero non ti seguo più. Se c'è una cosa che caratterizza il lavoro su di sé è proprio la sua capacità nel promuovere una maggiore aderenza al reale e il superamento delle diverse nevrosi che spesso caratterizzano il comportamento umano, soprattutto alle nostre latitudini. Comunque, essendo questo post dedicato al tema della morte fisica, e della sua ritualizzazione, vorrei suggerire una semplice riflessione. Spesso la morte è un evento così drammatico e angoscioso proprio perché ci trova del tutto impreparati. Rifuggiamo dall'idea del morire, sia in relazione alla nostra persona che in relazione alle persone a noi care. Preferiamo fare come se questo evento non dovesse presentarsi mai, e quando si presenta non riusciamo ad accettarlo, o ad elaborarlo. Esiste però un'altra possibilità, raramente presa in considerazione dalla più parte delle persone: celebrare la propria morte, e la morte delle persone a noi care, in anticipo, alfine di liberarci il prima possibile da tutte quelle paure e angosce solitamente associate a quell'inevitabile evento. Non sto parlando ovviamente di una celebrazione esteriore, ma di una celebrazione interiore. E naturalmente, se scopriamo di non possedere abbastanza risorse psichiche e spirituali per superare questa inevitabile occorrenza, questo almeno ci darà la possibilità di cominciare a procurarci le risorse mancanti, senza aspettare l'ultimo momento per farlo, quando sarà anche molto più difficile farlo.

SEIDELMATTINO. Io sono molto più terraterra. Ho lasciato i soldi per fare un festone della madonna con alcool della madonna, erba della madonna (cartine incluse che quelle mancano sempre), musica della madonna e preservativi da distribuire in mio onore e memoria per l'afterhour... l'unico cruccio che da morta avrò a quel punto, è perdermi la festa. (È la morte degli altri il problema, non la propria! Celebrare la morte di qualcuno in anticipo per prepararsi è come immaginare di fracassarsi tutte le ossa prima di rompersele, sfido chiunque a sperimentare se immaginarselo prima farà sentire meno dolore buttandosi dal quarto piano di un palazzo).

MAKSIM. Quello che non capisco, Seidelmattino, è cosa potranno mai festeggiare quegli invitati dal momento che hanno tutti le ossa fracassate. Non avevo mai sentito parlare di "sesso, droga, rock and roll & ossa fracassate". ☺

SEIDELMATTINO. Gli invitati al mio funerale sono i miei amici, spiagnucolerebbero di certo appena ricevuta la notizia, è normale, ma non più di quello. Soprattutto saprebbero che io preferirei un *rave* per la mia dipartita piuttosto che un funerale visto che l'ho chiesto esplicitamente, sanno che mi farebbe incazzare tanto da tornare in vita e prenderli a parolacce ad infilarmi in un tristo funerale. Eppoi sai, io ho già vissuto almeno 5 vite in mezza, pure morissi fra venti minuti, nessuno penserebbe che mi son persa qualcosa. A questa regola fanno eccezione solo i miei due figli, chiaramente. Per i motivi già espressi. Anche le mie nipoti, che sono troppo piccole per conoscere la mia anima cazzona, che tutti i miei amici conoscono a menadito da sempre! (Sorry se non sono contraddittoria come mi vorresti).

MISHA. Caro Maksim, io non potrei dire che lei vuole isolare la mente dall'esperienza. Mi baso, però, su quello che lei stesso scrive. Io dico, però, che per "morire" prima del tempo non è necessario fare chissà quale lavoro interiore, staccato dall'esperienza. La vita non è che una serie di progressivi distacchi che, se vissuti totalmente, sono l'unico vero proficuo "esercizio spirituale a morire": la nascita è un "distacco" dal cordone ombelicale; l'adolescenza, con le sue crisi, spesso terribili, è un distacco dall'infanzia, così come lo è la vita adulta dalla giovinezza e la vecchiaia e la morte. Non parliamo poi di quei "fossati" che si aprono, senza quasi avvedercene, quando si passa dalla vita celibataria al matrimonio o dal laicato all'incorporazione in un ordine sacerdotale: quest'ultimo un tempo era efficacemente simboleggiato da una chierica che veniva ritagliata sui capelli a significare la "distanza" dal mondo e dall'"umano troppo umano". Ognuno di questi passaggi comporta un rischio, materiale e spirituale. Ecco perché i "rituali esteriori" (non solo quelli interiori) di cui si è perso il senso e la memoria, sono un aiuto efficace a operare questo distacco: DA SOLI NON POSSIAMO FARE NULLA! Non bastano le "risorse psichiche e spirituali". Sarebbe come possedere delle forze e pretendere di usarle per tirarsi in alto da soli per i capelli! È questo che intendo quando dico che non basta conoscere "i poteri ordinari" della mente o "maneggiarli tecnicamente bene" per regolarci di conseguenza sulle nostre condizioni psichiche e spirituali. Ogni "tecnica", anche interiore, la più perfetta possibile, sarà sempre drammaticamente insufficiente allo scopo, se non riceviamo un aiuto dall'esterno! Mi fermo qui per non mettere in campo considerazioni che verrebbero erroneamente derubricate nella categoria "CREDENZE"! Però, per favore, non trasformiamo il significato della morte in un'occasione per "concimare" alberelli! Foscolo non è propriamente uno dei miei poeti, anzi! Ma almeno – pur materialista – poteva dire con commozione che "a egregie cose il forte animo accendono l'urne dei forti..."! "...e bella e santa fanno al peregrin la terra che le ricetta"! I morti lasciamoli "dormire sulla collina", in faccia al paese dei vivi.

MAKSIM. Sono perfettamente d'accordo, Misha, che da soli non possiamo fare nulla. E penso che quell'aiuto di cui parli sia disponibile a tutti gli esseri-coscienza di buona volontà, nessuno escluso, qualunque sia il cammino che abbia scelto. Penso inoltre che il rituale di piantare un albero, anziché una lapide, non tolga nulla al significato della morte. Anzi, considerandola un momento di profonda trasformazione, il simbolo di un seme, che crescerà in una nuova vita, mi sembra molto più adatto di una semplice lapide commemorativa. Ma, come ribadisco spesso, non è necessario essere d'accordo. Rispetto ad esempio il sentire di Seidelmattino, quando parla dell'esperienza della morte di un caro come "ossa fracassate". Io preferisco coltivare altre immagini, e di certo non posso né voglio imporre queste altre immagini a chi non le ritiene pertinenti. Tutt'al più posso suggerire che sono possibili, anche se in controtendenza con il sentire comune. Aggiungo, per amor di verità, di non aver mai affermato di avere qualcosa contro i cimiteri. Spesso si tratta di luoghi molto belli, dove regna una certa pace, soprattutto i piccoli cimiteri dei piccoli paesini. Ma questo non significa che non si possano esplorare nuovi rituali per celebrare il passaggio di chi ci ha lasciato.

SEIDELMATTINO. Non ho mai definito la morte di una persona cara come "ossa fracassate". Ho fatto solo un'analogia, ho ovvero detto: "dubito che immaginarsi mentalmente prima di spaccarsi tutte le ossa serva a non sentire dolore quando poi ci si butta dal quarto piano di un palazzo". Non ho mai descritto in alcun modo come ci si sente quando muore qualcuno a cui si tiene, ognuno la vive come la vive. Che fai, mo' mi travisi?! I cimiteri sono fichissimi. Sono i funerali una porcheria, ma i cimiteri – quelli molto vecchi o meglio antichi, o quelli delle cittadelle o dei paesini sperduti – sono luoghi maledettamente affascinanti. Eppoi è fica l'idea che gente che magari non s'è mai rivolta la parola, sia sepolta tutta insieme. È un po' come una festa all'incontrario!

MAKSIM. Seidelmattino, chiedo venia per il travisamento.

SEIDELMATTINO. Figurati, è un piacere, travisami quando vuoi!

MARTE E VENERE: MASCHILE E FEMMINILE

10 luglio 2014

MAKSIM. Gli uomini vengono da Marte e le donne da Venere... No! Provengono entrambi dal pianeta Terra, e non sono poi così diversi tra loro.[5] Infatti, a parte le differenze fisiche, c'è pochissima differenza tra la psiche maschile e quella femminile. Entrambe sono in grado di manifestare i medesimi desideri, passioni, aspirazioni, paure, idiosincrasie, tratti forti e deboli, ecc. Tutto il resto è per lo più il frutto di un condizionamento culturale. In ambito psicoterapeutico, mi ricordo di un interessante esercizio a cui ho assistito, in cui gli uomini e le donne presenti (eravamo un gruppo di circa 300 persone!) hanno espresso le loro aspettative nei confronti dell'altro sesso, di loro stesse/i, della vita in generale, dei figli, ecc. Abbiamo allora potuto verificare che le donne e gli uomini potevano tranquillamente scambiarsi i "compiti", in quanto i problemi, le aspettative, le richieste, erano perfettamente equiparabili. Quindi, l'abito somatico è certamente diverso, ma sotto l'abito c'è lo stesso essere-coscienza che ha accumulato lo stesso tipo di esperienze (a parità di livello evolutivo), che deve affrontare gli stessi problemi, con le stesse risorse. Tutte le differenze di cui solitamente si parla, sono molto superficiali. Ma siccome le persone restano spesso al livello delle apparenze, non si accorgono di quanto esigua sia la differenza tra i due generi (o i tre). Detto questo, riconosco ovviamente che la maternità sia un'esperienza totalizzante, molto intensa, che solo la donna può vivere sul piano fisico. Ma già oggi, con il de-condizionamento culturale, ci sono molti uomini nei paesi più avanzati che sono in grado di accudire ai propri figli al pari delle donne, con lo stesso senso pratico delle donne. Per questo certi studi sono così

---

[5] Carothers, B. J.; Reis, H. T., "Men and Women Are From Earth: Examining the latent structure of Gender", *Journal of Personality and Social Psychology*, Vol 104 (2), Feb 2013, 385-407. Vedi anche il video di presentazione dello studio: *https://youtu.be/WDMHoXN4d9c*.

importanti: permettono di rompere molti clichés.

SEIDELMATTINO. A parte neuroscienziati e antropologi che affermano l'esatto contrario, tutto ciò è anche parecchio antidarwiniano. Tralasciando l'ultimo secolo, per più di 250-mila anni abbiamo avuto compiti (di eguale importanza) ma radicalmente diversi. E c'è da aspettarsi che "l'ambiente" un minimo abbia interferito nello sviluppo non del numero, ma nella tipologia di connessioni neuronali nei nostri cervelli. Ora, studi autorevoli a parte (effettuati anche su bambini molto piccoli che dimostrano che diversi lo siamo eccome), io non mi ricordo un fidanzato che non mi abbia fatto due ovaie così perché "no, non ci stiamo perdendo, so benissimo dove sono, non mi serve chiedere le indicazioni..." e nemmeno ho mai avuto un'amica che avesse mai avuto problemi a chiedere ai passanti dove diavolo fossimo finite. Siamo diversi, e per fortuna. Perché fossimo identici, non potremmo fare un vero e ben riuscito gioco di squadra. Vediamo se ti trovo quello studio interessantissimo sui bambini di 4 anni. Lo cerco in rete. In poche parole: non ricordo in quale università americana l'hanno fatto, ma era volto a studiare proprio questa questione. Hanno preso una serie di bambini e bambine, avevano tutti meno di 5 anni. Li hanno fatti entrare in una stanza dove c'era un tavolo e sul tavolo una bambola a cui mancava o un braccio o la testa che, staccati, stavano sempre lì sul tavolo. Ora, quasi tutti i bambini del fatto che le bambole fossero menomate se ne sono fregati e c'hanno giocato lo stesso. Quasi tutte le bambine, invece, hanno provato ad aggiustare le bambole e solo alcune, e solo dopo aver tentato di riattaccare gli arti, si sono messe a giocare. Qualcosa di diverso, di "innatamente" diverso, c'è eccome! Tra l'altro, secondo uno studio del 2008,[6] condotto su 12 donne e 12 uomini, sottoposti alle medesime 220 immagini a colori raffiguranti persone di diversa età, numero e genere, in differenti contesti sociali, si è potuta evidenziare una maggiore

---

[6] M. Proverbio, A. Zani and R. Adorni, "Neural markers of a greater female responsiveness to social stimuli", *BMC Neuroscience* 2008, 9:56.

risposta cerebrale nelle donne rispetto agli uomini, per le immagini contenenti esseri umani piuttosto che scenari, a conferma che le donne sono più empatiche degli uomini.

MAKSIM. Seidelmattino, trovi lo scienziato del video da me postato approssimativo. Perché? Per quale ragione lo studio che ha effettuato, su un campione di più di 13'000 persone, non sarebbe significativo? Lo studio non nega che vi siano delle differenze tra uomini e donne, ma evidenzia – dati alla mano – che le maggiori differenze sono di tipo individuale, e poco hanno a che fare con il possedere o meno un corpo maschile o femminile. Interessante comunque che definisci poco significativo uno studio su più di 13'000 persone, e poi mi citi uno studio su 24 persone. ☺

MISHA. Questa volta mi avvalgo della facoltà di non rispondere, e faccio parlare I CINESI (infatti, cosa mai possono capire le "ricerche più o meno scientifiche" o pseudotali senza la cultura simbolica?):

YIN FEMMINILE / YANG MASCHILE

la notte, la mezzanotte / il giorno, il mezzogiorno
la luna / il sole
il nascosto / il manifesto
il versante in ombra / il versante soleggiato
la passività / l'attività
il riposo, l'inerzia / il movimento
l'umido, il molle / il secco, il duro
il vuoto, il concavo / il pieno, il convesso
la Terra / il Cielo
il pari / il dispari
il concreto / l'astratto
ecc. ecc.

E poi... non ultimo in ordine di importanza:

MADRE / PADRE

Non certo genitore-1 / genitore-2. Esseri senza volto e senza identità per i quali i ruoli – follia delle follie – sono un optional: UN ABBAGLIO COGNITIVO!

MAKSIM. Yin = principio femminile; Yang = principio maschile; questi due principi si manifestano sia nell'uomo che nella donna. Pertanto, non vanno confusi con il genere sessuale femminile e il genere sessuale maschile. Semplicemente, il corpo femminile è un'espressione del principio femminile, e il corpo maschile è un'espressione del principio maschile. Ma un essere umano, donna o uomo che sia, è espressione di entrambi i principi, maschile e femminile. Detto questo, Misha, lo studio succitato parla da sé: non dice di più di quello che dice, né dice meno di quello che dice. L'hai letto? Mette in evidenza che uomo e donna, psichicamente parlando, sono molto più simili di quello che solitamente si ritiene. Non commento il tuo riferimento al tema del "genitore-1" e "genitore-2", che ci porterebbe troppo lontano rispetto al contenuto di questo post. Osservo semplicemente che due genitori, anche se omosessuali, restano nondimeno due esseri umani con un loro volto e una loro identità.

MISHA. Abbaglio cognitivo! Lo Yin e lo Yang non si riferiscono solo al corpo. Sono princìpi della femminilità e della mascolinità anche spirituale, altrimenti certe distinzioni (Terra-Cielo, Concavo-Convesso, Concreto-Astratto), non significherebbero un bel nulla! È vero che nella realtà sono mescolati, ma l'avvicinamento pratico al principio Yang costituisce l'avvicinamento pratico al "maschile"; l'avvicinamento pratico al principio Yin costituisce l'avvicinamento pratico al "femminile"! Vale a dire, ogni donna e uomo concreti sono più donna o più uomo quanto più si avvicinano al paradigma simbolico. Le "miscele" di gradazioni varie, poi, costituiscono l'immensa varietà degli "ibridi". Bisogna allora capire che il massimo della polarità tra i sessi (e della complementarietà per la quale sono fatti) si realizza tanto più armoniosamente quanto più ognuno dei poli realizza se stesso al suo massimo livello. Nella "zona grigia" si corre il massimo pericolo della disidentificazione e della interscambiabilità dei sessi, quando ormai i sessi sono indifferenti a qualsiasi specificità, spirituale, biologica, sociale, culturale! L'abbaglio consiste nel chiamare "valore" il profondo "disvalore" dell'appiattimento e dell'interscambiabilità! Peggio ancora chiamarlo "evoluzione" e non "degrado", ciò che effettivamente è! E oggi, dentro questo equivoco, anche PEDAGOGICO, ci sguazziamo dentro contenti, in-felici, e gabbati! VASI IN-COMUNICANTI che non comunicano più nulla!

SEIDELMATTINO. Oioi... vorrei avere tutti i dati alla mano ma non ce li ho. Dico solo che sono decenni che la questione si studia nelle più autorevoli università del mondo. E se mettiamo tutti gli studi di tutti fatti da sempre, l'ago della bilancia scientifica pende dalla parte del "siamo diversi" e il dibattito oggi è più sul capire perché e percome piuttosto che sul capire se lo siamo o meno. Ma soprattutto mi e ti chiedo: perché mai dovremmo essere uguali? Che ci sarebbero a fare due (e intermedi) sessi se fossimo tutti identici? A che pro? Non certo per riprodurci, lo potremmo fare per partenogenesi a quel punto, no?!

MAKSIM. Quindi, Misha, se ho capito bene, secondo la tua visione dell'essere umano, una vera donna non può essere solare, un vero uomo non può essere misterioso, una vera donna non può portare nulla in manifestazione, avere parti di sé luminose, un vero uomo non può celare nulla nel suo intimo, avere parti di sé in ombra, una vera donna non può essere attiva, penetrante, un vero uomo non può essere passivo, accogliente, una vera donna non può avere radici nel cielo, un vero uomo non può avere radici nella terra... Strano mondo il tuo. Mancano in effetti tutte le gradazioni, tutta la complessità dell'essere umano, che prima ancora di possedere un corpo femminile o maschile, o ermafrodito (in pochi casi) è un essere-coscienza. E un essere-coscienza, proprio perché in evoluzione, necessariamente manifesta in sé entrambi i principi Yin e Yang. La massimizzazione di uno di questo due principi, a discapito dell'altro, porta l'essere umano – uomo o donna che sia – a una condizione di disequilibrio e di malattia. Quindi, se fai parlare i cinesi, almeno falli parlare fino in fondo. Fai parlare anche la loro medicina, che fonda tutto il suo operato sul recupero di un equilibrio tra Yin e Yang, sia negli uomini che nelle donne. Seidelmattino, nessuno ha mai affermato che siamo uguali. Solo che siamo molto meno differenti di quello che solitamente riteniamo, quando andiamo a vedere i fondamentali. Nel caso dello studio summenzionato, i dati raccolti non hanno per te alcun valore, nemmeno indicativo?

SEIDELMATTINO. No, nessun valore, ma proprio nessuno. Perché sono decenni che leggo solo saggistica su questo e altri argomenti, e dicono tutti tutto e il contrario di tutto. Sono tutti plurilaureati, tutti hanno dati statistici, tutti stanno in prestigiosissime università sparpagliate nel mondo, tutti hanno scritto pubblicazioni blasonate, tutti hanno prove inconfutabili... Siamo nell'era del caos gnoseologico. Prendere uno scienziato che dice una cosa e pensare che sia "scientifica" oggi, è come prendere un numero solo e pensare che sia "statistica". Mi chiedevo tempo fa come mai. Credo che il problema sia che troppa gente nell'ultimo secolo ha potuto studiare molto. Prima erano pochi gli studiosi, oggi sono tantissimi, troppi. E se prima le tesi discordanti erano un numero esiguo che rendeva solo "difficile" capire quale possibilità era più possibile, oggi è impossibile. Ognuno dice la sua, e so' migliaia. La quasi totalità della storia della farmacologia moderna è basata su studi statistici inventati, manipolati, parziali, faziosi, falsificati... Eppure la gente inghiotte pillole convinta che tutto sia supertestato. Se il tipo del video ha ragione, allora hanno torto tutti gli altri... ok. Ma datti due mesetti che leggerai che l'università del Nevada ha condotto uno studio su 2 milioni di persone e hanno scoperto che siamo tutti mooooolto più simili di quel che grazie al tipo del video abbiamo testé capito di essere, perché in fondo siamo tutti omosessuali, tranne quegli estremisti che un tempo chiamavamo "eterosessuali" e che ora finalmente abbiamo capito essere solo degli integralisti. Tempo fa decisi che volevo capire l'origine dell'homo sapiens. Oggi rimpiango il tempo in cui credevo di venire da 'na scimmia. Ora ho smesso di voler capire!

MAKSIM. Quindi, riassumendo il tuo punto, lo studio in questione sarebbe taroccato, un falso, con cifre manipolate, ecc.? È possibile, certamente, ma alquanto improbabile. Qui non ci sono interessi economici in gioco, come nel caso di Big Pharma e Big Medica. Forse quello che vuoi dire è che lo studio dell'essere umano è delicato, poiché molto sensibile anche a piccoli cambiamenti nelle condizioni sperimentali. In altre parole, il sistema umano manifesta una forte contestualità. Questo spiega perché certi studi possano apparire contraddittori: di fatto non misurano le stesse proprietà, poiché i protocolli sperimentali sono differenti. Per quanto mi riguarda, faccio affidamento, oltre ai dati statistici disponibili, anche ai dati della mia esperienza personale e professionale. Ogni volta che mi è capitato di andare un po' oltre il livello della superficie, non ho mai scorto differenze sostanziali tra uomini e donne. PS: Se mi dai una bambola rotta io prima di giocarci provo ad aggiustarla. Come la mettiamo?

SEIDELMATTINO. Be', bisogna vedere cosa avresti fatto a quattro anni. Quello studio cercava di capire le doti innate più che quelle acquisite. Penso che per capire che in fondo non siamo diversi, non c'era bisogno di scomodarsi a fare tutti quei test (che possono eccome essere taroccati. Non per questioni di soldi, ma per questioni di fama e prestigio... i tornaconti possono essere tanti e altrettanto impensabili). La storia è stracolma di uomini e donne straordinari: artisti, capi di governo, guerrieri, medici, musicisti, sportivi, poeti... Società patriarcale a parte, che ha reso la possibilità a voi maschi di emergere ben più facile, è evidente che in fondo, nelle cose importanti, non siamo diversi. Be' oddio, magari voi maschi siete giusto un pelo più imbecillotti, per capire le cose evidenti dovete fare studi antropologici su migliaia di individui ☺. Scherzi a parte, credo sarebbe più interessante se si riuscisse a scoprire come e perché siamo diversi, uomini e donne, quando lo siamo. Sia pure su quella superficie che sta sopra e non sotto la pelle. Io non ho lo stesso rapporto con gli uomini e con le donne, nemmeno un po'. Ho amici strettissimi e vecchissimi di entrambi i sessi e a cui voglio lo stesso identico ammontare di bene, ma ho con le mie amiche un rapporto diverso da quello che ho con i miei amici. E se mi chiedi perché è diverso, non ti saprei rispondere. Non è una questione di confidenza, di interessi in comune, gusti, abitudini... Non è una questione di nulla, eppure con le mie amiche ho rapporti che fra loro si somigliano, con gli amici rapporti che fra loro si somigliano, ma il rapporto che ho con le mie amiche non somiglia a quello con i miei amici. In questo senso, quella storia di Marte e Venere (che per altro se non sbaglio è stata scritta da una neuroscienziata o antropologa, insomma una studiosa del campo e non una scrittrice di costume) io non la trovo per niente assurda.

MAKSIM. Quattro, cinque anni non è già più un comportamento innato, ma culturalmente condizionato. Detto questo, sono d'accordo con te che è bene rimanere cauti quando si analizzano risultati di questo genere, ma è importante anche non cadere in una sorta di teoria del complotto generalizzata; non è perché ci sono ogni tanto dei brogli che allora ogni studio, soprattutto quando non conforta i nostri sistemi di credenza, è necessariamente un broglio. Quella storia di Marte e Venere è diventata famosa grazie allo psicologo americano John Gray, che ha scritto tra l'altro dei libri abbastanza azzeccati (sotto il profilo delle strategie comunicative per la coppia). In quei libri analizza soprattutto la parte dei condizionamenti culturali (la cultura di Marte e quella di Venere) che hanno portato uomini e donne ad attribuire significati differenti ai medesimi comportamenti. Quindi, devono imparare, o re-imparare, uno il linguaggio dell'altro, o meglio ancora, appropriarsi entrambi di un linguaggio più evoluto. È il problema della torre di Babele: stessi esseri umani, con qualche piccola differenza sul piano anatomico e fisiologico, che si comportano in modo molto simile, ma che semplicemente non si capiscono più, perché da tempo hanno smesso di auto-comprendersi. Questo è ovviamente un problema differente rispetto a quello delle false differenze indagate nello studio in calce. Ma è proprio perché uomini e donne possiedono gli stessi identici fondamentali, che possono costruire delle coppie autentiche e funzionanti: una volta chiariti i malintesi linguistici, si può tornare in contatto con il reale, e la realtà ci dice che siamo in sostanza molto simili. Qui di seguito un video di Byron Katie,[7] che illustra bene il mio punto. Il tema: la vulnerabilità (è vero che le venusiane sono vulnerabili e i marziani no?).

SEIDELMATTINO. Premessa: siamo, qui, in una democrazia intellettuale dove ognuno è libero di pensare quello che vuole come lo vuole, ovviamente nel pieno rispetto del pensiero e quindi parole altrui. Ho visto il video della Byron. Trovo che sia la classica psicosegaiola che piace tanto agli americani, che spesso non sono intellettualmente evoluti da capire che tutto è molto più semplice di quello che si crede. Del resto, se la gente fosse più sveglia di quello che è, psicologi e psicanalisti andrebbero tutti a zappare la terra. Da ragazzina soffrivo di una gravissima forma di anoressia e poi di bulimia, ma gravissima. La mia pseudofamiglia d'impicciati dentro e fuori mi mandava dai più titolati strizzacervelli. Manco mi ricordo gli anni che ho dovuto star a sentire quei segaioli. Io o pesavo venti chili o mangiavo e vomitavo tonnellate di cibo dieci volte al giorno e questi segaioli durante le sedute mi chiedevano della mammina morta o del papino imbecille o della matrigna stronza. E io rispondevo: 'scolta, fosse pure che sto così per la mammina, il papino la tata psicotica, quel che cazzo ti pare, non è che devi arrivare tu a farmi capire da dove vengo e in che contesto vivo, ma a 120 mila lire a seduta di 45 minuti o me fai veni' fame o vattenaffanculo e fatti pagare a anoressia finita. Avevo 17 anni, mi sono alzata e me ne sono andata. Siccome vivevo già da sola da un anno, mio padre non poteva controllare se andavo dallo strizzacervelli, che però pagava dando a me i contanti. Ho fatto

---

[7] *https://youtu.be/KAhjBvxQ8fk*

sega dallo strizzacervelli per un anno e coi soldi sono andata in Madagascar. Ah, nel frattempo avevo trovato uno psichiatra farmacologo che lavorava al centro nazionale di nutrizione. Aveva inventato un preparato a base di triptofano sertralina e serotonina, neuotrasmettitori come sai e ormoni regolatori dell'umore. Chimica, semplice e pura chimica. Con una sola boccetta di quella roba, io mi sono sbarazzata di qualsivoglia problema alimentare nell'arco di 11 netti giorni. Mai più avuto una ricaduta. A dare retta ai segaioli della testa, si gira in tondo e intorno a problemi che esistono solo nella misura in cui, se non li facciamo esistere, noi ci sentiamo troppo piccoli e semplicotti per autostimarci. Io non ho questo problema. I miei problemi alimentari non erano causati dalla mia incredibile vita assurda che eroicamente io mi portavo sulle spalle, ma da du' stronzissimi neurotrasmettitori che non producevo nella testa. Al mondo ci sono bambini che muoiono di colera prima di riuscire a parlare, gente che nasce tetraplegica, ragazzini che crepano in guerra, chi non ha manco l'acqua da bere. Eccoli i problemi. Se in occidente la si finisse di frignare per le minchiate e si avesse il coraggio di capire che "o il mio fidanzato non è vulnerabile o non vuole dimostrarlo o non lo è come vorrei lo fossi...", ma smettila di rompere i coglioni e vattene in Darfur a dare i soldi, che dai alla tua segaiola chiacchierona, ai bambini che muoiono prima ancora di gattonare, vedi quando torni come capisci che i tuoi non sono problemi ma sono pippe mentali che vanno di moda in questo secolo e basta. Ora tu mi detesterai, ma io la penso proprio così. E fra l'essere ipocrita e l'essere detestabile, io scelgo la due. Sorry.

MAKSIM. (1) Byron Katie non è una psicologa. Offre solo un lavoro di igiene mentale, che lei stessa ha ideato, partendo da un percorso personale. (2) Non tutti i disturbi alimentari sono trattabili con la chimica. Buon per te che nel tuo caso ha funzionato. (3) Non tutti gli psicologi girano intorno ai problemi. Molti hanno un approccio molto pragmatico e diretto. Un esempio, la terapia breve strategica, che ha fatto progressi immensi anche nel trattamento dei disordini alimentari (vedi la scuola di Nardone in Italia). (4) Perché mai lavorare su di sé sarebbe incompatibile col dare i soldi o andare in Darfur? Non è forse più vero l'opposto? (5) Osservo che con il tuo commento sei "leggermente" uscita fuori tema (differenze vere o apparenti tra uomini e donne). (6) Sono curioso: per quali ragioni ritieni che dovrei detestarti?

TRISHA. Non sono una studiosa, ma mi permetto di osservare che la "perfezione" auspicata da Misha produrrebbe soltanto esseri umani da baraccone. Super maschi e super femmine da caricatura. Mentre credo che il tentativo che l'essere umano debba fare per la sua evoluzione, anche spirituale, sia quello di allargare sempre più la propria coscienza superando le polarità, che rimangono dei simboli di principi da accogliere ed integrare.

SEIDELMATTINO. Rido. Concordo sugli psicologi cash & carry, ho conosciuto una comportamentista superingamba molti anni fa, maledettamente simpatica per altro. Cercava soluzioni pratiche a problemi che erano di origine psicologica sì, ma erano pratici, e quindi tralasciava tutta la sega psicobiografica. Credo che tutti i disturbi alimentari siano risolvibili con la chimica, il problema è che non lo sa fare nessuno. (I disturbi alimentari nascono come patologie dell'anima ma poi si radicano come disfunzioni puramente neurochimiche. Si può guarire paradossalmente dalla causa e non dal suo sintomo e viceversa. Io sono rimasta una bulimica in tutto, tranne che col cibo. La mia bulimia esistenziale non mi scoccia più di tanto, anzi spesso mi fa ridere, frega niente risolvere la causa quindi). Non credo nel lavoro sul sé. Credo che il sé abbia il suo sé con la sua straordinaria ragion d'essere e che noi possiamo semmai arrivare a conoscerlo molto bene e apprezzarlo per quello che è (serial killer a parte). Far pace coi propri limiti, debolezze, imperfezioni e storture è la cosa migliore e più intelligente da fare. Pensare di cambiare/migliorare il proprio sé, è un miraggio appioppato dagli psicanalisti o colleghi a vari livelli. Penso che guardare in faccia i problemi davvero problematici, sia una doccia fredda e benefica per capire che noi stiamo molto ma molto meglio di quanto non andiamo a raccontare a noi e agli altri. Nulla vieta di andare dall'analista e in Darfur, solo che se vai in Darfur magari ti passa la voglia di andare in analisi. Magari no, ma sarebbe meglio succedesse! Sì, sono decisamente andata fuori tema. E, in ultimo, potrei starti sulle palle perché se fossi scemo come invece non sei (anzi), prenderesti sul personale le mie riserve troppo esplicitamente esposte sugli operatori del sé altrui. Ora la pianto che più che fuori tema sono arrivata su Eta Carinae...

MAKSIM. Cara Seidelmattino, non è scritto da nessuna parte che dobbiamo lavorare su di noi e migliorarci. Semplicemente, possiamo farlo. E per riuscire a fare quello che dici, cioè fare pace coi propri limiti, debolezze, imperfezioni, storture, ecc., un certo lavoro con sé, su di sé, e con il sé, è comunque necessario farlo. È possibile farlo anche da soli, sebbene sia molto più difficile, o confrontandosi con delle persone di fiducia, e, ogni tanto, se veramente necessario, con qualcuno con qualche competenza in più, quando vediamo che non ne veniamo a capo. Quindi, mi sembra che un po' ti contraddici. Anche guardare in faccia i veri problemi è qualcosa che non tutti sanno fare. E certamente, esistono le "terapie d'urto", come quella di partire e andare a fare volontariato in Darfur, facendo così un'esperienza rettificante in grado di cambiare completamente la nostra auto-percezione. Ma non tutti sono in grado di risolvere i propri problemi in un modo così radicale. Con te ha funzionato, perché avevi le risorse interiori necessarie, ma per altri lo stesso tipo di percorso potrebbe produrre più problemi che benefici. Quello che forse manca, nella tua visione, è il riconoscimento che quello che ha funzionato (o non ha funzionato) per te non necessariamente funzionerà (o non funzionerà) per altri. Siamo tutti diversi, non perché siamo maschi e femmine, ma perché abbiamo percorsi di vita (dalla mia prospettiva multimillenari) che ci hanno portato a raccogliere talenti e limitazioni differenti. E questi nostri bagagli determineranno anche, in parte, quello che è possibile per noi in un dato momento, nel promuovere la nostra evoluzione. Un'ultima cosa: la sofferenza è la stessa per tutti. Ci sono persone che hanno molto da mangiare, un bel tetto sulla testa, e il lusso di pagarsi uno psicoterapeuta, ma che, malgrado ciò, vivono immerse nella sofferenza. Questa sofferenza, prima di giudicarla, bisognerebbe provare a capirla.

SEIDELMATTINO. Io ho grossi problemi a capire la differenza che voi date alla parola "giudizio" rispetto a quella che date a "opinione". È davvero qualcosa che fatico a comprendere semanticamente. Se io dico una roba bella, che per me altro non è che un'opinione dal mio punto di vista, ho dato un'opinione, se la critico sto invece "giudicando". Io ho una pessima opinione dei frignamenti occidentali a partire dai miei, infatti io frigno, strafrigno anzi, eppoi mi mando affanculo da sola perché mi rendo conto che, se dovessi mettere su una bilancia le mie fortune e le sfortune, il piatto delle fortune toccherebbe terra. E io non ho avuto genitori, non un'infanzia, né un'adolescenza, mai una storia d'amore, non ho mai potuto studiare quello che mi piaceva ma solo quello che "era giusto io studiassi", ho avuto a che fare con psicolabili terminali per decenni... insomma, ce n'è per un film, per una saga horror. Ma il piatto della bilancia delle fortune rispetto alle sfortune sempre a terra sta. E non perché io chissà che doti straordinarie abbia, né mai sono andata nel terzomondo a fare certe cose se non spinta dal più puro dei casi (io partivo sempre per andare in vacanza, poi i percorsi prendevano sempre rotte altre), né ho mai fatto lavori sul sé del mio me. Mi sono sempre e solo guardata addosso e intorno. Addosso ho visto un bordello di donna, un ricettacolo di storture con, qui e là, dei punti di forza, intorno ho visto che, per quanto me ne fossero successe, troppe, molto ma moooolto peggio me ne potevano succedere e quindi avevo avuto culo. Non serve andare nel Darfur, basta accendere la tele o anche andare in un ospedale o in un ospizio o leggere articoli di giornale... Guarda, in ultima analisi ti dirò, basta anche solo piantarla di mettersi al centro di se stessi che le psicopaturnie ti passano. C'è 'sta mania oggi di concentrarsi su di sé, io sono per il non darsi né retta e manco importanza. C'è tutto un universo lì fuori, ma che ve ne frega di starci a scervellare a capirci da soli io non lo capisco. A me intriga molto di più capire perché la mia pipistrella ha tre diversi tipi di vibrazioni che capire perché fare le file mi distrugge il sistema nervoso tempo due minuti o perché non esiste un uomo del quale non riesca a stufarmi tempo un semestre. Ma, va da sé, questo è solo il mio modo di ragionare e vivere, e come tale soggetto a ogni possibile errore e conseguente giudizio negativo. Io non ho problemi ad essere giudicata, non vedo perché debba piacere agli altri quando spesso gli altri non piacciono a me. Non è che non capisca la sofferenza altrui, è che la trovo inappropriata. La rispetto però, e anche molto. Ma io non ci posso fare nulla se il mio sé ha i suoi gusti. Non lo posso cambiare, quello che posso e voglio fare, e infatti faccio, è rispettare ogni possibile differenza dalle linee guida del mio sé, perché il mio sé è solo il mio, uno su 7 miliardi di sé... Un po' pochino per pensare che sia il sé giusto. Però è l'unico che mi hanno dato in dotazione; come non ho mai voluto cambiare un amico, per quanto diverso da me, manco voglio cambiare il mio me in un me più fico. Se sei una persona buona, se rispetti il fuori da te, e stacchi quel dannato naso dal tuo ombelico, penso, magari ti capita di scoprire cose altre e più interessanti di te stesso. Tu sei per l'autoricerca, e io per la autoperdita!

MAKSIM. Adesso mi dai del voi? ☺ Quando scrivo che la sofferenza di certe persone, prima di giudicarla, bisogna provare a capirla, intendo semplicemente dire che, per poter valutare se una persona sta facendo o meno i capricci, bisognerebbe prima potersi mettere nei suoi panni. Esiste una realtà interiore e una realtà esteriore. E molte delle nostre prigioni sono interiori, non esteriori. Detto questo, di base concordo con quanto scrivi, circa il dedicarsi agli altri, e dimenticarsi di sé. È importante però fare in modo che questa non diventi una superfilosofia, il cui unico scopo è quello di non doversi più confrontare con sé stessi. Possiamo infatti entrare in contatto con l'altro solo nella misura in cui quel contatto possiamo crearlo con noi stessi. Quindi, dalla mia prospettiva di autoricercatore, l'autoperdita di cui parli ha senso solo se bilanciata da momenti di autoritrovamento e autoricostruzione. Ma i tempi e i modi, naturalmente, non sono gli stessi per tutti. Comunque, parlando di superfilosofie (tutti noi ne abbiamo), mi è tornato in mente un bellissimo film, che mette in scena una bellissima relazione terapeuta-paziente, dove entrambi sfruttano l'autenticità del loro incontro per promuovere una progressione interiore: Will Hunting – Genio Ribelle (film del 1997 diretto da Gus Van Sant e interpretato da Matt Damon, Robin Williams, Ben Affleck, Stellan Skarsgård e Minnie Driver).

LLORA. La differenza tra uomo e donna non è solo un antico pregiudizio, e nemmeno è solo il risultato del condizionamento culturale, che indubbiamente c'è, ma non è la causa dell'essere profondamente diversi uomini e donne. Ci sono differenze fisiche importanti, nel corpo ma anche nel cervello, nel suo funzionamento. Secondo studi scientifici, la causa di queste differenze è la diversa architettura delle connessioni tra aree del cervello. Hanno registrato che, in risposta a medesime stimolazioni, le sinapsi seguono percorsi diversi nel cervello maschile e in quello femminile: nell'uomo le connessioni neurali avvengono all'interno di un unico emisfero, nella donna le connessioni attraversano entrambi gli emisferi in trasversale (immagino che tutti conosciamo le numerose gag sulla questione).[8] Per farla breve, gli scienziati hanno rilevato che uomo e donna hanno un diverso modo di percepire e leggere le informazioni, di analizzare, ragionare, reagire, oltre ad avere differenti capacità e qualità. Ora, essendo scientificamente provato che i cervelli di uomini e donne hanno approcci differenti e reazioni diverse, a mio avviso ciò spiegherebbe

---

[8] Madhura Ingalhalikar et al. "Sex differences in the structural connectome of the human brain", *PNAS*, January 14, 2014, vol. 111, no. 2, pp. 823–828.

come mai la comunicazione tra maschi e femmine sia così difficile (e questo è un tema che mi sta molto a cuore): è come se vivessimo due realtà differenti, o per meglio dire, percepissimo dimensioni diverse della stessa realtà. Il che rende tutto parecchio complicato... Perché già è di per sé difficile vedere la verità, se in più viene registrata da due strumenti separati (i cervelli) che hanno i sensori tarati diversamente, beh, diventa un vero casino trovarsi d'accordo sulla visione! Con maggiore ascolto e accettazione da parte di entrambi la percezione potrebbe essere arricchita e la comunicazione divenire più ampia anziché interrompersi, come spesso accade, ma è difficile... L'unica situazione in cui "può" non esserci differenza nell'essere uomo o donna, è quando ci si allontana dal proprio sé per passare a uno stato di coscienza superiore, come avviene durante la meditazione o lo yoga o altre pratiche spirituali, e in questo senso potrei essere d'accordo con te Maksim, che l'essere-coscienza come lo chiami tu, a parità di evoluzione, possa non avere differenze nell'uomo e nella donna, anche se non ci sono prove (!). Potrebbero esistere coscienze femminili e coscienze maschili per quanto ne sappiamo, siamo nella teoria. Oppure, nel quotidiano vivere, uomini e donne potrebbero andare oltre la differenza di pensiero maschile e femminile, se avessero entrambi il lato spirituale/energetico particolarmente evoluto, grazie al quale vedono e sentono entrambi a un livello superiore, oltre le sinapsi. Ma, al di là di queste particolari situazioni (lo stato meditativo e il particolare sviluppo della consapevolezza/risveglio della coscienza), nella norma uomini e donne sono due pianeti diversi, non solo perché vengono da Marte e Venere, ma perché vivono su questo pianeta come se fossero su due pianeti diversi, ed è così difficile incontrarsi... Mi permetto di riprendere e modificare una tua frase: «Per quanto mi riguarda [...] ogni volta che mi è capitato di andare un po' oltre il livello della superficie, ho sempre scorto differenze abissali tra uomini e donne». Riporto alcuni estratti di un'intervista su "La Stampa salute" al professor Antonio Federico, past president della SIN e Professore Ordinario di Neurologia presso il Dipartimento di Scienze

Neurologiche, Università di Siena:

«I dati scientifici, infatti, evidenziano chiare e nette differenze tra il cervello femminile e quello maschile, differenze che sono genetiche, ormonali e strutturali anatomico-fisiologiche, con importanti conseguenze sulle funzioni cerebrali e anche su alcune malattie [...] A parità di quoziente intellettivo, gli uomini hanno sei volte e mezzo la materia grigia delle donne, che è collegata all'intelligenza generale – fa notare il prof. Federico – mentre le donne hanno dieci volte la materia bianca dell'uomo, che ha la funzione di relazionare le aree cerebrali tra loro. [...] Sono evidenti anche differenze sull'impiego delle aree del cervello – spiega Federico – le donne utilizzano in maniera dominante il lobo frontale, area legata ai processi decisionali, molto connessa alle cosiddette aree "limbiche", sede dell'emotività, mentre l'uomo è tendenzialmente portato a coinvolgere, nel processo di ragionamento, una zona più vasta di corteccia. Il processo decisionale delle donne è quindi influenzato dall'area emozionale in misura maggiore rispetto a quello degli uomini: l'uomo tende ad elaborare la realtà basandosi soprattutto sull'emisfero sinistro, razionale, logico e rigidamente lineare, al contrario la donna utilizza in misura maggiore l'emisfero destro che permette di compiere operazioni mentali in parallelo. Il celebre "intuito" femminile si basa quindi proprio sulla possibilità del cervello di elaborare la realtà in modi diversi e paralleli. [...] Il cervello femminile – conclude il prof. Federico – essendo più dinamico dal punto di vista metabolico ed abituato a situazioni legate a variazioni ormonali, è caratterizzato da una maggiore elasticità. In situazioni complesse è dunque avvantaggiata la donna, perché il cervello femminile è meno "rigido" e portato, quindi, ad analizzare uno spettro più ampio di dati e possibilità; al contrario, il cervello maschile è favorito in situazioni semplici e collaudate».

Detto ciò, senz'altro nell'uomo e nella donna desideri, passioni, aspirazioni, paure, aspettative nei confronti dell'altro sesso, di se stessi/e, della vita, dei figli, possono essere identiche, così come possono scambiarsi compiti e ruoli, ma questo non c'entra col fatto di essere diversi o uguali, dimostra che condividono questi aspetti dell'essere umano e che possono fare (quasi) tutti le stesse cose, ciò non toglie che le faranno diversamente, la donna con le modalità del suo cervello, l'uomo con quelle del suo. Vorrei aggiungere un'ultima cosa: tu, Maksim, hai una grande capacità di andare oltre il meccanismo del pensiero maschile, ma anche molto oltre il tuo ego, che non ho mai visto primeggiare in tutti i tuoi post durante questi anni, anzi, fai sempre un passo indietro lasciando spazio all'ascolto e alla comprensione. Ammirevole. Da cui, è comprensibile la tua propensione a voler credere che uomini e donne non siano psicologicamente tanto diversi, in effetti se fossimo tutti così evoluti non ci sarebbero differenze (o ce ne sarebbero meno). Credo di aver finito per oggi. ☺

MISHA. «Quindi, Misha, se ho capito bene, secondo la tua visione dell'essere umano, una vera donna non può essere solare, un vero uomo non può essere misterioso...». Non ci siamo! Proprio l'equilibrio tra i due paradigmi presuppone e reclama la differenza, sia a livello biologico, sia a livello spirituale. Tutto qua! Completarmi, integrarmi, significa cercare "in altro" ciò che non ho. La differenza visibile è un segno NON CULTURALE di una differenza invisibile. La storia non può modificare una radicale e complementare diversità! Le condizioni sociali e storiche in cui vivono uomo e donna non determinano la loro natura; semplicemente, come la parola stessa dice, la "condizionano". Ma non la determinano. Caro Maksim, non è che lei non ha capito bene, sono io che mi spiego male, perché a un certo punto non penso si debba dare eccessive spiegazioni sull'OVVIO! Cinesi o non cinesi, tutte le culture conoscono, sanno e capiscono che tra i sessi c'è una profonda differenza, fisica, biologica e spirituale. Questa differenza non tocca la dignità, o le qualità di ciascuno, favorisce semplicemente l'incontro, la polarità, il completamento dei limiti di ciascuno!

SEIDELMATTINO. Molto fica Llora che dice le cose che direi io, ma meglio. quindi mi tralascio volenieri! Sulla superfilosofia: m'è piaciuto quel film, molto. Magari aver avuto strizzacervelli come quello, non li avrei mandati a cagare ogni volta che aprivano bocca. Quella "superfilosofia" sa più di fuga che di metafilosofia, però. E va bene nei film, nella vita è una minchiata. Io, tanto per prenderla sul personale anche se il tuo intento non lo era, non scappo mai dai miei fidanzati. Che mi annoiano a morte come fidanzati dopo un po', ma mai come persone o come amici. Una volta ho fatto una festa di compleanno. Gli unici con cui non ero stata, erano i camerieri e i parenti. Per il resto, tutti gli amici presenti, erano miei ex. Ed erano parecchi. È stata una gran bella festa: tutti i miei amici erano lì. Stufarsi delle persone non vuol dire non volerle conoscere, o sentirsi migliori. Spesso vuol dire solo "stufarsi". Il che rende il rapporto sentimentale impossibile, ma non quello umano. Se i miei ex non fossero miei amici, io non avrei un amico. Ho una visione tutta mia dei rapporti amorosi, io: io resterei solo con chi sa più cose di me, e il tempo a mia disposizione per impararle da lui fosse maggiore del tempo che passo con lui. Visione strampalata, lo so. Infatti sto da sola!

MAKSIM. Llora: grazie del tuo contributo. Anche se non sei totalmente d'accordo con me, io sono piuttosto d'accordo con quello che scrivi. Quando ho scritto che uomini e donne sono fisicamente diversi, intendevo anche cerebralmente. Ma cerebralmente per me non significa mentalmente. Dalla mia prospettiva la mente usa il cervello per manifestarsi in questa dimensione. Per usare una metafora, lo strumento cerebrale della donna è differente da quello dell'uomo, ma il modo in cui uomo e donna lo usano è, secondo me, piuttosto simile. Tra l'altro, possiamo osservare che esistono persone normali, inserite nella vita normale, che pensano in modo normale, il cui cervello, si è scoperto (credo per problemi alla nascita di idrocefalo) è ridotto a uno strato di pochi centimetri, schiacciato contro la scatola cranica. Questo solo per sottolineare che le differenze dell'organo cerebrale, per quanto sicuramente importanti, non vanno sopravvalutate. Detto questo, penso comunque che, leggendo i diversi commenti e articoli, ognuno di noi potrà farsi un'idea più chiara di come gli uomini e le donne siano allo stesso tempo molto più diversi di quello che riteniamo, e molto più simili di quello che riteniamo. Qui mi viene in mente il mitico danese, Niels Bohr, quando diceva che il contrario di una verità profonda è ancora una verità profonda. Seidelmattino: dal momento che io concordo essenzialmente con quanto scrive Llora, e anche tu, magari che senza saperlo concordi anche con quello che ho scritto; scherzo naturalmente. ☺ Poi c'è la questione del maschile e femminile, al di là dell'espressione sessuata del corpo umano. Questo è un vasto argomento. Per Misha non ci sono dubbi circa il fatto che l'anima di una donna sia femmina e l'anima di un uomo sia maschia. Questo perché, secondo la visione cattolica, se capisco bene, noi siamo il nostro corpo, e null'altro, fino a quando non avviene la resurrezione dei corpi, alla fine dei tempi. Non mi è possibile aderire a questa visione, per tutta una serie di ragioni. Lascio semmai a Misha l'onere di spiegarci meglio ciò che per lui sembra perfettamente evidente; tanto evidente da non meritare ulteriore spiegazione: ossia, che la differenza anatomica del corpo di un uomo e di una donna siano espressione di una differenza sul piano non visibile dell'anima (o dell'anima che sarà). Preferisco qui la posizione più interrogativa di Llora, che lascia aperta l'indagine e la valutazione dei dati disponibili: retrocognizioni, memorie nei bambini di vite passate, esperienze di quasi morte, esperienze extracorporee, contatti coi defunti, ecc., tutte esperienze che ci offrono un possibile scorcio sull'aldilà, di cui non possiamo non tenere conto in relazione a queste questioni. Riassumendo e semplificando, sembra che nel suo ciclo di molteplici vite, la coscienza s'incarni in corpi di generi diversi, e che il sesso, nel modo in cui noi l'intendiamo (anatomicamente parlando) sia una caratteristica solo relativa alla dimensione intrafisica. Questo lascia supporre che il corpo sottile, in cui l'essere-coscienza si manifesta nella sua condizione extrafisica (ad esempio dopo la morte fisica), non sia un veicolo con una specifica anatomia sessuale. D'altra parte, è sicuramente possibile immaginare coscienze che per numerose vite hanno adottato corpi sempre dello stesso sesso in incarnazione, e che quindi, anche durante il periodo intermissivo, tra le vite, preferiscano identificarsi con un aspetto maschile o femminile. Un'eccessiva identificazioni con un determinato sesso potrebbe anche spiegare, tra l'altro, alcuni orientamenti omosessuali. Non tutti, ovviamente, in quanto molti sarebbero espressione di tendenze promosse al livello di un'evoluzione della specie, per selezione naturale. Tutto questo ovviamente amplia la portata e complessità del problema, e fa forse capire quanto sia difficile discutere di queste tematiche. Bisogna infatti osservarle da diverse prospettive (fisica ed extrafisica), cercando di non confondere e mescolare i diversi livelli: corpo fisico-cervello fisico, corpo sottile-"cervello" sottile, condizionamenti fisici, condizionamenti extrafisici, storia personale fisica, storia personale extrafisica (serialità esistenziale), ecc. L'invito (anche per me) è quello di proseguire nell'indagine e cercare di evitare i pre-giudizi. Un tempo, ad esempio, ritenevo l'uomo e la donna molto più diversi, e mi sono dovuto ricredere, sulla base di miei dati personali, accumulati nel tempo. Per altri il pregiudizio potrebbe essere l'opposto, ritenere l'uomo e la donna più diversi di quello che sono. Llora mi sembra riassuma bene la situazione, nei suoi due commenti, considerando entrambe le prospettive. Detto questo, grazie per l'apprezzamento, Llora, circa la mia modalità comunicativa. Detto da te, con cui ho avuto a volte anche scambi vivaci, ha ancora più valore. Devo dire che per il momento ho sempre avuto occasione di promuovere dialoghi costruttivi, con i miei diversi interlocutori su Facebook. A volte delicati, certamente, e non sempre facili, ma sempre positivi. E questo ovviamente fa onore a tutti, in quanto un dialogo è uno spazio che si costruisce tutti assieme, cercando di mantenere il focus il più possibile sul dialogo in quanto tale, anziché su noi stessi.

MISHA. «Per Misha non ci sono dubbi circa il fatto che l'anima di una donna sia femmina e l'anima di un uomo sia maschia. Questo perché, secondo la visione cattolica, se capisco bene, noi siamo il nostro corpo, e null'altro, fino a quando non avviene la resurrezione dei corpi, alla fine dei tempi». Come potrei spiegare cose non dette? L'anima non è maschia o femmina "per visione cattolica", né è maschio o femmina per un imprimatur di natura. Il cattolicesimo non dice che noi siamo il nostro corpo e nient'altro, e pensavo di aver fatto degli esempi chiari: Dante e la Divina Commedia sono la stessa cosa? La Divina Commedia (il corpo) è "espressiva" di Dante ma non lo esaurisce. Dante (l'anima) per comunicare si serve della forma espressiva sensibile del corpo, ma non si esaurisce nel corpo. San Tommaso D'Aquino (della cui autorità e chiarezza "scientifica" sono costretto a fidarmi più di vaghe e nebulose conversazioni) ci dice che l'anima è forma sostanziale del corpo, ma è una sostanza autonoma da esso. Ma la "persona" è un TU unico e insostituibile, la cui originalità e unicità rimane per sempre, altrimenti non ha più nessun senso dare del TU a una persona. Se mia madre, morta qualche anno fa, oggi, – nel frattempo che io le parlo al camposanto o nella preghiera – stesse gironzolando per Milano nel corpo del figlio di un'amica nato da poco, Il TU e la sua esistenza unica e indistruttibile sarebbero una caricatura. Sarebbe più un giochetto paranormale che non un rapporto realistico con una "persona" eternamente consegnata alla sua originale identità e ai suoi rapporti umani e divini. Solo un TU giustifica un vero dialogo, un vero amore, e l'idea del "per sempre". Tutto il resto è mal di testa, razionalismo, sperimentalismo, utopismo a ruota libera. E infatti ci sono aspetti del "dialogo" tra Llora e Maksim che mi sembrano carichi di dense nebbie. Ma ora non posso proseguire perché devo uscire.

MAKSIM. Eppure Misha, Dante non ha scritto solo la Divina Commedia, o sbaglio?

MISHA. Ora però aggiungo un'ultima cosa, dal momento che nel gioco delle parole si dicono e si fanno dire troppe cose: sarebbe davvero uno strano modo, il mio, di liquidare la complessità con una lista di Yin e Yang, alla stregua di un elenco scolastico di "buoni" e "cattivi": solare è l'uomo, solare la donna, misterioso è l'uomo, misteriosa la donna, nascosti entrambi, manifesti entrambi, si soffre e si gioisce entrambi, violenti o accoglienti entrambi... Ma quel tipo di lista non nega questa elementare constatazione di "uguaglianza": afferma che l'uomo e la donna hanno due modi (femminile e maschile) radicalmente diversi di gioire, soffrire, manifestare, pazientare, lavorare, vivere e morire. Interpretano tutto in due modi completamente diversi! Per fortuna! Quando si vogliono decifrare "schemi simbolici", si dovrebbe puntare lo sguardo non all'essere (UGUALE), ma al "MODO D'ESSERE", di atteggiarsi! P.S.: Dall'ultimo commento di Maksim su Dante ho la lingua debilitata. Perciò rimando al mio penultimo commento, che dovrei ripetere qui pari pari.

MAKSIM. Il mio commento, Misha, vuole semplicemente sottolineare che la tua metafora di Dante e della sua opera si presta altrettanto bene (indubbiamente, meglio) a descrivere la traiettoria evolutiva di un'essere-coscienza che percorre più vite fisiche (su questo pianeta o meno). Questo perché Dante, di fatto, ha scritto numerose opere. E ovviamente, quando ti rivolgi a una delle sue opere, ti stai rivolgendo anche a una parte di Dante, ma l'identità primaria di Dante supera l'identità delle sue singole opere (o dell'intera collezione delle sue opere). Non vedo dove sia la caricatura, o la confusione in tutto questo, cioè nel fatto che Dante possa scrivere molte opere, e usare il processo di scrittura per progredire, in un percorso che ovviamente non si esaurisce nell'esperienza unica dello scrivere (dell'incarnarsi). Tra l'altro, la tua metafora dà vita a spunti interessanti. Cosa fa Dante tra un'opera e l'altra. Dorme? Oppure si prepara, raccoglie informazioni, pianifica il suo futuro cimento? Quello che non capisco è per quale ragione fai uso di una metafora così azzeccata, e poi quando ti faccio osservare che la tua stessa metafora è in grado di sostenere anche altre possibilità, affermi che "te la rivolgo contro" (in un commento che mi accorgo ora hai modificato). Semplicemente, mi sembra che il "giochetto" sia il tuo, quando affermi implicitamente che uno scrittore può scrivere una sola opera.

Per quale ragione un'anima, un Dante, sarebbe limitato a un solo scritto? Questa semmai mi sembra una caricatura. E in primo luogo una caricatura della tua stessa metafora.

MISHA. Caro Maksim, io lo so che lei gioca, so che le piace giocare con le parole ma se gli esempi devono diventare un pretesto per fare sofismi, sarebbe preferibile – come spesso mi capita – avvalersi della facoltà di non rispondere. Nel mio esempio Dante è l'anima del "corpo"-Divina Commedia. Nella sua interpretazione dell'esempio, Dante è Dio! Cioè tutta un'altra cosa! Infatti, solo Dio può fare tante "creature" diverse rimanendo loro trascendente e superiore. Se parlassimo di Dante-Dio, allora sarebbe giusto dire che, come Dante ha scritto più opere, così Dio ha creato più "cose", rimanendo se stesso. Nel mio esempio, la trascendenza dell'anima rispetto al corpo non vuol dire che l'anima può informare corpi diversi, perché l'identità di una persona non può essere separata dal suo proprio corpo, vuol dire semplicemente che l'anima è di più del corpo che informa, cioè può sussistere senza di esso. Il fatto che l'anima svolge la funzione di "animare" il corpo né vuol dire che può animare qualsiasi corpo, né vuol dire che non può esserne staccata. È verissimo che in se stessa l'anima è asessuata (non esiste un'anima maschia e un'anima femmina), così come l'immagine ideale della "Pietà" di Michelangelo non è né marmo né legno né argilla prima di essere scolpita in un marmo, in un legno, in una argilla. Ma una volta scolpita la forma-anima e la materia-corpo non si possono separare. Qui non c'è nessun giudizio di valore su maschi, femmine o omosessuali. Il primo impatto che noi abbiamo con l'invisibile è tramite il visibile: la conformazione biopsicologica dei sessi non è muta, ci dice qualcosa dell'anima. Questo non vuol dire che non ci siano, per ogni regola, delle eccezioni: un seno femminile, fatto per allattare, potrebbe non dare latte, ma si deve sapere che è un'eccezione e non un'eccezione buona, cattiva, bella o brutta, è una eccezione e basta. Un utero fatto per la gestazione potrebbe non servire allo scopo (sia per una scelta "verginale religiosa", sia per una causa non scelta, ma necessitata). Ma la regola per esplorare "l'interno" non può che essere l'esterno. Le eccezioni sono eccezioni e bisogna riconoscerle come tali, senza fare della "uguaglianza" un chiavistello per aprire tutte le porte, senza un giudizio critico. La differenza nelle cose arricchisce e aiuta la capacità conoscitiva delle stesse e anche della loro possibile unità, mentre invece da un universo dove tutte le vacche sono maschio-femmine secondo una terminologia "a scelta", muore sia l'esperienza che la capacità di conoscere! Augh, HO DETTO. P.S.: mi si consideri l'unico responsabile se non si capisce qualcosa, le parole non sono tutto. I miei limiti mi dicono che "chiarire" ulteriormente non è che "oscurare"!

COSA CI ASPETTA DOPO?

17 luglio 2014

MAKSIM. "Abbé de Robert, sacerdote francese figlio spirituale di Padre Pio, durante la guerra d'Algeria alla quale ha partecipato, è stato catturato e poi FUCILATO! Da quel momento Abbé ha vissuto la particolarissima esperienza della DECORPORAZIONE, ovvero è uscito con la sua anima dal proprio corpo trivellato dalle pallottole, e ha risalito un lungo tunnel fino a giungere in Paradiso. Quello che ha visto lo segnerà profondamente per tutta la sua vita. Padre Pio, che gli aveva predetto tutto, non lo ha mai lasciato solo!"[9]

L'esperienza raccontata da questo sacerdote è una tipica "esperienza di quasi morte", ossia, un'esperienza di uscita fuori dal corpo provocata da un forte trauma fisico, o da una situazione di morte imminente. Molti dei fenomeni che il sacerdote racconta sono tipici delle esperienze extracorporee, e non dipendono in nessun modo dall'appartenenza a una specifica religione, o credo (salvo ovviamente il modo in cui questi fenomeni vengono poi interpretati). Più raro invece, ovviamente, l'evento di essere crivellati da dei proiettili e non riportare poi ferite fisiche apparenti. Non si tratterebbe comunque di un miracolo, inteso nel senso cattolico del termine, ma di una probabile chirurgia psichica operata dalle guide extra-fisiche che hanno accompagnato il sacerdote nel suo processo di quasi morte; questo forse per permettergli di offrire in seguito la sua testimonianza. Naturalmente, come per ogni altro fenomeno, l'ideale è poter studiare le esperienze extra corporee al di fuori di uno specifico credo, affinché un'osservazione il più possibile neutra e oggettiva possa sempre precedere l'interpretazione dei dati. La nostra natura multidimensionale e multimateriale, vale a dire il fatto di essere in grado di manifestarci al di là del nostro corpo fisico, per

---

[9] *https://youtu.be/oAD-AGCVqSY*

mezzo di veicoli di manifestazione più "sottili", sembra essere una possibilità insita nella nostra stessa para-anatomia e para-fisiologia, ampiamente descritta da tutte le tradizioni spirituali di questo pianeta, e riconosciuta anche da numerosi autoricercatori moderni della coscienza. Purtroppo, un'indagine a tutto tondo delle esperienze fuori del corpo non viene promossa nell'ambito delle cosiddette "religioni del libro". Le ragioni sono innumerevoli, e non è necessario evocarle in questo mio breve commento. Osservo semplicemente che il requisito minimo per una tale indagine è quello di essere disponibili a modificare i propri sistemi di credenza, qualora un numero sufficiente di osservazioni venisse a smentire alcuni dei possibili pregiudizi (religiosi o meno) circa la natura e struttura delle dimensioni spirituali. A dire il vero, esiste già un notevole materiale, accumulato in millenni di esperienze di questo tipo che, se analizzati con discernimento e senza a priori, sarebbero in grado di falsificare molte delle nostre credenze su cosa ci aspetterebbe dopo la "prima morte", cioè dopo la disconnessione dal nostro corpo fisico. Per chi fosse interessato a questo vasto soggetto, un buon punto di partenza potrebbe essere la lettura del numero 5 della rivista AutoRicerca, interamente dedicato al tema delle OBE (esperienze fuori del corpo).

MISHA. Il suo commento è quanto meno singolare! Un modo "esemplare" per privare il racconto del sacerdote dell'elemento storico, "neutro" e "oggettivo", dei DATI, facendo finta di niente: via Padre Pio, via Maria, tutti FUORI da uno "specifico credo". Il racconto diventa "per miracolo" (o gioco di prestigio verbale) una "probabile chirurgia psichica operata da guide extra-fisiche", oggetti non meglio identificati, come gli UFO! Complimenti per il doppio salto mortale con capriola: lei si fa interprete di un'esperienza, interpretata come interpretazione soggettiva di un'esperienza. E vuole essere creduto a fiducia nello stesso momento in cui toglie magicamente credibilità a chi le racconta dei fatti, sperando che lei li assuma correttamente, vale a dire con freddo criterio fenomenologico. Lei prende l'attore (un prete), si fa raccontare da lui una storia dal vero e poi, da consumato regista, prende per buona la storia e contemporaneamente fa sparire tutti i personaggi, trasformando la storia stessa dal vero in una favola soggettiva del prete o – ancor più sottile – i suoi personaggi in "neutrali" veicoli di "manifestazioni più sottili". Così si salvano capra e cavoli: la scienza, i suoi pregiudizi al contrario, e la credibilità delle esperienze di premorte, da cui spariscono quasi tutti i protagonisti concreti, sapientemente rubricati nella indistinta salamoia di "tutte le tradizioni spirituali del pianeta", comprendente tutto, anche i moderni "autoricercatori della coscienza"! Mi fa venire in mente i defatiganti interrogatori a cui gli inquisitori sottoponevano Bernadette Soubirous per tentare di "disidentificare" Colei che la ragazza diceva di aver visto, non solo "in coscienza e in autocoscienza", ma "realmente": i fenomenologi sanno che non c'è coscienza se non di qualcuno o qualcosa. Ma gli inquisitori erano "realisti", non "dogmatici": sapevano già A PRIORI che la Madonna non c'è e che dunque chi dice di vederla o è matto oppure interpreta come "madonne" particolari dei contenuti di coscienza universali (perché infatti le esperienze di premorte non sono appannaggio esclusivo di preti cattolici). Essi, come lei, non si facevano neanche minimamente attraversare dall'unica domanda sensata del caso: e se la Madonna non fosse "credenza"? Se esistesse realmente? E se la ragazza analfabeta, dunque, l'avesse realmente VISTA? Ma questa apertura davvero totale della coscienza alla REALTÀ TOTALE (attuale e possibile) per loro era impossibile "a priori". Come tutti, soffrivano di pregiudizi insormontabili, sapendo già in anticipo quel che può essere vero e quel che può essere solo frutto di "condizionamenti" religiosi o culturali, o di costruzioni dogmatiche clericali! Non si può assolutamente chiamare MARIA una persona viva ed esistente, al massimo è concesso dare quel nome a delle "affezioni psichiche" soggettive, che altri, di altre tradizioni, chiamano magari Genoveffa, Iside, Osiride ecc. Ecco allora dov'è la follia del cattolicesimo, inaccettabile dai "dotti" di tutte le tradizioni (più o meno esoteriche) e dagli "atei illuminati": Maria e Gesù sono attualmente "persona", sono un Tu con cui io dialogo (senza farneticazioni), sono "inoggettivabili" e irriducibili, come persone, a criteri interpretativi "spiritualistici", "cosmologici" o "religiosi". Essi non sono – come per i pagani – il nome che diamo ai nostri complessi o limiti "intrapsichici" (il complesso di Edipo, di Elettra...), non sono l'ideazione soggettiva di entità, esistenti in altre tradizioni con altro nome. Sono un TU REALE, con cui posso entrare in comunione intellettiva e affettiva! Qui è l'inaccettabilità del cattolicesimo. Dateci tutto (psicanalisi, tradizioni esoteriche, cabalistiche, parapsichiche, multidimensionali, ultradimensionali), TUTTO – dicono gli adulti vaccinati – tranne queste "antropomorfiche favolette" da popolino fideista! Ecco l'inaccettabile "scandalo", ritenuto geniale invenzione del potere pretesco! Tutti gli "adulti" si premurano di vaccinarsi contro questa realtà, intollerabile per la presunta autonomia dai bambini (o dal bambinesco): però, è stato detto agli adulti "sinite parvulos venire ad me"). La FEDE è l'esatto antipodo della "creduloneria", è il riconoscimento che IL REALE non si esaurisce certo nell'intrafisico, ma ci supera! Non è "natura": se accarezzi le foglie degli alberi o indaghi scientificamente su di esse – Dio non si solletica, né soffre se strappi un fiore da terra, come se fosse un Pinocchio incapsulato nel legno. E non basta: Questo REALE è REALE, non è una dimensione, un'idea, un inconscio, uno "stato extracorporeo", questo "REALE" è REALE, Persona! Un TU! Abbà, Padre, babbino, paparuccio, papà!

MAKSIM. Caro Misha, penso tu abbia parecchio frainteso le mie parole. E poi, mi presti parole non mie. Non ho mai detto "via Padre Pio, via Maria, tutti FUORI da uno specifico credo". Queste sono parole tue. Ho solo detto che "l'ideale è poter studiare le esperienze extra corporee al di fuori di uno specifico credo, affinché un'osservazione il più possibile neutra e oggettiva possa sempre precedere l'interpretazione dei dati". Le guide extrafisiche poi non sono oggetti non identificati. Sono coscienze con un nome, proprio come te e me, ma che semplicemente si manifestano in un diverso piano di esistenza (extra-fisico). Vengono definite guide (protettori, ecc.) perché si muovono con una visione etica ed assistenziale, al servizio dell'evoluzione coscienziale. Detto questo, non penso proprio di aver preso una storia e aver fatto sparire tutti i personaggi, ho semplicemente ricordato che storie analoghe, ma con personaggi differenti, sono state raccontate da sempre. Quindi, ho ribadito che è sicuramente utile, se si vuole capire la realtà che sta dietro a queste storie, studiarle da una prospettiva transculturale e transreligiosa. E nemmeno ho mai affermato che la Madonna non esista realmente, o non sia possibile incontrarla, in un'esperienze extracorporea (o di comunione mente a mente, cuore a cuore). Quanto al tuo secondo commento, fatico a comprenderlo. Non ho mai parlato di ideazioni soggettive, di costruzioni psichiche, ecc. Semmai il contrario: ho incoraggiato ad approfondire il tema, e osservare queste esperienze da più prospettive. Poi, ho osservato che le esperienze fuori del corpo non vengono indagate in ambito religioso. Nel senso che non vengono offerti al credente degli strumenti alfine di promuovere in modo sicuro la possibilità di una sperimentazione personale e lucida di questi fenomeni. Per dirla in una battuta, non è necessario sottoporsi a una fucilazione per fare esperienza delle dimensioni extrafisiche, e cominciare a toccare con mano. Concludo con un'osservazione più personale, a dimostrazione del fatto che non sono per nulla per un'eliminazione del TU. Molte persone vicine alla mia famiglia sono devote di Padre Pio, e personalmente ho avuto modo, quando ero al capezzale di una persona che da lì a pochi giorni se ne sarebbe andata, di avvertire il caratteristico profumo intenso di fiori che emana questa coscienza. Eravamo in una stanza con le finestre chiuse, e la persona che era vicina a me ha avvertito anch'essa lo stesso profumo, e ha smesso di avvertirlo nello stesso momento in cui ho smesso di avvertirlo anch'io. Non so dirti con certezza se era proprio Padre Pio, ma è molto facile vista la sua vicinanza con molte persone della mia famiglia, e fino a prova del contrario non ho ragione di dubitarne. Quindi, non ho nessun desiderio di eliminare i personaggi di un racconto. Desidero solo incoraggiare il mio prossimo ad esplorare numerose prospettive sul reale, alfine di meglio comprenderlo.

MISHA. Io non ho mai detto che lei ha detto.... Quello che ho detto l'ho detto io! Però ho detto quello che lei non ha detto nel suo commento, come se il sacerdote non stesse parlando di persone ben definite, ma di "entità" da cogliere fuori della religione di riferimento. È vero che io spesso fraintendo, e lei me lo fa notare spesso che io fraintendo sistematicamente. Spero fiduciosamente che possa arrivare un giorno in cui le parole che lei dice (e anche quelle che omette) io possa capirle senza possibilità di equivoco. Forse, per ottenere questo, basterebbe che lei sia più chiaro. "Osservare un'esperienza da più prospettive" che cosa vuol dire? Se uno incontra la Madonna, incontra la Madonna! E quando racconta di aver incontrato la Madonna (fatta salva la possibilità che non abbia sognato) racconta un incontro preciso con una persona precisa che ha un nome identificativo preciso; chi ascolta il racconto del prete si può solo porre il problema se esiste davvero attualmente una Madonna di nome Maria e come si fa incontrare in certe circostanze o se colui che racconta sia in una particolare soggettiva situazione psichica che gli fa vedere "cose reali", sì, ma a cui è solo lui ad attribuire certi nomi! In questo senso lei salva capra e cavoli, ma in maniera "fumosa": ammette l'esperienza vissuta, ammette che il contenuto di quella esperienza sia vero, ci crede anche lei ma, ammettendo, OMETTE che quella esperienza "oggettiva" sia MARIA: è il prete che la chiama MARIA! Ma chi ascolta un racconto come quello del prete può avere un solo atteggiamento "obiettivo", fenomenologicamente corretto, davvero sgombro da ogni "pre-giudizio" soltanto se non manomette o riduce il racconto così come lo racconta, e non trasforma la "persona" incontrata dal prete in una "entità astratta", universale, a cui il prete ha dato il nome "particolare" di Maria soltanto perché condizionato da una particolare "credenza"! Quando si "incontra qualcuno" o si può avere le traveggole o si può avere una esperienza psichica cui non corrisponde nulla e nessuno (come quando si ha la febbre) oppure si incontra DAVVERO qualcuno, a cui corrisponde un'adeguata esperienza psichica, in corrispondenza esatta dell'oggetto percepito. Ma se si incontra qualcuno, non si incontra una "forma"-entità universale travestita da persona particolare per "particolari" condizionamenti! Ma, Maksim, sono io che fraintendo o forse non mi faccio capire o è lei che sguscia sul tema VERO (come ha sgusciato – per condizionamento culturale? – al suo primo commento e poi a seguire)? Se dentro di noi abbiamo pre-deciso che la Madonna non esiste, allora diamo il via a tutte le interpretazioni, quando appare un fenomeno chiamato "Maria"; ma se lasciamo aperta dentro di noi la "possibilità" che la Madonna esista, allora finiscono le interpretazioni dell'oggetto (come "entità", come costruzione dogmatica di una Chiesa, come sublimazione inconscia, ecc.) e comincia l'indagine VERA, distaccata, oggettiva: chi è Maria? dov'è adesso? Come può averla incontrata il sacerdote? Esiste una dimensione in cui Maria (o Padre Pio) resta Maria (e Padre Pio), fuori dal tempo, senza essere un UFO non identificabile, ma esattamente "lei"? Il cattolico ha torto o ha ragione? Nella vera ricerca non si tollerano risposte salomoniche, del tipo: "ha torto e ragione contemporaneamente": ragione perché si incontra DAVVERO qualcosa o qualcuno e TORTO perché quel qualcosa e quel qualcuno è solo il "rivestimento" di una religione particolare, di una particolare CREDENZA, dietro il quale – a grattare bene – ci sono esperienze comuni a tutte le spiritualità e le credenze! Per analogia, ricordo che Paul Ricoeur chiamava "ideologie del sospetto" tutte quelle filosofie (in particolare quelle di Freud, Nietzsche e Marx) affette dalla mania di grattare "il fenomeno" per trovarci sotto sempre "qualche altra cosa", sicché dietro l'amore c'è la "libido" o la "volontà di potenza" o "interessi di classe"; e così "dietro" le religioni, le arti, le leggi. Così, dietro MARIA (inaccettabile mito cattolico) spunta L'ENTITÀ! Così diamo un colpo al cerchio ("è vera l'apparizione") e uno alla botte ("l'apparizione non è vera nei termini in cui la si racconta"). In questo modo – per parafrasare un uomo saggio dei nostri tempi, Viktor Frankl – l'uomo perde il diritto ad essere creduto per quello che dice e quando dice qualcosa c'è sempre un "interprete" che si riserva esattamente il compito di "rivelare" la verità di "ciò che c'è dietro" quello che l'uomo dice! Di qui, forse, la necessità di una "sapienza esoterica", appannaggio di poche élites, che hanno la funzione di "interpretare"!

CONSIGLI NON RICHIESTI

23 luglio 2014

MAKSIM. Ricevo spesso comunicazioni di vario genere, a volte provenienti da persone davvero singolari. Alcune di queste sono realmente motivate dal desiderio di approfondire un determinato aspetto della mia ricerca. Altre invece, fortunatamente una minoranza, mi contattano unicamente perché pensano di "sapere meglio", e ritengono che io abbia assolutamente bisogno del loro prezioso consiglio, sebbene non richiesto. A titolo di esempio, ricevo di recente un messaggio da parte di una persona che ha letto alcuni dei miei scritti. Molto "affettuosamente", mi comunica che, pur comprendendo il fastidio e il disagio che il suo punto di vista potrebbe crearmi, è comunque obbligata ad espormelo, in quanto il danno che sentirebbe di farmi mancando di confidarmi questo suo prezioso punto di vista supererebbe di gran lunga il fastidio. Fatta questa nobile premessa, la persona in questione, con una certa enfasi, mi consiglia di smettere di praticare i percorsi di ricerca interiore indicati nei miei scritti, precisando che, se mancassi di seguire il suo consiglio, rischierei – nientemeno – che la dannazione della mia Anima. Dopo avermi indicato un percorso di preghiera e sottomissione al volere di Dio, mi rammenta altresì che satana è fantastico, profumato, fascinoso, al punto da sollevarmi in aria per l'estasi che provoca, che è sottile in modo inebriante, e, naturalmente, letale. *Dulcis in fundo*, dopo avere rinnovato il suo invito ad affidarmi completamente a Cristo, conclude affermando di non essere una creatura libera, ma un semplice tramite (di Dio ovviamente!). Premetto che non ho nulla contro il Cristo, o la preghiera in generale (da non confondere con le preghiere, che sono un'altra cosa). E a dire il vero, nemmeno ho qualcosa contro la persona in questione che, nel suo desiderio di "farmi del bene", non ha saputo fare a meno di regalarmi le sue inestimabili "perle di saggezza". Resta il fatto che persone come queste, pensando di agire "a fin di bene", non si rendono conto di trasformarsi in veri e propri assediatori coscienziali. Oltre a questo, si precludono ogni possibilità di dialogo critico-costruttivo circa il tema della ricerca interiore. Infatti, qualunque cosa potessi pensare di ribattere, circa ad esempio i benefici e l'importanza di una ricerca e pratica interiore, il mio tentativo di comunicazione verrebbe automaticamente classificato come "opera di satana e dei suoi doni illusori". Questo purtroppo è il modo perfetto per smettere di pensare e di esercitare il proprio discernimento, tipico del fondamentalismo religioso e delle sette distruttive. È interessante anche osservare come, spesso in modo "affettuoso", e per il "bene" dell'altro, si cerca di condizionarne il pensiero non sulla base di una riflessione argomentata, quindi intellettualmente onesta, ma di una vera e propria minaccia: in questo caso, quella estrema della dannazione dell'anima. E, nel farlo, nemmeno ci si prende la responsabilità delle proprie affermazioni poiché, come spesso avviene in questi casi, si dichiara essere dei semplici tramiti, per di più non liberi, di un qualcosa di più grande (che quindi non può essere confutato). Ovviamente, non c'è nulla di molto etico nell'offrire minacce mascherate da consigli paternalistici non richiesti. Ma, come dicevo, tutto questo non può essere spiegato, perché qualsiasi tentativo di dialogo rimarrebbe confinato entro la prigione mentale che questo genere di persone si costruiscono con le proprie mani. Pertanto, quando siamo tentati di elargire un consiglio non richiesto, prima di farlo sarebbe utile provare a rigirarlo su noi stessi, e vedere se i destinatari di quel consiglio non siamo proprio noi. In secondo luogo, dopo aver fatto questo, e prima di elargire la pillola, chiediamo al diretto interessato se è davvero interessato a riceverla. Prima che se la dia a gambe levate, beninteso. ☺

Misha. Un piccolo consiglio non richiesto (ah ah ah): valuti la possibilità che questo soggetto non appartenga né alla categoria dei "credenti", né a quella più linguisticamente raffinata di "assediatori coscienziali". Potrebbe trattarsi di un povero "matterello", fuori fase, cui lei, involontariamente, offre un'insperata opportunità: quella di sentirsi appunto "un disturbatore coscienziale", anziché un piccolo "rompiballe" (che poi è un termine più popolare e diretto per indicare la categoria). Insomma, una banale manovra linguistica può trasformare un povero rompiscatole in un sofisticato operatore della coscienza. P.S.: in questa lunga nobilitazione di un matto, lei dà per scontato che chi la legge debba capire la differenza tra "la preghiera" e "le preghiere". Ma purtroppo non l'ho capita! Potrei solo immaginare che, forse, "le preghiere" appartengano al regno illusorio dell'io e la preghiera a quello autentico del Sé, ma la mia ignoranza non vuole rischiare fino a questo punto.

MAKSIM. Misha, la distinzione tra le preghiere e la preghiera è molto semplice: la preghiera, in quanto pratica, è una possibilità, ma per attuare tale possibilità non è sufficiente recitare delle preghiere. Ciò che realmente conta, infatti, non è tanto la recitazione meccanica di determinate parole, o la tradizione a cui esse appartengono, quanto l'apertura interiore, la disponibilità, l'autenticità con cui colui/colei che prega si orienta verso un principio luminoso trascendente.

MISHA. Caro Maksim, veda lei a che punto può arrivare un "principio luminoso trascendente" che sia "persona": può trasformare delle "preghiere meccaniche", fatte stancamente e meccanicamente, senza apertura interiore, in una leva potente di "grazia". Nella consapevolezza dei limiti dell'uomo, della sua durezza e cecità interiore, della sua ostinazione nelle tenebre e delle sue innumerevoli debolezze, quasi croniche, guarda con misericordia ai suoi tentativi, anche goffi, di elevarsi, e può trasformare una "recitazione meccanica" in una linfa vitale. Veda lei se la potenza di Dio sopperisce pietosamente all'impotenza dell'uomo: quando Dio valuta le "umili intenzioni" di amarlo (quel che lei chiama "orientamento", fa lo stesso), è Lui che si incarica di trasformare, se lo vuole, la goffaggine distratta e meccanica in un'invincibile forza, memore di due verità sapienziali: 1) Senza di me non potete fare nulla; 2) Nulla è impossibile a Dio. Non scherzo, sa: nell'ipotesi che Dio non sia un mero "principio trascendente" impersonale, ma un Padre (che ha per giunta le caratteristiche non illusorie – o inventate dall'uomo –

della misericordia e della onnipotenza), allora è ben capace di prendere ogni nostra miseria – e ogni nostra meccanica preghiera – ed elevarla ad altezze che nemmeno l'uomo più "coscienzioso" ed evoluto osa sperare!

MAKSIM. Purtroppo, Misha, non credo che una preghiera meccanica, senza apertura interiore, possa produrre un'elevazione. Se così fosse, da tempo questo pianeta avrebbe smesso di essere un luogo "oscuro".

DILETTANTISMO SCIENTIFICO-SPIRITUALE

26 luglio 2014

MAKSIM. Da quando nel lontano 1975 il fisico austriaco Fritjof Capra ha scritto Il tao della fisica (la traduzione in italiano è del 1982), indicando alcune possibili analogie tra la visione del reale sottesa dalle moderne teorie fisiche, e quella degli insegnamenti mistico-religiosi tradizionali (quali l'induismo, il buddismo e il taoismo), si è assistito negli anni a un graduale e sistematico aumento di questa tipologia di scritti, dove con sempre maggiore convinzione le possibili "affinità" tra fisica moderna e spiritualità sono state sottolineate. Purtroppo, con l'aumento dei testi (e in epoca più recente, dei video) si è assistito anche a un sistematico impoverimento dei contenuti, tanto che oggigiorno per poter parlare con conoscenza di causa dei misteri della fisica, e in particolar modo della fisica quantistica, essere un fisico (o quantomeno un filosofo della scienza) non sembra più essere un requisito indispensabile. Anzi, è convinzione diffusa tra molti improvvisati ricercatori spirituali che i fisici professionisti, da tempo, avrebbero smesso di comprendere la fisica quantistica, e che solo alcuni "guru scientifico-spirituali" avrebbero capito quello che questa avanzatissima teoria ci avrebbe svelato a proposito del reale. Personalmente, in più occasioni, mi sono trovato a discutere con individui appartenenti a diverse "chiese quantistiche", sempre nel tentativo di far passare il messaggio che la quantistica di cui parlano loro non è la stessa quantistica studiata dai fisici, e che i loro punti di riferimento in materia sono personaggi che di fisica, e più generalmente di scienza, ne sanno quanto uno scolaretto delle elementari. Naturalmente, qui potrei fare i nomi e i cognomi di questi autoproclamati "scienziati della nuova era" che mescolano allegramente concetti vaghi di fisica con concetti altrettanto vaghi presi a prestito dalle diverse tradizioni spirituali, per dare vita a delle improbabili formule segrete, tutte rigorosamente "scientificamente dimostrate", da rifilare ai bisognosi di nuove certezze. Ma fare nomi e cognomi non sempre è una strategia vincente, poiché chi si sente attaccato nei propri sistemi di credenza avrà anche tendenza a chiudersi a riccio, e promuovere un conflitto simmetrico che di certo non favorirà la riflessione. Ora, paradossalmente, quello che affermano questi nuovi guru scientifico-spirituali non è del tutto errato, nel senso che non è del tutto inesatto ritenere che molti fisici dei nostri giorni hanno smesso di comprendere (o di cercare di comprendere) la fisica quantistica, essendosi ormai arresi alla visione dello strumentalismo, e avendo così trasformato una famosa citazione di Richard Feynman in una vera e propria profezia auto-avverante:

"C'era un tempo in cui i giornali dicevano che solo dodici uomini al mondo capivano la Teoria della Relatività. Non credo che ci sia mai stato un simile momento. Può darsi che ci sia stato un momento in cui solo un uomo capiva la teoria, perché era il solo che l'aveva intuita prima che scrivesse il suo lavoro scientifico. Ma dopo che la gente ha letto il suo lavoro molti, certamente più di dodici, capirono la Teoria della Relatività in un modo o nell'altro. D'altra parte, io mi sento di poter affermare con sicurezza che nessuno ha mai capito la meccanica quantistica".

Con questa sua dichiarazione, Feynman non intendeva però suggerire che dal momento che nessun fisico, secondo lui, ha capito la meccanica quantistica (convinzione che andrebbe comunque rivista alla luce dei più recenti progressi in campo fondazionale), questa sarebbe facilmente capibile da chi adotta un approccio al reale di tipo mistico-religioso, senza aver mai aperto un manuale di fisica, o risolto un'equazione matematica. Infatti, comprendere una teoria complessa come la meccanica quantistica richiede una conoscenza approfondita del suo fondamento operazionale, sperimentale, della sua struttura matematica, e più generalmente della struttura che è alla base delle teorie fisiche in senso lato, siano esse quantistiche, classiche o semiclassiche (ibride). Senza questo tipo di competenze non è certo pensabile poter dire qualcosa di veramente sensato circa la visione del mondo suggeritaci da questa affascinante teoria. Naturalmente, la stessa osservazione si applica, *mutatis mutandis*, a ogni altra teoria scientifica moderna, ma altresì alla cosiddetta ricerca interiore (e più generalmente alla ricerca spirituale), che a sua volta richiede un percorso serio e continuativo di studio e di pratica, una sufficiente maturità (psicologica e coscienziale) e un notevole discernimento, senza i quali è del tutto impensabile poter distinguere le esperienze spirituali autentiche da quelle immaginate (cioè frutto di autosuggestione) e dire qualcosa di oggettivo circa la visione del mondo che si apre a noi quando c'immergiamo senza preconcetti nella profondità del nostro essere-coscienza. Ne consegue che così come esistono numerosi autori, senza alcun "pedigree scientifico", che s'improvvisano grandi conoscitori di fisica moderna (pur non avendola mai studiata né praticata), esistono altrettanti autori con nutriti "pedigree accademici" che s'improvvisano grandi conoscitori di ricerca interiore (pur non avendola mai studiata né praticata). E così come i primi s'arrischiano in improbabili affermazioni circa il fatto che la fisica (quantistica o meno) avrebbe già dimostrato l'esistenza dell'anima, la sua sopravvivenza dopo la morte del corpo fisico, spiegato il funzionamento dei miracoli e di ogni altro possibile fenomeno "parapsicomentalsomaticospirituale", i secondi, non da meno, si ridicolizzano in affermazioni perentorie circa l'illusorietà di tutte le esperienze interiori, riducendole sistematicamente a dei fenomeni di natura allucinatoria, sprovvisti di ogni fondamento oggettivo, al di là dei relativi "correlati neuronali". Insomma, indipendentemente dai "pedigree" (troppo scarsi o troppo abbondanti), una certa forma di dilettantismo, a quanto pare, regna sovrano in entrambi i campi, sia della ricerca interiore e spirituale, sia della ricerca scientifica, e l'invito non può essere che alla prudenza. L'unico vero antidoto in questa nostra era dell'informazione, che è anche un'era della disinformazione, è la promozione del nostro senso critico e autocritico, tramite un percorso metodico di studio, osservazione e sperimentazione, che non sia dettato unicamente da una richiesta di minor sforzo possibile. E quando, dopo tanto sforzo, abbiamo raggiunto un certo grado di competenza (teorico-pratica) in un determinato campo di indagine, cerchiamo di non cadere vittime della triste illusione che vorrebbe farci credere che, dal momento che siamo diventati esperti di A, automaticamente saremo anche esperti di B, C, D, ecc.

MISHA. (!!!) I punti esclamativi non significano che io abbia la benché minima "autorità" per approvare e condividere. Significano semplicemente che in questo articolo ritrovo le ragioni che mi hanno spinto a conoscerla.

MAKSIM. Vorrei comunque precisare, a scanso di equivoci, che Fritjof Capra ha sempre scritto libri di qualità. Non sono sempre d'accordo con quello che scrive, ma si tratta pur sempre di testi con un ottimo livello di informazione. Non ho letto il suo ultimo. Mi ricordo però di avere molto apprezzato "La rete della Vita" (Rizzoli), che sicuramente consiglio.

MISHA. Sia detto senza polemica e con grande stima e rispetto: Capra è un vecchio rimasuglio di cultura sessantottina e New Age, riciclato ogni tanto come nuovo. La sua fama è facilitata da una vecchia ciclica moda: quella di accomunare le scoperte scientifiche occidentali (segnatamente la "relatività" e "la fisica quantistica") al misticismo orientale, con annesso discredito – anche questo ciclico – della spiritualità "occidentale", scartata come "DOGMATICA"! Dogma, si sa, è parola "a energia negativa", ma – direi – piuttosto incompresa, specie dai "luminari"! Non così il termine "olistico", dotato di energia molto positiva e dentro il quale, spesso e volentieri, si mette appunto un po' di "TUTTO"! A suffragare quanto detto, basta qualche passo dello stesso Capra, tratto dal suo libro più famoso: "Il Tao della Fisica":

«In un pomeriggio di fine estate, seduto in riva all'oceano, osservavo il moto delle onde e sentivo il ritmo del mio respiro, quando all'improvviso ebbi la consapevolezza che tutto intorno a me prendeva parte a una gigantesca danza cosmica [...] "vidi" scendere dallo spazio esterno cascate di energia nelle quali si creavano e si distruggevano particelle con ritmi pulsanti; "vidi" gli atomi degli elementi e quelli del mio corpo partecipare a quella danza cosmica di energia; "percepii" il suo ritmo e ne "sentii" la musica; e in quel momento "seppi" che questa era la danza di Śiva, il Dio dei Danzatori adorato dagli indù».

Tipo apparizione della Madonna a Lourdes, con annessa danza del sole! Solo che lui vuole essere creduto: "Vidi"... "percepii" e, soprattutto, perentoriamente, "SEPPI"! Roba "scientifica", il "sapere", oggettiva, ben diverso dal povero "credere" soggettivo! Ancora:

«L'idea di "partecipazione" invece di "osservazione", è stata formulata solo recentemente nella fisica moderna, ma è un'idea ben nota a qualsiasi studioso di misticismo. La conoscenza mistica non può mai essere raggiunta solo con l'osservazione, ma unicamente mediante la totale partecipazione con tutto il proprio essere»!

Già. Ma come distinguere gli stati di "allucinazione" o "trance" rispetto a quelli "mistici"? Il cattolico semplicione e telecomandato ha "l'autorità della Chiesa"; Capra e i suoi chi hanno? Chi garantisce per lui, per essere sicuri che il suo "sapere" non sia altro che la sua "forte immaginazione"?

MAKSIM. Dire che Capra è un rimasuglio della cultura New Age è un po' riduttivo. Semmai è il contrario: la cultura New Age ha attinto agli scritti di Capra, e non sempre nel modo migliore. E comunque, è troppo facile appiccicare un'etichetta "New Age" (spesso intesa in modo negativo) a uno scrittore poliedrico come Capra, che ha sempre fatto "i compiti a casa". Il fatto che le scoperte scientifiche occidentali vengano spesso messe in relazione alla spiritualità orientale, anziché a quella occidentale, è perché quest'ultima – vedi l'esempio del Buddismo – ha coltivato uno spirito più orientato alla ricerca che alla fede, ad esempio nello studio dei diversi stati della mente tramite pratiche specifiche. Detto questo, l'idea di partecipazione non esclude quella di osservazione, e viceversa. Per fare un esempio, la scienza occidentale si muove in modo partecipativo, pur fondandosi sull'osservazione. Altrimenti, chiedi: come distinguere la realtà dall'allucinazione? Sviluppando il discernimento, confrontando le proprie osservazioni con le osservazioni degli altri partecipatori del reale, rimanendo critici, affinando le proprie percezioni tramite un lavoro su di sé, ecc. In altre parole, tramite un percorso di ricerca e sviluppo, o meglio, di autoricerca e autosviluppo. Detto questo, e tornando al passaggio di Capra da te citato, l'autore parla qui di Śiva più come Spinoza parlava della Natura. E non penso che lui "voglia essere creduto". Questa mi sembra più una tua interpretazione.

MISHA. Per essere pieno di mistici, non mi sembra vero che l'Occidente abbia dato meno spazio alla ricerca. Cfr. Elémire Zolla, *I mistici dell'Occidente*, gli Adelphi (due volumi). Il problema dell'Occidente (e di noi che stiamo parlando, io e lei) è quello di aver dimenticato i suoi Padri, di non conoscerli, di trascurarli acriticamente e aprioristicamente a favore di una moda, L'ORIENTE, o – ancora peggio – a sostegno di un pregiudizio "anticristiano" e "antioccidentale", tanto da non accorgersi che, dal punto di vista spirituale, anche l'Oriente ha avuto un grande problema di "riduzionismo": la chiusura "all'interno", e la mancanza di proiezione esterna delle proprie scoperte "interiori". Io le parlavo tempo fa di Tatiana Goričeva e pubblicai una "nota", dove ella spiega anche il perché siamo affascinati dalle tecniche orientali.[10] Ma ella spiega anche come si convertì al cristianesimo, quando vide che il suo amico bagnino sulla spiaggia ritenne più importante la propria esercitazione yoga (per il fantomatico raggiungimento della "luce") che non la richiesta di aiuto di un bagnante che stava affogando: la "tecnologia" occidentale, prima di diventare "tecnocrazia", è nata come "mezzo" di soccorso al prossimo che ci circonda. Non a caso gli ospedali, ad esempio, sono nati in Occidente, in ambito cristiano. Cosa che non poteva accadere in ambiente "interiorizzato" come l'Oriente.

MAKSIM. Che l'occidente abbia dimenticato i suoi padri, è possibile. Che le vie spirituali orientali siano affette da "chiusura

---

[10] *AutoRicerca* - Numero 9, Anno 2015, pagina 54.

all'interno", ne dubito. Vedi l'esempio della compassione, che è uno dei pilastri delle dottrine e pratiche religiose buddiste.

MISHA. Parlavo degli ospedali, "compassione" istituzionalizzata. Ma anche di persone come Madre Teresa di Calcutta, compassione incarnata in individuo e proiettata verso il prossimo. Quando parlo di "proiezione all'esterno", non metto in dubbio la compassione buddista per gli altri, ci mancherebbe. Ma come l'hanno incarnata gli orientali? Lei ha degli esempi concreti, oltre l'etimologia di "compassione"? Lei può aggirare l'ostacolo dicendo che "lo spirito" è più del "corpo", ma non sarebbe per me una risposta adeguata, sarebbe ancor di più una astratta risposta "orientaleggiante"!

MAKSIM. Che io sappia, i primi luoghi dove si guarivano i malati erano i templi e altri santuari, e questi anticamente erano presenti soprattutto in oriente e medio oriente. Ma perché contrapporre oriente e occidente?

DISTINZIONE E SEPARAZIONE

13 agosto 2014

MAKSIM. Dalla mia prospettiva, solo un'istituzione religiosa che riconosca l'importanza di una chiara separazione dallo stato può dirsi moderata.

MISHA. Distinzione, non separazione. L'unica religione che teorizza esplicitamente la distinzione tra autorità spirituale e potere temporale è il cristianesimo. Poi, chissà perché, la distinzione viene unilateralmente letta come una "garanzia" del potere temporale contro gli arbitrî dell'autorità spirituale, mentre essa contiene un'altra garanzia fondamentale, particolarmente attuale ai nostri giorni: quella contro la prevaricazione del potere temporale sulla vita spirituale e la religione.

MAKSIM. Distinzione *e* separazione. Distinzione senza separazione me la dovresti spiegare.

MISHA. La "distinzione" è il riconoscimento della costituzione delle parti in un tutto: quindi è una "separazione" che fa la ragione per meglio comprendere una totalità, nelle sue "autonome" componenti; la "separazione" è una divisione reale, dove le "parti" della totalità vengono rese da autonome a "indipendenti" l'una dall'altra, eventualmente illudendosi che ognuna possa avere vita propria. Distinguere la testa dal resto del corpo è una cosa; staccarla, alla maniera jihadista, è una cosa ben diversa! La distinzione tra autorità spirituale e potere temporale significa riconoscerne le precipue funzioni all'interno di una unica finalità per entrambi. L'esempio che lei si attende, come è giusto, è quello relativo all'oggetto del post: l'istituzione religiosa. La confusione tra "istituzione" religiosa e Stato porta ai regimi integralisti, "teocratici", in cui le leggi dello Stato vengono desunte direttamente dalle "Sacre Scritture"; la separazione porta due danni attualissimi: dalla parte della religione, separata dallo Stato, si va verso il fondamentalismo; dalla parte dello Stato, ri-

151

spetto alla religione, si va verso lo statalismo (da una parte, l'onnipervadenza della religione, con annesso clericalismo, dall'altra, l'onnipervadenza dello Stato, con annesso totalitarismo). La DISTINZIONE tra autorità spirituale e potere temporale significa lasciare che ambedue svolgano completamente e bene la loro precipua funzione, senza confusione e senza separazione: l'autorità spirituale educa le coscienze a tenersi vigili sulla legge morale, il potere temporale "applica" liberamente alle circostanze storiche le decisioni che scaturiscono "liberamente" da quella "vigilanza". Se la Chiesa, per non farti dormire mentre guidi, ti dà qualche gomitata col suo Magistero, mica ti dice come devi guidare e dove devi andare! Il guidatore di un Paese o di un Comune ha una funzione distinta, ma non separata, da quella del prete. Il prete ti dice: "Non rubare" e il messaggio lo attualizza nelle sue omelie: "Non evadere le tasse", "non rapinare una banca per aiutare i poveri", chiamando il furto "esproprio proletario"; il "laico" cerca di rendere efficace il comandamento ascoltato innanzitutto attualizzandolo nella propria vita (se è un imprenditore, si rassegna a ottemperare alle leggi) e poi attualizzandolo nella comunità (se è un politico, cerca di fare leggi adeguate a limitare o combattere l'evasione).

MAKSIM. Se le diverse istituzione religiose, e le altre organizzazioni di natura spirituale (e più generalmente di utilità sociale), sono libere di promuovere sul territorio la loro visione, automaticamente, non ci sarà divisione, in quanto chi opera in "ambito temporale" avrà comunque avuto la possibilità di ricevere numerosi insegnamenti etico-spirituali, ad esempio a scuola, nello studio del pensiero dei filosofi, o nell'analisi comparata delle religioni, oppure seguendo la tradizione spirituale della propria famiglia, e in seguito, in età adulta, promuovendo nella propria vita una possibile pratica spirituale. Quindi, dalla mia prospettiva, è necessaria la piena autonomia delle parti, essendo che tale autonomia è comunque di fatto relativa: le istituzioni religiose devono sottostare alle leggi della società civile, al pari di ogni altra organizzazione (quindi non tutte le pratiche sono ammesse), pur potendo indirettamente contribuire all'educazione (spirituale) di chi poi scriverà quelle leggi. Nel caso dell'Italia, e di numerosi altri paesi, ciò si traduce, semplicemente, con la fine dei cosiddetti concordati, come auspicato credo anche dai cattolici cosiddetti-liberali.

MISHA. Lasciamo stare il Concordato che ha ragioni e cause storiche, che c'entrano poco con le questioni di principio qui dibattute. Non ho detto altro che questo: "autonomia, non indipendenza", che è impossibile. Quanto alle leggi civili, forse lei voleva dire che i rappresentanti del clero devono rispettare le leggi come tutti, e questo già è richiesto dai normali ordinamenti. Ciò che invece è ambiguo è scrivere: "le istituzioni devono sottostare alle leggi della società civile". Sarebbe come dire che, mentre è anormale la sottomissione del potere temporale all'autorità spirituale, sarebbe normale la sottomissione dell'autorità spirituale al potere temporale. Il che significa invertire allegramente la retta relazione che ci deve essere tra anima e corpo: il corpo padrone dell'anima e non viceversa. Risultato non proprio eccellente per chi, volendo evitare la schiavitù dalle pretese clericali, accetta il giogo ben più pesante della sottomissione al politico di turno!

MAKSIM. Il tuo commento Misha mi permette di aggiungere un punto essenziale. Questa separazione tra temporale e spirituale è più che altro un artificio nella nostra testa. Nel senso che gli uomini di buona volontà, alla guida di un paese, quando legiferano, indubbiamente fanno appello anche a qualità spirituali (idealmente se non altro). Non è che uno stato laico non sia anche spirituale, nel senso di animato da ideali spirituali universali. Semplicemente, eviterà di associare questi ideali a un particolare sistema di credenze religiose, in quanto tali credenze sono "inevidenti" e quindi non imponibili ad altri su base oggettiva.

MISHA. Questo lo abbiamo già discusso: si tratta di capire se esiste o non esiste una "morale naturale oggettiva" che, per essere indipendente da tempi e luoghi, è per tutti vincolante, senza distinzione di chiese e partiti. Ho anche già dichiarato che questa morale, per nostra fortuna e a salvaguardia proprio di ogni libertà dai soprusi, c'è! La Chiesa la sintetizza nel Decalogo. Il Decalogo non è la legge dei cristiani, ma la legge morale naturale universale. Lo è, mi piaccia o no! Riconoscerla è un atto spassionato dell'intelletto, non una tendenza impulsiva o repulsiva della sensibilità!

MAKSIM. Di quale decalogo parli, Misha? Quello originale dell'Antico Testamento o l'edizione che la Chiesa ha modificato per adattare i comandamenti alle proprie necessità? Se non erro, il comandamento numero 2 originale (quello che dice "non ti farai idolo né immagine alcuna...") è stato stralciato di netto e, per non ritrovarsi poi con nove comandamenti, il decimo è stato diviso in due parti. Ora, se anche la Chiesa altera a suo piacimento il contenuto dei "comandamenti" originali, non sarebbe più prudente riconoscere che, se una morale universale davvero esiste, non solo sarebbe ancora da individuare, ma anche che una volta individuata questa non sarebbe comunque, nella sua formulazione assiomatica, in grado di dirci cosa fare nelle determinate circostanze della vita? È un po' come il principio di conservazione dell'energia. Anche se so che è rispettato (fino a prova del contrario), di certo non è sufficiente per risolvere tutte le equazioni di un problema pratico di fisica, soprattutto quando questo ha a che fare con una realtà molto complessa e articolata.

L'ERRORE DI CARTESIO

15 agosto 2014

MAKSIM. Spesso si afferma che "la mente ci mente". Ma a dire il vero non è che ci mente. Più semplicemente, ci dimentichiamo che è solo uno strumento nelle "mani" dell'Essere. I problemi cominciano quando ci dimentichiamo di questo semplice fatto. È l'errore di Cartesio. Non è: "penso dunque sono", ma "sono dunque penso" (o meglio: "sono dunque posso imparare a pensare").

MISHA. Le frasi ambigue aiutano poco la comprensione: perciò non riesco a capire che cosa significhi precisamente che la mente è uno strumento nelle mani dell'Essere, per di più maiuscolo. Sembra un'entità religiosa, non meglio identificata. Parentesi: concordo sul fatto che "sono e dunque penso" e non viceversa, ma, quando Cartesio dice "penso", fa riferimento soprattutto all'autocoscienza, che è l'elemento centrale dell'attività spirituale. Da Cartesio in poi spariscono gli oggetti dell'attività spirituale, ma si approfondisce la natura di questa attività. Chi fa ricerca della "vita interiore" non dovrebbe vedere in questo una "evoluzione"?

MAKSIM. Il punto centrale, Misha, è il seguente: posso essere presente a me stesso a prescindere dalla mia attività mentale, intesa qui nel senso ordinario della mia attività pensante? Posso osservare il flusso dei pensieri che si agitano in me (miei o meno, questa è un'altra questione), senza per questo dover entrare in alcun tipo di valutazione, interpretazione, analisi, riflessione, associazione, ecc.? In altre parole, posso fare esperienza del mio esistere a prescindere dalla mia attività mentale ordinaria? Posso essere autocosciente in assenza di pensiero? Non sto dicendo che non possiamo usare il pensiero anche come strumento per promuovere un flusso di autocoscienza, cioè per guardarci, sebbene solo di sbieco, allo specchio; sto semplicemente sottolineando il fatto che il pensiero non è l'unico modo che abbiamo per autopercepirci in modo consapevole. Se in passato, come mi sembra di avere capito, ti sei avvicinato alla pratica Zen, questa possibilità, della presenza in assenza di attività mentale (ordinaria), dovrebbe esserti chiara. È il fulcro di ogni percorso di pratica meditativa: osservare il reale, senza fare uso della mediazione dello strumento mentale, in modo diretto, o più diretto, se preferisci.

MISHA. Ma il poter distanziare il pensante dal pensato, l'attività dello spirito dai "prodotti" dello spirito è una capacità riconosciuta sin dagli inizi della filosofia occidentale. Oggi anche la psichiatria la inserisce tra le "tecniche" di guarigione psichica, chiamandola "autodistanziamento". D'altra parte non è mai stata una prerogativa della sola "meditazione orientale", dato che ogni religione sa che ognuno di noi è "due" in se stesso, in combattimento tra loro.

MAKSIM. Quando entriamo in una postura osservativa, il combattimento cessa. O allora, se preferisci, l'osservatore corrisponde a un terzo elemento che, con la sua sola presenza, sottrae energia ai due combattenti.

MISHA. Ma non è, questa, la vecchia distinzione, tripartita, tra corpo, anima, e spirito? Il combattimento non cessa. Lo "spirito", dalla sua "terza dimensione", lo "accoglie" nella propria dimensione, trascendente il piano psicofisico. La lotta non cessa, viene semplicemente "ri-dimensionata". La terza dimensione è la grande assente delle antropologie moderne. Le suggerisco, in amicizia, lo studio delle due "leggi dell'ontologia dimensionale" di Viktor E. Frankl (*www.logoterapiaonline.it*).

UN PASSO AVANTI E UNO INDIETRO

9 settembre 2014

MAKSIM. "Le critiche comunemente rivolte ai fenomeni psi, come ad esempio che "sono fenomeni impossibili", che "non ci sono evidenze scientifiche valide", o che "i risultati sono tutti dovuti a delle frodi", sono state ampiamente respinte da numerose decadi. Queste critiche persistono a causa dell'ignoranza della letteratura specifica, e di pregiudizi consolidati. Oggigiorno i dibattiti scientifici legittimi non si concentrano più sulla questione dell'esistenza dei fenomeni psi, ma sullo sviluppo di adeguate spiegazioni teoriche, sui progressi metodologici, sulla questione della loro "origine", eterogeneità e dimensione del loro effetto, e robustezza della loro replicabilità". [Dean Radin]

MISHA. "Ogni cosa ha il proprio spirito, le cui caratteristiche stanno in rapporto alla funzione della cosa stessa". Era ciò che Aristotele chiamava "forma", "essenza" e che è stata accantonata dalla scienza sperimentale, di cui quella eliminazione era la condizione imprescindibile. «Il tentar le essenze, l'ho per impresa disperata» [Galileo Galilei, lettera a Marco Velseri, 1 dicembre 1612]. Sicché la scienza sperimentale è stata possibile solo al prezzo della arbitraria censura di dimensioni "ultrasensoriali" del reale. La diffidenza verso la conoscenza delle essenze fu accusata di "animismo" da Popper, il quale sostituì, alla pretesa di sapere "che cos'è" una cosa, il cosiddetto "nominalismo metodologico", che risponde piuttosto alla domanda: "Come accade che...". E, detto fra parentesi, a giudicare dalle nostre conversazioni, ho l'impressione che anche lei, caro Maksim, diffidi della conoscenza delle essenze. Poi, non so come né perché, vuole recuperare per la finestra della "esperienza extrasensibile" ciò che ha cacciato dalla porta della "scienza sperimentale"! Ma chi si incammina su questa strada è costretto, a mio avviso, ad "allargare" il concetto di scienza. In questo modo, pensando di "andare avanti", non si fa che tornare indietro, all'epoca dei classici, per i quali "scienza" non era per niente

157

limitata alla conoscenza "fenomenica". Ma ben venga tanto faticoso cammino del pensiero moderno, se ha come sbocco il recupero di una sapienza antica, ben superiore alla scienza positivisti-
camente intesa. Purché si sia consapevoli che la cosiddetta "evoluzione" (se non si può negare) non è un processo così scontato,
specie quando ci si illude di andare avanti mentre in realtà si torna indietro. NON C'È NULLA DI NUOVO SOTTO IL SOLE.

MAKSIM. La scienza, l'ho ripetuto spesso, si occupa sia dei come che dei perché. Infatti, i come e i perché sono intimamente
collegati. Inoltre, dalla mia prospettiva, la ricerca scientifica ha
come scopo quello di svelarci la natura del reale, e non semplicemente descrivere i fenomeni in modo sterilmente strumentali-
stico. Ma la scienza è fatta da uomini, coi loro pregiudizi. Gli
antichi, è vero, s'interessavano anche di "fisica dell'anima", i
moderni invece hanno preferito eludere l'argomento, ma ci
stanno "tornando", piano piano. Il concetto di scienza necessita
di essere indubbiamente allargato, in quanto non ci sono campi
di indagine di cui la scienza non possa interessarsi. Ogni indagine, se portata avanti con il preciso intento di acquisire, con
metodo, informazioni attendibili circa il reale, è per definizione
scientifica. Comunque, non stiamo tornando realmente indietro,
in quanto certi "strati" (piani, livelli...) del reale non sono mai
stati indagati tramite un metodo propriamente critico,
nell'ambito di una ricerca in prima persona, di natura partecipa-
tiva. Pensa allo studio delle esperienze di quasi morte, o delle
esperienze extra-corporee (OBE). Non c'è ragione di non considerare attentamente il contenuto di queste esperienze, e le modalità della loro manifestazione, e cercare di capire che cosa ci
dicono a proposito della struttura e natura del reale in cui siamo
immersi, e della struttura e natura dei nostri veicoli di manifestazione, ossia il fatto che noi esseri-coscienza, a quanto pare, ci
manifestiamo tramite un vero e proprio "olosoma", molto più
vasto del nostro corpo fisico. Lo studio di queste possibilità, note sin dalla notte dei tempi, può avvenire oggi sia in ambito
scientifico (un po' già avviene, ma tramite un approccio troppo
riduttivo e con troppi pregiudizi) sia in ambito religioso. Infatti,

se è vero che sia la scienza che la religione sono interessate alla verità, allora queste esperienze dovrebbero essere attentamente studiate da entrambe. Quindi, è necessario recuperare la sapienza mistica antica, e in parte demistificarla, e integrare nella nostra ricerca gli strumenti più moderni, propri al metodo critico (scientifico). Ma non da intendere nel senso limitato di una ricerca solo in terza persona. Ciò non è possibile quando il soggetto dell'indagine è la coscienza stessa. In conclusione, la scienza moderna un po' deve tornare indietro. Hai perfettamente ragione. D'altra parte, le istituzioni religiose hanno a loro volta un enorme bisogno di fare un passo avanti, e cominciare a indagare il contenuto dei loro credo, onde apportare le correzioni del caso.

MISHA. Caro Maksim, l'inafferrabile! Non posso dire di aver capito il suo commento, ma piuttosto di esserne confuso, a partire dalla questione del "come" e del "perché". A meno che non mi dia una definizione chiara di "scienza", "religione", "sapienza mistica" e "metodo critico", che nel suo ragionamento (o nel mio comprendonio) si mischiano confusamente. (Senza contare "l'olosoma"). Ma se tutti possono fare tutto e se tra scienza mistica e religione non ci sono differenze o reciproche limitazioni, definirle sarà un po' difficile; specie poi se usano lo stesso non meglio identificato "metodo critico"! Se, poi, quando si parla di "metodo critico" si intende dire che in ogni esperienza (sia della natura esteriore che di quella interiore) bisognerebbe conservare la "padronanza consapevole razionale", allora si dà per scontato qualcosa che è tutta da dimostrare: la superiorità della ragione su ogni esperienza. Ma si sa che tante esperienze interiori (per esempio quelle "in trance") eludono ed escludono la ragione e il controllo critico, non secondo chi le fa, ma per definizione. Quindi, andrei cauto, se non altro, sia quando si parla di "mistica" sia quando si parla di "controllo critico", mettendo tutto nel calderone "scienza": la capacità di dominare per mezzo della ragione forze superiori alla ragione umana è una pretesa che sfocia nella "magia" (il regno del "potere") che con la scienza (il regno del "sapere") ha poco da spartire.

159

Luoghi senza ritorno: tempo, libertà, coscienza

21 settembre 2014

MAKSIM. Credere nelle forze di opposizione non è difficile, le incontriamo quotidianamente, dentro e fuori di noi. Ma ritenere reale un luogo di sofferenza eterno, da cui non sarebbe possibile fare ritorno, equivale a negare a ogni essere-coscienza la capacità di riparare i propri errori, imparare da essi e progredire, in ogni istante della propria vita, su ogni possibile piano di esistenza.

MISHA. Caro Maksim, il minimo che si deve pretendere da uno come lei su questi temi è 1)-l'apertura intellettuale; 2)-un approfondimento che la tenga almeno al riparo dalla superficialità (l'inferno non è un "luogo", è uno "stato" di esistenza, una "dimensione"); infine, un dialogo senza pregiudizi e anche... un po' di prudenza (che non guasta quando si attraversano "campi minati"), con l'aggiunta di una meditazione più attenta sulla "libertà umana" che ha il potere di spingersi a dimensioni "incredibili". Un'annotazione di passaggio: la dottrina sull'eternità delle pene permette, tra l'altro, una considerazione meno retorica sia del significato del tempo, sia del senso dell'essere coscienza e sia della serietà della "responsabilità". Ognuna di queste tre (o quattro) parole: TEMPO, LIBERTÀ, COSCIENZA, RESPONSABILITÀ (su cui tante volte si disquisice "pour parler") risaltano allo spirito nella loro reale profondità e gravità se viste sullo sfondo dell'eternità che ci attende. Il tempo e la storia sono "il luogo" del pentimento, del perdono e della misericordia; l'eternità è, invece, il luogo e il tempo della giustizia definitiva. In vita facciamo sempre in tempo, fino all'ultimo respiro, a "tornare sui nostri passi", ritornare, o – come dice lei – "riparare i propri errori, imparare da essi e progredire". In morte "NON C'È PIÙ TEMPO", "il tempo è scaduto". E anche il gioco del "rimandare a domani" con le presunte vite future è un giocattolo per bambini, un autoinganno, che rilassa e illude la coscienza e non le fa vedere lucidamente il peso e il valore delle sue azioni! Ma il Dio personalissimo (non "forza cosmica anonima") non è un ragioniere e non giudica dai risultati, dal "do ut des" deterministico di un meccanismo a orologeria come il karma. Per il Dio-Padre il risultato non conta, contano le "intenzioni", le disposizioni dell'anima, la fede, la buona fede, lo sforzo sincero di figli impasticciati nei propri limiti! Nel mondo della ragioneria delle azioni e reazioni non c'è né umanità né divinità; nel seno del Padre che ci ama c'è il sorriso bonario di chi ci conosce e, per un solo atto buono (come ricorda il Manzoni nei Promessi Sposi) è disposto a chiudere gli occhi su mille cattiverie commesse. Diceva Sant'Agostino, per instillare nell'animo il giusto atteggiamento di fronte a quelli che lei chiama errori e che il cristianesimo chiama più propriamente "peccati" (in quanto deficienze non dell'intelletto ma della volontà): «Prima di peccare pensa alla giustizia di Dio, dopo aver peccato pensa alla misericordia di Dio». Prima di peccare, per non presumere; dopo aver peccato, per non disperare! Come vede, anche qui è questione di punti di vista: la coscienza, lungi dall'essere mortificata dalla seria possibilità delle pene eterne, ne viene risvegliata, fortificata, spronata alla vigilanza! E come una qualsiasi cosa più è unica e rara e più acquista valore e ci chiede un prezzo, così è anche la vita: UNA e se è UNA SOLA, la trattiamo per quello che effettivamente è: un tesoro inestimabile!

MAKSIM. Caro Misha, il tuo punto 1) mi sembra leggermente gratuito e anche un po' *ad hominem*, ma forse mi sbaglio: mi spiegherai meglio, quando avrai tempo, in che cosa questo mio post sarebbe sintomo di poca apertura mentale. Il tuo punto 2) sembra non contemplare la possibilità per la parola "luogo" di essere intesa anche nel senso di un "luogo nello spazio degli stati". Spero non pensavi davvero che intendessi parlare di un luogo nello spazio tridimensionale euclideo della nostra esperienza ordinaria. Ovviamente, si tratterebbe di un luogo extrafisico, su un altro piano di esistenza. Per il resto di quello che scrivi, l'assunto totalmente ingiustificato, e difficilmente giustificabile, è che la scelta del male possa radicalizzarsi, come per magia, in modo del tutto irreversibile, al momento della morte del corpo fisico, e che da quel momento in poi, da quella scelta, la coscienza non possa fare più ritorno. Questo modo di pensare è il frutto di una conoscenza molto approssimativa di ciò che accade alla coscienza al passaggio della morte fisica. Per questo la Chiesa avrebbe così tanto da guadagnare, ritengo, nel ritornare a fare un po' di ricerca seria su questi temi, e correggere alcuni degli evidenti errori storici insiti nei suoi insegnamenti. Ad esempio, tutti gli studi sulle esperienze di quasi morte (NDE), e più generalmente sulle esperienze fuori del corpo (OBE), indicano una perfetta continuità di coscienza al momento della morte del corpo fisico, e una totale assenza di processi di radicalizzazione della propria condizione. Infatti, la morte del corpo fisico non è la morte della coscienza, che semplicemente continua a manifestarsi attraverso un veicolo più sottile, tra l'altro descritto in tutte le tradizioni del pianeta. Detto questo, concordo con te che la vita sia un tesoro inestimabile, di cui siamo responsabili, e il fatto che vi possano essere più vite fisiche (serialità esistenziale) non costituisce certo un "giocattolo per bambini"; semmai un "giocattolo per adulti", proprio perché, senza la minaccia infantile di un illusorio fuoco eterno, abbiamo la possibilità realistica di assumerci le nostre responsabilità e rendere conto, nel divenire della nostra vita multidimensionale, di ogni nostra azione-intenzione, e riconoscere, quando siamo lucidi a sufficienza, che il momento più vantaggioso per incominciare a farlo è: Adesso.

MISHA. Ai posteri l'ardua sentenza. Il primo punto era *ad hominem* soltanto nel senso che il suo post – e altri – manifesta una chiusura sospettosamente sistematica verso la tradizione cristiana, occidentale e cattolica; per il resto è apertissimo a tutto, ma non ho mai messo in dubbio la sua intelligenza. Diciamo che anche lei – essere umano come tutti – è un po' prevenuto intellettualmente verso ciò che non le piace.

MAKSIM. Esiste un'altra possibilità: che la tradizione cattolica sia chiusa, e un po' prevenuta, verso ciò che non le piace. È il rischio che si corre quando una dottrina diventa troppo rigida: teme di spezzarsi, al più piccolo colpetto, e di conseguenza si arrocca. Personalmente non ne faccio una questione di tradizioni, o di chiese, quello che mi interessa è la verità, e gli strumenti che ci consentono di avvicinarci ad essa, primo tra tutti quello della ricerca.

MISHA. Riguardo al "luogo nello spazio degli stati", mi sembra una di quelle frasi da "giocoliere" più adatte a uscire dall'impasse che non a dare spiegazioni comprensibili a menti non allenate a-gli iperurani. Per quanto riguarda poi "l'assunto totalmente ingiu-stificato e ingiustificabile", più che gli studi di pre-morte (che riescono soltanto a portare acqua ai mulini di tutte le religioni, compreso il cattolicesimo), la Chiesa usa da secoli un metro più terra terra per insegnare che cosa c'è dopo la morte: l'esperienza quotidiana come indizio e la testimonianza autorevole (per "rive-lazione") di chi all'inferno c'è stato. Lei non scopre niente di di-verso dalla Chiesa quando dice che c'è "una perfetta continuità di coscienza al momento della morte del corpo fisico", ma da que-sto non si può "dedurre scientificamente" una trasmigrazione dell'anima di corpo in corpo: è una illazione questa sì ingiustifi-cata o quantomeno una fede come un'altra. L'applicazione rigo-rosa della razionalità alla spiritualità è stata già fatta con profitto nel mondo greco e medievale, perfezionata da Aristotele dopo le "fantasie" di un genio come Platone che, per spiegare la cono-scenza, ha dovuto far ricorso al mito e all'ipotesi ("ingiustificata" razionalmente) della preesistenza dell'anima al corpo. Io non le chiedo di condividere, ma solo di non far passare per frutto di ri-cerca razionale e scientifica UNA FEDE come un'altra. E di usare prudenza nell'utilizzare la parola "approssimativa" per la Chiesa, che mai ha dato qualcosa per scontato. D'altra parte è proprio questo il segreto della sua millenaria durata, e non certo il "pote-re" becero dei suoi cardinali o i loro pregiudizi scientifici. Deve sapere che molte conversioni sono avvenute al cattolicesimo dal mondo degli scienziati paranormali o occultistici: interroghi loro e continui la sua ricerca.

MAKSIM. Parli di "esperienza quotidiana come indizio..." Per l'appunto, Misha! L'esperienza quotidiana ci dice che in ogni momento possiamo cambiare strada, e tornare sulla retta via, semmai l'abbiamo smarrita. Non ci dice: "da oggi, lunedì 22 settembre, allo scoccare della mezzanotte, il tuo stato verrà cristallizzato per l'eternità!" Petrificus Totalus!, direbbe Harry Potter! Ad ogni modo, per la questione terminologica, il termine "spazio" e di conseguenza "luogo" viene usato in modo astratto in moltissimi ambiti: la matematica è piena di spazi, e la fisica altrettanto, poi ci sono gli spazi e i luoghi della mente, ecc., quindi mi sorprende la tua obiezione.

MISHA. Un aiutino per una ricerca a 360 gradi, per chi ha la fortuna di leggere lingue diverse dall'italiano: Egon von Petersdorff (1892-1963), una figura di primo piano nella storia della demonologia, ex occultista e parapsicologo che si convertì al cattolicesimo, divenendone una delle voci più autorevoli e ascoltate in questo settore (vedi ad esempio l'articolo Don Pietro Cantoni: *www.santiebeati.it/dettaglio/95146*).

MAKSIM. Ho letto alcuni pezzi dell'articolo da te linkato. Una personalità non molto serena, e direi anche non molto equilibrata. A tratti anche ingenua. Indubbiamente gli è mancata una guida. Ho piacere che nella conversione al cattolicesimo abbia trovato un po' di pace, o quasi.

MISHA. Non poteva essere diversamente! Da un punto di vista "razionale", è l'unica spiegazione "scientifica" possibile: uno squilibrato, ingenuo e senza guida, non può che prendere il cattolicesimo per un sedativo! Siamo tutti contenti per lui, poveretto! Ma non le viene in mente nessuna altra ipotesi di lavoro per questo caso "umano"? Eppure un'altra, in alternativa a questo giudizio sommario, se ne potrebbe fare! E, come per una teoria scientifica un po' più adeguata, metterebbe a posto molto meglio tutti i tasselli: il tormento della personalità, lo squilibrio, l'ingenuità e anche la mancanza di una guida. In ogni caso, quello che volevo comunicarle di importante si trova nel mio secondo commento, sul TEMPO, la LIBERTÀ, la COSCIENZA e la RESPONSABILITÀ: alla luce degli argomenti che ho addotto, mi sembra molto superficiale credere a quello che lei sentenzia nel post: e cioè che «ritenere reale un luogo di sofferenza eterno, da cui non sarebbe possibile fare ritorno, equivale a negare a ogni essere-coscienza la capacità di riparare i propri errori, imparare da essi e progredire, in ogni istante della propria vita, su ogni possibile piano di esistenza». Potrebbe perfettamente essere il contrario: che proprio l'impossibilità di duplicare le vite, renderebbe la coscienza più sveglia e ci renderebbe più responsabili su questa unica che abbiamo. È una ipotesi che lei non può liquidare acriticamente, perché per essere coscienza e riparare ai propri errori basta e avanza il tempo che ci rimane da vivere. Basterebbe vigilare sulla vita attuale ed evitare accuratamente di rimandare a un domani da morti il redde rationem, mimetizzati in un altro corpo o in cento altri corpi, dove cercarci nella continuità del nostro io sarà per chiunque un impossibile grattacapo! Sintesi finale della plausibilità della mia ipotesi, contraria alla sua: solo ciò che rende definitiva e irrevocabile la nostra morte può essere seriamente in grado di valorizzare al massimo la nostra vita! E con essa la coscienza e la libertà responsabile!

MAKSIM. La tua sintesi è perfetta, Misha, e la sottoscrivo pienamente. L'unica differenza è che per me la morte è solo la morte del corpo fisico; ma la conclusione resta la stessa. Infatti, per valorizzare al massimo la nostra vita intrafisica è sufficiente rendersi conto di quale immane opportunità di crescita questa rappresenti. Ed essendo ogni vita intrafisica un'opportunità irripetibile, non nel senso che non ve ne siano altre, ma nel senso che le opportunità che abbiamo oggi sono irripetibili, e non si ripresenteranno più allo stesso modo, ai fini pratici è come se avessimo una vita sola, sebbene i dati a nostra disposizioni (ottenuti tramite ricerche in prima e terza persona) lascino supporre che esiste la possibilità (sebbene non la necessità) di molteplice esperienze di vita intrafisica. Detto questo, Misha, il punto importante è un altro: una coscienza sufficientemente matura non cercherà di autoingannarsi. Non cercherà di strumentalizzare l'idea della serialità esistenziale (reincarnazione) per giustificare il suo procrastinare. Se lo fa, vuol dire che la sua comprensione di questi temi è molto superficiale. Una coscienza matura si muove cercando di massimizzare, in ogni momento, il suo potenziale, e le opportunità che le sono offerte. Allo stesso modo, un individuo immaturo troverà sempre, entro ogni sistema di pensiero, una scappatoia per non confrontarsi con le proprie responsabilità, cioè con le difficoltà della crescita, che questo sistema contempli una o più vite fisiche, non fa alcuna differenza.

MISHA. L'inghippo c'è ma non si vede e si nasconde in questa frase: "una coscienza sufficientemente matura non cercherà di autoingannarsi". L'unica strada che i santi conoscevano per non autoingannarsi (e Dio solo lo sa – e chi ci è passato – com'è facile l'autoinganno per le vie dello spirito) era quella di rimettere la loro esperienza nelle mani dell'"autorità costituita". Altrimenti mi dica lei come si fa, senza un criterio oggettivo ed estrinseco, a stabilire la "sufficiente maturità" di una coscienza. I santi tutti, alle grandi altezze (vedi Teresa D'Avila, Giovanni della Croce ed altri), scommettono sul "carisma" (non sul "potere") di coloro che sono a tutti gli effetti "i successori degli Apostoli" e non per meriti spirituali o morali di questi, ma per la loro stessa funzione di "custodi delle vie di Dio"! Amico Maksim, nessuno può essere mai giudice in propria causa, altrimenti neppure per prendere una laurea dovremmo essere costretti a farci esaminare da un pinco pallino qualsiasi, che magari ha comprato la cattedra con l'imbroglio (come potrebbe fare anche un vescovo per la sua "carriera"). Lei può credere legittimamente quello che vuole, e grazie a Dio nessuno ha il diritto di conculcare la "libertà religiosa" di nessuno, nemmeno i preti. Ma qui il problema è che lei si rifiuta dentro di sé di riconoscere che si tratta di una "fede" come un'altra, e il rifiuto deriva dal fatto che lei, della "vita extrasensoriale", pretende di addurre "prove scientifiche", vale a dire inconfutabili, sia pure fino a prova contraria! Ma – come le ripeto spesso – lei non tiene conto che il metodo di indagine "razionale", nato per indagare "il sensibile", rischia di andare in tilt se quel metodo si ostina ad andare per sentieri non suoi. Lei lo sa che questo è il motivo per cui Virgilio (la ragione) abbandonò Dante nelle mani di un'istanza superiore (Beatrice, la fede, la "verità rivelata") quando dovette

varcare regni "superrazionali". Si possono certamente sperimentare livelli superiori di coscienza, ma quei livelli PULLULA-
NO di "fantasmi", illusioni, penose sublimazioni del nostro spirito il quale, quando si sgancia dalla materia, tende a fare come
l'aquilone sfuggito dalle mani del bimbo: SI PERDE! Lei non incontrerà mai nessun santo, a nessun livello di elevatezza spirituale, che non si sia affidato e non si affidi totalmente alla Chiesa
per il "discernimento" della propria esperienza spirituale, perché dentro quell'esperienza è impervio l'equilibrio, anche mentale, man mano che si sale dalla "terraferma", senza appoggi.
Per essere realisti (cioè stare legati alla realtà) è sempre consi-
gliabile farsi fissare per bene i piedi per terra, altrimenti si rischia di prendere per "spirituale" qualcosa d'altro! Allora i casi
sono tre: o io accolgo in me tutte le esperienze che faccio, senza
discernimento: o io accolgo selezionandole sulla base di un discernimento soggettivo e insindacabile; oppure infine mi rimet-
to a chi è preposto al discernimento per un mandato che gli viene dall'esterno e dall'alto! I santi, per non sbagliare, hanno scelto sempre la terza strada!

MAKSIM. Caro Misha, una coscienza matura è tale proprio perché è anche in grado riconoscere, in determinati momenti della
propria vita, di necessitare dell'aiuto di qualcuno di esterno per
vedere con più chiarezza il proprio cammino. Quanto alla "funzione di custode delle vie di Dio", purtroppo, come la storia ci
insegna, tale funzione non rappresenta in alcun modo una garanzia di discernimento. Quindi, la maturità sta anche nel riconoscimento che ci muoviamo in un ambito di incertezza, e che
non ci sono metodi infallibili per non sbagliare. Fare affidamento a qualcuno può essere di grande aiuto, o rappresentare il più
insidioso degli ostacoli, a seconda della maturità, lucidità (e carisma se vuoi) della persona cui facciamo affidamento. Per dirla
in un altro modo, il "santo" ha bisogno del "custode", ma anche
il "custode" ha bisogno del "santo". C'è un bel libricino, purtroppo solo in francese, che mi sento di consigliare a chi ci legge, scritto da Daniel Odier. Il titolo è molto evocativo: "Le
grand sommeil des éveillés", ossia, "il grande sonno dei risve-

gliati". Che in ambito cristiano potremmo traslare in: "il grande sonno dei custodi delle vie di Dio". Per il resto, mi sorprende che, dopo le innumerevoli discussioni che abbiamo avuto sul tema della ricerca scientifica, tu ancora mi tiri fuori il concetto illusorio di "prova scientifica inconfutabile". Tra le tante illusioni, perché non cominciare a liberarci di questa? Sarebbe un buon punto di partenza. Le uniche prove di cui si occupa la scienza sono le "dimostrazioni dei teoremi matematici". A parte questo, nella sua accezione più fondamentale, la scienza non si occupa di prove, ma di spiegazioni (teorie scientifiche), che a loro volta si fondano sui dati delle osservazioni raccolte.

UNO SCOPO ELEVATO

24 settembre 2014

MAKSIM. «La vita ci è data per un scopo elevato e tutti insieme siamo tenuti a servirlo: in ciò consiste la nostra ragione d'essere. Tutti gli uomini senza eccezione sono "schiavi di questa grandezza"». [Georges I. Gurdjeff]

MISHA. Condivido. Il catechismo della Chiesa Cattolica lo ha sempre insegnato a grandi e piccini, anche prima che Gurdjeff nascesse; ci insegnavano la formuletta a memoria, per non dimenticare, prima che diventassimo "adulti" smemorizzando tutto. DOMANDA: «Per qual fine Dio ci ha creati?» RISPOSTA: «Dio ci ha creati per conoscerlo, amarlo e servirlo in questa vita e poi goderlo nell'altra in Paradiso». [Catechismo di San Pio X, n.13]

MAKSIM. La cosa che apprezzo di questa citazione di Gurdjeff è il fatto che menziona una grandezza, e uno scopo, senza specificare di che grandezza e scopo si tratti, evitando cioè di creare possibili false identificazioni.

ZAN. Certo, la frase lascia a chiunque la possibilità di relazionarsi e identificarsi. Però se non si definisce lo scopo elevato (ognuno ha il/i suo/i) risulta un attimo difficile servirlo.

MISHA. La cosa più problematica di questa citazione è proprio l'ambiguità o, se si vuole, il suo formalismo etico, un recipiente vuoto (senza contenuto), che ognuno riempie come vuole: sicché resta giustificato anche Hitler perché grande era per lui l'ideale di cui era schiavo. Ma c'è un grosso equivoco quando si pensa che si debbano evitare "false identificazioni" nel parlare di Dio (anche se forse Maksim voleva dire semplicemente "identificazioni", se per lui ogni identificazione è falsa in quanto tale, come afferma in altri suoi post): come tutti nascono "umani", senza timore di identificarsi con l'umanità, così tutti nascono per servire Dio, ma ognuno ha un suo proprio modo personale, unico, irripetibile, singolare, speciale di farlo. È assurdo voler scongiurare un'identificazione con l'Assoluto, che è impossibile e che perciò sarebbe "falsa" per definizione. È altrettanto assurdo, come fa notare Zan, non identificare il proprio scopo (il proprio "modo" di servire Dio), lasciandolo nelle nebbie della indistinzione e dell'irrealizzabile!

JANA. Lo scopo elevato è essere.

MISHA. Sarebbe per me uno scopo incomprensibile, se il verbo essere non fosse una copula bisognosa di un predicato nominale: essere buono, essere giusto, essere santo, essere perfetto, essere paziente, ecc. Se invece si usa "essere" come predicato verbale, sembra quasi che lo scopo più elevato sia vivere o – peggio – sopravvivere.

MAKSIM. Hai perfettamente ragione, Zan, è necessario rendere manifesto ciò che è non-manifesto, ossia, attualizzare il potenziale corrispondente a quella infinita grandezza che in parte abita anche in noi. Ma ovviamente, a seconda dei contesti, delle persone, dei periodi storici, del livello evolutivo di una coscienza, quel potenziale verrà attualizzato in modo diverso. L'assistenza al prossimo, nelle diverse forme che essa può assumere, è certamente una nota fondamentale in questo processo di attualizzazione del nostro (e altrui) potenziale. Caro Misha, quel "contenitore vuoto" non può essere riempito con ogni cosa. La confusione sta qui nel ritenere che ciò che è potenziale, perché potenziale, sia sprovvisto di attributi. Quel "contenitore vuoto" possiede una sua chiara direzione, che è la direzione evolutiva delle coscienze. E se vogliamo muoverci lungo quella direzione, dobbiamo imparare a distinguerla, a percepirla, con il "sensore" del nostro essere, e quindi agirla. A volte, cercare di ingabbiarla entro definizioni troppo anguste, può essere il modo perfetto per perdere contatto con essa. Jana a questo proposito ci ricorda, come faceva tra l'altro con forza Gurdjeff nei suoi insegnamenti che, prima di poter essere qualcosa, o qualcuno, dobbiamo poter essere, semplicemente.

"Essere" non è né "vivere" né "sopravvivere"; "essere" è abitare consapevolmente e lucidamente la nostra vita; "essere" è presenza a noi stessi; "essere" è la possibilità di invitare quella grandezza nella nostra vita, che non è vita se non è vita autoconsapevole.

JANA. Superare i nostri limiti è la via per essere in Dio.

LLORA. È difficile trovare un punto d'intesa quando si è così fissi ognuno nel proprio credo, apparentemente così lontano ma in realtà non tanto; è solo questione di un "tac", un'intuizione improvvisa, e allora, pur restando ognuno nel proprio credo, la visione diventa più ampia.

MAKSIM. Se c'è una cosa che cerco con ogni forza di evitare, Llora, è proprio di "fissarmi" in un credo. Questo naturalmente non significa non riconoscere nel proprio cammino quei punti saldi che corrispondono a ciò che ognuno di noi ha avuto modo di sperimentare stabilmente, e comprendere, sia nell'ambito di una ricerca personale (interiore) che interpersonale (esteriore). Quanto all'intesa, questa resta difficile anche quando non si è "fissi" in un credo. Semplicemente perché le persone hanno sperimentato cose diverse, in ambiti diversi, cui hanno attribuito interpretazioni diverse. Un passo importante della nostra ricerca sta nel riconoscere che osservazione e interpretazione non sono la stessa cosa. A volte è necessario tornare al livello base della pura osservazione, che per l'appunto è priva di uno scopo, alfine di "guardare" nuovamente e scorgere, forse, qualcosa di veramente nuovo. È quel "tac" di cui parli, che a volte è sì improvviso, ma altre molto, ma molto, graduale.

LLORA. Con il termine "fisso" mi riferivo appunto ai punti saldi di ognuno, che giustamente ci sono e servono da guida o scopo all'interno di un percorso (e che tra l'altro possono essere mutati, sia i punti saldi che il percorso) non intendevo affatto dire che qualcuno qui è "fissato", in questo c'è una connotazione negativa che non intendevo. Con il "tac" invece, mi riferivo proprio a un'intuizione improvvisa e illuminante, una prima porta, che poi certamente ne apre altre in modo graduale, come dici tu, e il cammino è lungo per arrivare a una vera comprensione, ma secondo me il cambio iniziale scatta proprio come una molla. ☺

JANA. Maksim, per 'essere' bisogna avere la consapevolezza ben descritta da te sopra, ma anche la coscienza intesa come quel sentire che ci spinge a vivere al di là di noi stessi.

LLORA. L'intesa non c'è perché non si è sperimentato (come dici tu) entrambi quei punti; finché non si e fatta esperienza della stessa cosa, non c'è comprensione autentica, è un po' come parlare tra sordi. E questa è una cosa nella quale mi sto ritrovando spesso ultimamente: parlare con la netta sensazione che dall'altra parte non si capisca di cosa sto parlando. Pazienza, uno continua con la speranza che prima o poi qualche parola arrivi a destinazione. Un po' come fai tu. ☺ Scusate, vorrei aggiungere un'ultima piccola nota: è importante comunque non credere di possedere l'unica verità.

MAKSIM. È la premessa di ogni percorso di ricerca.

JANA. I grandi maestri aiutano. Non sono opinioni inventate sul momento, poi ognuno è libero di credere o meno.

MAKSIM. I grandi maestri aiutano per definizione. Il problema è distinguere i veri dai falsi maestri. Un altro problema è quello di interpretare correttamente le indicazioni dei veri maestri, contestualizzandole nel modo adeguato. Un altro problema ancora, quando si parla di maestri del passato, è come vivificare il loro insegnamento, dal momento che loro non sono più qui per farlo. Per non parlare poi dei discepoli, o presunti tali, che hanno magari frainteso il messaggio, e propagato errori poi divenuti sistematici. Infine, c'è lo zampino di "chi sai tu", sempre pronto a cancellare una virgola, o cambiare un verbo qua è là, per stravolgere completamente un messaggio, o una tecnica. Per questo, in ultimo, possiamo affidarci solo allo spirito di una ricerca condotta al di fuori di ogni dogma precostituito. Una ricerca capace di tenere conto dei maestri, mentori, insegnanti, custodi, ma mai a discapito del proprio discernimento e della possibilità di avere accesso anche a informazioni di prima mano, ottenute tramite un percorso teorico-pratico di sperimentazione personale.

JANA. Siamo qui per riscoprire tutto, seguendo il nostro intuito in primis. Grazie anche ai veri maestri, se vogliamo, possiamo sollevare la nebbia su quello che "è", con consapevolezza e coscienza. La nebbia copre quello che ancora non riusciamo a vedere.

MISHA. Distinguere i veri dai falsi maestri è facilissimo: quelli veri danno la vita per i propri amici, quegli altri "parole sagge".

MAKSIM. "Danno la vita" in senso figurato (hanno a cuore) o letterale (muoiono)?

MISHA. Giro la domanda al Maestro.

MAKSIM. Speriamo allora che sia ancora vivo! ☺

REALTÀ MENTALE

1 ottobre 2014

MAKSIM. Quando ci focalizziamo su qualcosa, o veniamo portati a focalizzarci su qualcosa, cerchiamo di non perdere di vista tutto il resto. Come scrive Antonella Spotti, in un suo recente post:

"Ciò che scegliamo di inserire nella nostra mente ogni giorno crea il mondo in cui siamo convinti di vivere. Non è la realtà ma un mondo che noi creiamo. Se prediligiamo solo pensieri negativi il nostro mondo sarà triste o in alcuni casi un incubo. Ognuno di noi viene quotidianamente aggredito e avvelenato da pensieri negativi. Molto spesso non sono riflessioni nostre, ma semplici informazioni riportate da altre persone o dai mass media. Parole che entrano nel nostro cervello che meccanicamente le interpreta. I nostri pensieri prendono quella forma e colorano il nostro mondo di varie sfumature di grigio. Le informazioni non sono il mondo reale, ma una serie di focus su eventi e fatti che sono solo una parte infinitesimale della realtà, una realtà che è in continuo cambiamento. Spesso ci costruiamo un'opinione su qualcosa che magari non esiste più. E' come guardare attraverso un microscopio elettronico e vedere un mostro... Ora staccate gli occhi dal microscopio e realizzate che è solo un acaro sul tappeto di casa. Un piccolo minuscolo acaro".

JANA. Esiste solo la realtà che creiamo con la nostra mente. ☺

MAKSIM. Quella di cui parli è la "realtà mentale" creata dalla nostra mente. Ovviamente, non esiste solo quella: esiste anche la "realtà non-creata dalla nostra mente". A meno che non stai considerando una visione del reale propria al solipsismo, difficilmente difendibile.

MISHA. Ma, di grazia, come faccio a distinguere la realtà creata da me da quella non-creata?

MAKSIM. ... da quella non-creata, o da quella non-creata da me?

MISHA. Come faccio a distinguere la realtà creata dalla mia mente dalla realtà non creata dalla mia mente?

MAKSIM. Ad esempio cominciando a riflettere circa la differenza tra osservazione e interpretazione, tra una cosa e la sua rappresentazione, tra territorio e mappa del territorio.

MISHA. Ma scusi, Maksim, lei dovrebbe rispondere alla domanda, non semplicemente spostarla: se la mia interpretazione della cosa è la stessa cosa della cosa, come faccio a riflettere circa la differenza tra la cosa e la sua interpretazione? O io non capisco o lei mena il can per l'aia come "giocoliere delle parole".

MAKSIM. Ma scusa, Misha, tu potresti contestualizzare la tua domanda un po' di più, altrimenti non è chiaro cosa mi stai chiedendo, e la mia impressione è che sei tu a volermi condurre in quell'aia. ☺ Ti faccio un esempio semplice: se hai fame, una mela reale la puoi mangiare, e la fame poi ti passa. Se invece provi a mangiare una mela immaginaria, forse per un attimo ti si attivano le ghiandole salivari, ma la fame poi non ti passa. Ora spiegami, dal momento che sono convinto che sei perfettamente in grado di fare la differenza tra questi due livelli, dove vuoi arrivare con la tua domanda?

LLORA. Mi fido talmente poco di giornali, tg e altri mezzi che divulgano i fatti, che in automatico quando mi giunge una notizia mi chiedo innanzitutto dove sia la verità e poi perché si vuole portare lì l'attenzione del popolo bue, perché ormai si sa che tutto avviene allo scopo di manipolare opinioni ed emozioni, per pilotare di conseguenza le scelte, dai tempi dell'antica Roma. Mi piace molto la frase: "Ora staccate gli occhi dal microscopio e realizzate che è solo un acaro sul tappeto di casa". La trovo molto efficace perché dobbiamo sempre tenere presente che la dimensione di ogni cosa dipende da come la guardiamo, aldilà del fatto che siano altri a portare lì la nostra attenzione, siamo noi a ingigantire le cose; dobbiamo scegliere accuratamente cosa vale la pena e cosa no, cosa serve alla nostra evoluzione e cosa ci danneggia, e casomai puntare il microscopio su qualcosa o qualcuno che ci eleva.

MAKSIM. Sono d'accordo Llora, è un'immagine molto efficace, che trasmette molto bene il potere che abbiamo, ad esempio, di dilatare oltremodo un problema, rendendolo di fatto irrisolvibile. Fino a quando non realizziamo che possiamo anche staccare gli occhi da quel microscopio mentale. Tra l'altro, questa stessa metafora ci suggerisce anche un'altra cosa. Un microscopio, se usato alla rovescio, anziché ingigantire le cose, le rimpicciolisce. Rimpicciolire i problemi può essere altrettanto insidioso che ingigantirli. Infatti, non c'è problema più irrisolvibile di un problema che non riusciamo più a vedere. Per questo è così importante tornare ad osservare. L'osservazione va qui intesa, metaforicamente, come la capacità di considerare la realtà per quella che è, senza ingigantirla e senza rimpicciolirla: alla sua taglia naturale. Ovviamente, essendo che ogni strumento di osservazione produce delle inevitabili deformazioni, un'osservazione neutra sarà tale solo nella misura in cui impareremo a considerare non solo l'oggetto della nostra osservazione, ma anche l'osservatore che osserva, e le modalità del nostro stesso processo osservativo.

IL SOLE COME METAFORA

31 ottobre 2014

MAKSIM. La mente può essere il nostro più grande alleato, o peggior nemico. Ecco perché è così importante educarla. E in molti casi, renderla più silenziosa.

MISHA. Tutto sta nel sapere quel che dobbiamo fare. Le due pazze di casa (l'immaginazione e la sensibilità) non si lasciano domare facilmente. Anzi, direi che è impossibile, senza il "dono" della grazia, che non è una "conquista". Si può arare, vangare, potare, irrigare finché si vuole, ma se non c'è il sole si lavora invano.

MAKSIM. È un vecchio tema, Misha, ricorrente in alcuni dei nostri dialoghi. Non sono sicuro che la tua metafora sia del tutto calzante: il sole offre incondizionatamente i suoi doni, a ognuno. Quindi, non si lavora mai invano, proprio perché il sole c'è sempre, contrariamente alla grazia, che per sua natura potrebbe anche non giungere mai.

MISHA. Le metafore, su qualsiasi argomento, si possono sempre aggirare perché, per loro stessa natura, sono esemplificative e come tali sempre limitate rispetto alla realtà che vogliono indicare. E lei, nell'arte di "aggirare", è un esperto. Se avessi scritto, al posto del sole, "fotosintesi clorofilliana", la metafora sarebbe stata più calzante? L'importante era indicare che la fecondità, in una qualsiasi realtà, è il prodotto del concorso di due fattori: uno solo è nelle mani dell'uomo e della sua volontà. L'altro è nelle mani di Dio e della sua liberalità e signoria. A questa realtà basilare, poi, è collegato il problema della grazia: mi permetterà di dire che lei ha un'idea scorretta della "grazia" perché essa ha il significato di "elargizione gratuita" (nel senso che non è un corrispettivo spettante a fronte di una prestazione, la qual cosa riguarderebbe il "diritto", non la grazia), ma non di qualcosa che potrebbe non giungere mai, né qualcosa di

177

"selettivo", appannaggio di alcuni e non di altri. Georges Bernanos, nel "Diario di un curato di campagna", fa dire a un sacerdote morente: "tutto è grazia", intendendo dire che la grazia è qualcosa che ogni giorno viene messa a disposizione di tutti. Il problema della sua assenza (o della sua intermittenza) nasce soltanto quando il destinatario, essendo libero per natura, può dire sì o no al dono che gli viene fatto. Di quel dono ci si può accorgere o no, si può rifiutare o no. Se il sole esce per tutti, quelli che hanno le finestre o gli occhi chiusi non ne godono il calore o la luce. Anche qui – mi raccomando – il sole è un esempio per comunicare che un dono può essere respinto. Sarebbe scoraggiante puntualizzare che la seconda metafora del sole, relativa alla libertà morale dell'uomo, è diversa dalla prima metafora del sole, relativa alla necessità dei processi naturali. Entrambi, però, hanno in comune il fatto che nulla può nascere, né nella vita naturale, né nella vita spirituale, senza il connubio di due fattori, di cui uno è nelle nostre mani e l'altro è in mano a Dio.

MAKSIM. Se la grazia è come il sole, sempre disponibile ad illuminare coloro che aprono le finestre delle loro menti, e dei loro cuori, senza fare distinzioni, allora diciamo entrambi la stessa cosa, Misha. Diciamo entrambi che è necessario fare un profondo lavoro su noi stessi, per permettere alla luce del sole di entrare. Le finestre non si aprono da sole, né vengono aperte dai raggi del sole. Inoltre, è utile possedere un certa tecnica, quando cerchiamo di aprire certe porte blindate. ☺ Insomma, avendo chiarito che il sole splende sempre, il punto su cui probabilmente non abbiamo delle visioni perfettamente congruenti riguarda il significato di "aprire le finestre" e l'importanza di "possedere una certa tecnica per farlo", soprattutto quando sono bloccate (il tema della ricerca interiore e delle pratiche trasformative).

MISHA. In tempi lontani, quando i contadini avevano bisogno del sole, o della pioggia che non arrivava, l'unica tecnica conosciuta era la domanda, la richiesta, la preghiera a chi "poteva". La preghiera, però, che è la tecnica più efficace, presuppone come minimo che l'interlocutore a cui ci si rivolge CI SIA, e ci sia realmente, perché sarebbe illusorio e ridicolo pregare... un parto della propria fantasia.

MAKSIM. La parte più importante della "tecnica preghiera", dalla mia prospettiva, è quella che conduce all'ascolto di sé, cioè alla possibilità di aprire uno spazio interiore di indagine. Poiché la prima grande realizzazione, nella preghiera, è che in realtà noi parliamo a noi stessi: le nostre richieste sono rivolte innanzitutto a noi stessi. Poi, una volta che noi, in qualità di interlocutori, CI SIAMO, possiamo anche esplorare la presenza di ulteriori altri interlocutori. Altrimenti, se non abitata, la pratica del pregare rimane una triste illusione: un esercizio di pura meccanicità, senza alcun vero potere di elevazione.

MISHA. Ognuno può avere la prospettiva che crede, ma la preghiera, per sé, non è un "parlare a se stessi". E non si capisce chi sarebbero questi "ulteriori altri interlocutori", se non sono diversi da noi stessi. Sarebbe come convincersi che parlare a Maksim, che non conosco e che non ho mai visto, sono io che me lo invento per parlarmi addosso. Questo può succedere in letteratura, dove si parla con i propri personaggi. Ma nella vita una cosa del genere è un po' da matterelli!

MAKSIM. La parola importante, in ciò che ho scritto, è: ascolto. È la dimensione in cui entriamo quando smettiamo di parlare, di formulare delle richieste, ed entriamo in una condizione di maggiore silenzio interiore, di vera osservazione. Cioè, quando cominciamo a pregare per davvero, con tutto noi stessi, quindi ad esserci, con tutto noi stessi. Ogni gesto, ogni pensiero, ogni parola, diventa allora una preghiera: l'espressione di un contatto con quella parte di noi che è in grado di arrivare all'essenza di ogni cosa.

SUICIDIO ASSISTITO: UNA SCELTA SENZA DIGNITÀ?

4 novembre 2014

MAKSIM. L'idea che solo Dio possa decidere della nostra morte è non solo una banalizzazione del divino, ma un chiaro errore di valutazione. Con ogni nostra azione noi continuamente anticipiamo, o ritardiamo, la data della nostra dipartita. Possiamo certamente non condividere la scelta di un malato terminale di morire serenamente quando ancora lucido, senza dover soffrire gratuitamente, ma come possiamo definire una tale scelta "senza dignità"?[11] Cosa c'è di più degno della scelta di una morte dignitosa? Numerosissime persone anticipano la loro morte a causa dei loro comportamenti poco edificanti: dieta squilibrata, guida pericolosa, poca attività fisica, pensieri negativi, ecc. Eppure in questo caso la dignità delle loro scelte non sembra essere in quesitone. Altre persone invece hanno un profondo desiderio di vivere, cercano di prendersi cura di sé e, solo quando confrontate con l'inevitabile, scelgono di staccare la spina autonomamente, prima di trasformarsi in uno zombie. Eppure, in questo caso, nel loro gesto non ci sarebbe alcuna dignità. È una visione totalmente rovesciata. Naturalmente, non avrei commentato, se il giudizio della pontificia accademia non avesse parlato di dignità, ma ad esempio semplicemente ribadito che secondo il loro credo si tratterebbe di un peccato. D'altra parte, questo già lo sanno tutti, ed è proprio la profonda dignità del gesto di Brittany (che con le sue parole ha dimostrato, fino all'ultimo, il suo profondo amore per la vita) che ha prodotto, ritengo, questa reazione gratuita di squalifica della sua scelta di vita. D'altra parte, in questo caso la vera dignità sarebbe stata nell'astenersi da esprimere un giudizio.

---

[11] Post pubblicato in seguito all'affermazione da parte del presidente della Pontificia Accademia per la Vita che il suicidio assistito non sarebbe una scelta dignitosa, in relazione alla vicenda dell'americana Brittany Maynard.

CHANNAH. Il cardinale Carlo Maria Martini è morto volontariamente attraverso eutanasia. Cosa ne pensa il Vaticano? Personalmente credo che ognuno abbia il diritto di decidere della propria vita e morte.

MAKSIM. Non esattamente, Channah, rifiutò solo l'accanimento terapeutico. Il cardinale Martini era comunque contrario agli atti che causano attivamente la morte (eutanasia). Naturalmente, la frontiera tra eutanasia e cessazione dell'intervento terapeutico è molto sottile, in quanto in entrambi i casi si sceglie attivamente di morire.

CHANNAH. Anch'io sono contraria all'accanimento terapeutico Maksim, per quanto riguarda la mia persona, ma questo non mi impedisce di comprendere che per un'altra persona è una necessità e quindi non la giudico, e lungi da me dall'intromettermi. Qui da noi (Svizzera) c'è la clinica per i casi di suicidio assistito per gravi malattie e per depressioni profonde. Personalmente credo che siamo fortunati.

MAKSIM. Più che fortuna, direi che si tratta di una vera e propria conquista in termini di diritti umani.

DREA. Contenta che da noi esista Exit! Un malato terminale ha il diritto di decidere fino a quando è disposto e capace di soffrire. Il malato incurabile non soffre solo perché è cosciente che gli resta poco da vivere e che lascerà i suoi affetti, soffre anche nel vedere il suo fisico deteriorarsi e le sue capacità fisiche, motorie e psichiche diminuire. Quindi penso che sia inappropriato parlare di morire con dignità. Comunque chi ci lascia per un motivo o per un altro lascia dietro di sé un gran dolore. La Chiesa deve anche commentare sulla libertà di scelta delle persone, su come e quanto devono vivere?

MISHA. Maksim ha postato un titolo di giornale: non l'articolo, non le motivazioni. Non difenderò il Vaticano, per varie ragioni, ma la principale è che il "Vaticano" (intendasi

"Chiesa"), da qualche millennio si difende bene da solo, perché consapevole di difendere ultimamente tutto ciò che di più umano c'è nel cuore di ogni uomo, al di là degli orpelli retorici con i quali rivestiamo certe parole come libertà e dignità. Non difenderò dunque il Vaticano. Non mi aggregherò neppure all'ideologia della "sacralità della vita", formuletta magica per costringere gli altri a fare quello in cui crediamo noi! Non mi imbarcherò nel mare magnum delle disquisizioni e delle differenze tra eutanasia e accanimento terapeutico, che pure sono differenze importanti (quando stiamo bene e siamo davanti alla tastiera di facebook). Non conosco la ragazza, non conosco i motivi che l'hanno indotta al gesto, posso immaginare che la sofferenza irrimediabile possa essere insopportabile e disumana per lei e per ciascuno di noi, più della stessa morte, che in questi casi è vista come una liberazione! Dirò soltanto che la sua morte mi addolora, mi stupisce, mi scandalizza, mi spaventa e un po' mi fa disperare. Per ognuno di questi verbi – addolorare, stupire, scandalizzare, spaventare, disperare – potrei spiegare i miei mille motivi che però potrebbero non interessare nessuno. Potrei dire, tra parentesi, una cosa sola: mi consola, mi fa sperare, mi conforta, mi restituisce la vita ogni genere di "vittoria" sulla morte; mi sconforta, mi dispera, mi impaurisce, mi angoscia ogni sconfitta sulla morte. Chi vince la morte, chi riesce a darmi un esempio, una possibilità che la morte non sia l'ultima parola sulla mia vita, questi è in grado di farmi un grande dono e aiutarmi a tirare avanti anche nei giorni del dolore; mi fa dire: "se ci è riuscito lui, posso riuscirci anch'io". Chi invece, anche suo malgrado, soccombe all'ultima nemica o la guarda con sfrontatezza o rivendica di fronte ad essa una libertà-simulacro, o ne fa un "materiale pubblicitario" per scopi inconfessati, costui uccide anche me e mi fa dire: "Se non ci è riuscito lui, come posso riuscirci io?" Signore, chi sono io per superare la prova della "grande tribolazione", rispetto ad altri più degni di me, che non l'hanno superata? Ognuno di noi porta dentro di sé la responsabilità di tutti gli altri e sono sempre più disperato di fronte all'esibizione di tanta presunta "dignità", che mi getta nello scoramento. Una cosa sola vorrei fare ora, dopo la morte di questa ragazza: vorrei rivolgerle due domande dal cuore e, se mi sente, vorrei che trovasse ora il modo di rispondermi dal cuore, magari venendomi in sogno o in qualche altro modo che lei avesse il potere di scegliere. La prima domanda è la seguente: "Perché hai scelto il giorno dei morti per morire? Ti prego, signorina, di rispondermi in qualche modo, perché non voglio assolutamente pensare che, oltre a essere gravemente malata al cervello, tu fossi stata anche gravemente malata "di cervello". La seconda domanda è questa: "Che cosa spinge una persona che sa di dover morire a comunicarlo al mondo intero servendosi di radio, TV, giornali? Una risposta sincera alla seconda domanda, signorina, mi permetterebbe di capire meglio un mio maestro quando diceva che tre cose dovrebbero restare lontano dall'audience e dalla pubblicità: l'amare, il pregare e il morire. Né telecamere nelle camere da letto, né intercettazioni nei propri dialoghi con Dio, né interviste sul letto di morte. Aveva torto? P.S.: sono contento per voi, che vi ritenete fortunati di qualche povero surrogato della "fortuna": qualche clinica per il suicidio assistito e l'esistenza di Exit, "più che fortuna, una vera e propria conquista in termini di diritti umani" (così parlò Zaratustra)! Auguri per cotanto "progresso"! È un modo piuttosto facilino per aggirare le domande serie sul dolore e la morte a cui la Chiesa tenta di dare delle risposte non "palliative"! Si sa che abbiamo due modi per superare la fame: uno è quello di ingegnarsi a trovare il cibo; l'altro è quello, più pratico, di eliminare le bocche. Che cosa me ne faccio del vostro miserando "diritto di morire con dignità" se ho fame di senso? E se ho fame di senso, perché mi date il vostro miserandissimo e pallidissimo "diritto al suicidio", travestendolo da "valore di civiltà" e lavandovene le mani?

MAKSIM. Grazie del tuo lungo commento, Misha. Tralasciando i commenti sulla pubblicità e gli scopi inconfessati che, *mutatis mutandis*, si applicherebbero anche alle dichiarazioni dell'istituto pontificio (e che comunque eludono il tema, anziché affrontarlo) ti chiedo: perché leggi la decisione di

Brittany come una sconfitta sulla morte? Di quale sconfitta si tratta? Perché mai secondo te la sua scelta di andarsene serenamente significa che la morte avrebbe avuto l'ultima parola, e non l'inverso? E di quale morte stiamo parlando? È davvero morta Brittany, o sono morte unicamente le sue spoglie mortali? Perché il modo che ha scelto di andarsene non può essere letto anche come una vittoria sulla morte? Perché la sua libertà è solo un simulacro? Perché ritieni che non ha superato la prova della grande tribolazione? Perché la sua dignità sarebbe solo presunta? Quanto alla tua fame di senso, in che modo la sua scelta ti impedisce di dare un significato alla tua vita?

MISHA. Potrei rispondere a ciascuna singola domanda, ma è molto difficile farlo in un interrogatorio "retorico" nel quale le risposte sono già date. Il dialogo sarebbe giusto un parlarci addosso. Intanto so che rimarranno inevase le mie due domande urgenti (in quanto la ragazza non mi è venuta in sogno e quindi credo che aspetterò invano): "perché ti uccidi il giorno dei morti"? Perché ne dai l'annuncio "urbi et orbi"? Qualcuno vuole rispondere per lei? Per non deludere il mio amico "giocoliere", pur non rispondendo, racconterò una storiella vera: qualche anno fa un mio famigliare giovanissimo, bello, intelligente e – come si dice oggi con due termini molto venduti al mercato delle banalità – molto "solare" e pieno di "futuro", "decise" di morire con il metodo (molto gettonato dai giovani) dell'inalazione di gas di scarico dell'automobile. Non era minorenne, era sano, adulto e vaccinato. Pur essendo passati molti anni i genitori, che sono ancora appesi a quel gesto come a una gogna sospesa nel vuoto di ogni stagione che passa, fanno al vento una domanda senza risposta: "Perché"? Ecco la domanda chiave di ogni "scienza" e "coscienza": perché? Già, che strano; uno non chiede perché vivi, però chiede: perché muori? Se la morte fosse naturale come la vita, la domanda dovrebbe valere per tutta la vita. I genitori, però, sono rassegnati a tutto, tranne che alla vertigine di quella domanda ossessiva senza risposta. Non solo le lacrime non si asciugano, ma sono letteralmente finite, prosciugate nel pozzo di quella domanda. Se ricevessero una risposta, guarirebbero simultaneamente da due malattie: l'angoscia della vana ricerca e la prostrazione per una morte misteriosa. Apparentemente la morte della signorina in oggetto non è misteriosa, perché a tutti è stato comunicato il "perché" da tutti i giornali e telegiornali. Resta se mai da chiarire qualche "inezia" di importanza capitale per approfondire il movente, come quella che può essere espressa da domande come le mie. Ma lei, di cui non conoscevo neppure l'esistenza, a un certo punto ha deciso di occupare i miei pensieri e le mie giornate: "chi sei? Puoi essere definita (o ti puoi definire tu) soltanto sulla base del tuo "cervello malato"? Che cosa farei io al tuo posto? Potrei rispondere al doloroso quesito "perché a me" o "perché proprio io" soltanto chiedendo allo Stato o alle strutture sanitarie il "diritto" di morire "serenamente"? Imponendo per legge a qualche medico non l'aiuto a vivere "serenamente" (farmaci, cure palliative, affetti famigliari, amici...), ma a morire "serenamente"? Basta il timbro del Comune per essere "sereno" nel morire? Singolare richiesta di due diritti in uno: 1) "morire" (diritto!) 2) "serenamente" (diritto!). Il problema dell'eutanasia si apre e si chiude con un "permesso" regolarmente rilasciato dalla pietosa Exit? Risposta alle prime quattro domande: parlo della mia morte, e di nessun'altra! Della morte che la ragazza ha deciso sadicamente di infliggermi con largo anticipo, sbandierando ai quattro venti un gesto intimo e privato per farlo diventare – come fece Welby – "paradigma", "segno", "esempio", "modello", "spauracchio" per me, che sono qui a parlare con lei che non mi risponde, perché ha deciso di andarsene sbattendo "serenamente" la porta! E riducendomi al silenzio! Perché, chi mai oserebbe giudicare? Prendersela con una povera ragazza malata "terminale" (su questo terminale" non voglio nemmeno discutere) che non chiede che amore, rispetto e "diritto"? "Io sono sola, nella situazione in cui io sono e tu non sei! E non azzardarti a pensare che c'è la piccola possibilità di un aiuto. L'unico aiuto che ti autorizzo a pensare per me è quello di farla finita 'serenamente'". Ma non ci sono le cure palliative? Non esiste un amore che – secondo la scrittura – è più forte di ogni morte e di ogni dolore? "No"! Tu mi dici: "Forse per te, non lo so"! Per me NO!" Per me, per te, per lui. Il giochetto della "mia prospettiva", ASSOLUTIZZATA furbescamente! Io non c'ero nei suoi pensieri quando ha deciso di "morire serenamente", ma oggi lei è imperiosamente padrona dei miei pensieri, lasciati soli a discorrere con un fantasma, nell'angoscia del dubbio (se la vita sia bella o sia brutta, se morirò demente o sotto un treno o "serenamente assistito" da camici bianchi senza gioia né dolore, professionisti "pietosi" della buona morte che più sanno fare bene il loro mestiere e più mi terrorizzano dentro la mia "morte anticipata". Mi chiedo se non siano da preferire le grida, gli spasmi del dolore, la ribellione sanguigna a questa pianificata assistenza ovattata, terrificante e ipocrita, dove il volto degli amici è sostituito dalla maschera fredda dei sepolcri imbiancati che mi "aiutano" nella mia "libera scelta". Lei non ha pensato che, mentre si uccideva, mi uccideva prima del tempo? Forse che alla maggioranza degli uomini è dato di apprendere queste vicende con serenità, immersi nel beato "Tao dell'acqua che scorre"? La domanda chiave è "Perché"? Non è "libero" né sereno chi risponde "perché non avevo nessuna speranza di guarire" o di "vivere" ancora. Alzino la mano quanti di voi, nell'apprendere queste notizie, si sentono consolati, per questo agognato traguardo della civiltà dei diritti! Se fosse tutta qui la nostra consolazione, in questo finto progresso dei "diritti", mi farei aiutare stasera stessa a morire! Risposta alla quinta domanda: "No, Brittany non è morta! Nemmeno le sue spoglie mortali sono morte! "Il modello" farà proseliti, mieterà altre vittime. L'unica speranza che abbiamo, a fronte dell'innegabile tristezza e disperazione che lascia nel cuore, è tentare di cambiare almeno il vocabolario: far finta di essere contenti, che finalmente abbiamo fatto un passo avanti verso la libertà, questa voragine, questo "precipizio" del nulla agognato dall'uomo moderno! Almeno, in mancanza di luce, ci resta il fuoco fatuo del "dibattito" sulla relatività di tutte le verità! Però, cara Brittany, devi saper che io sono arrabbiatissimo con te: perché, con uno stratagemma pubblicitario, mi hai rubato il diritto a dimenticarti e a sperare! Sulle restanti domande, carta bianca: si recita a soggetto! Ciò di cui ha bisogno la nostra vita e la nostra morte: un'altra prospettiva, sì. Ma... un altro modello![12]

CHANNAH. Ciao, Misha, non sono brava nei giochi di parole e ti dico che io rispetto fino in fondo il tuo credo e il tuo sentire perché nasce sicuramente da una tua esperienza di vita e dal senso che tu hai trovato nella tua risposta.

MAKSIM. Mescoli tutto, Misha. Come puoi paragonare il suicidio di un giovane che purtroppo non è riuscito a dare un senso alla sua vita, con la scelta di una persona che la vita non voleva in nessun modo abbandonarla, e ha deciso di farlo non con serenità, ma, semplicemente, nel modo più sereno possibile? Come puoi non cogliere la differenza? E, ovviamente, non basta il timbro del comune, o il permesso rilasciato da Exit, per essere sereni nel morire. Chi avrebbe mai sostenuto qualcosa del genere? E quell'amore di cui parli, che è più forte di ogni morte e di ogni dolore, chi ti garantisce che segue alla lettera le interpretazioni ambigue delle (tue) scritture? E cosa c'entrano le scritture in tutto questo? Forse il problema è che, quando si rimane per troppo tempo col naso su certi testi polverosi, ci si dimentica dell'essenziale: che siamo noi, sempre e comunque, eutanasia o meno, a determinare la nostra vita e la nostra morte, con ogni nostra azione e non azione. Tutti noi pratichiamo attivamente l'eutanasia, in ogni momento della nostra vita terrena. E fino a prova contraria, la vita è un dono senza condizioni, che non contiene clausole specifiche (del tipo la vita è tua, ma decido io...). L'aspetto importante, l'unico davvero rilevante, è quello di cercare di cogliere appieno l'immensa opportunità che questo dono rappresenta, per il nostro cammino di crescita in quanto coscienze. Che Brittany abbia colto appieno l'opportunità di questo suo passaggio terreno, non lo puoi stabilire tu, né nessuna "scrittura" o chiesa. Infatti, cogliere l'opportunità di una vita nulla ha a che fare con l'eventuale scelta di uscire di scena in modo decoroso, quando

---

[12] Caterina Simonsen, *Respiro dopo respiro*, Piemme Voci.

secondo la nostra valutazione non ci sono altre opportunità da cogliere. Ha sbagliato Brittany? Doveva restare qualche ora in più, qualche giorno in più? Nessuno di noi può dirlo. E nessuno di noi può affermare (rimanendo intellettualmente onesto) che la sua scelta sia priva di dignità. E siccome la Chiesa (forse con un contro stratagemma pubblicitario?) ha sbandierato questo suo giudizio *urbi et orbi*, con questo mio post ho cercato, nel mio piccolo, di offrire una visione più bilanciata. Detto questo, per quanto attiene a quelli che chiami i "diritti del finto progresso", personalmente non definirei il diritto dell'uomo all'autodeterminazione un finto progresso, si tratta probabilmente di uno dei diritti più fondamentali. Ma torniamo al tema di questo mio post. Ammettiamo pure per un momento che Brittany abbia commesso un errore di valutazione. Che con la sua scelta abbia mancato di cogliere alcune opportunità che la vita le avrebbe offerto in quegli ultimi giorni di sofferenza e assenza di lucidità. Anche supponendo questo, mi chiedo, e ti chiedo: cosa c'entra tutto questo con la sua dignità? È su questo che avrei gradito una tua risposta chiara, partendo dal senso proprio della parola "dignità", che fa riferimento al valore intrinseco di un essere umano.

CHANNAH. Ognuno trova le proprie risposte, che sono comunque parziali e temporanee. Siamo tutti diversi e se davvero vogliamo fare un passo avanti non possiamo farci la guerra solo perché apparteniamo a una cultura o religione diversa. Anche per me c'è stato un tempo in cui persone a me care hanno scelto di non esserci più fisicamente senza lasciare risposte ai famosi perché. Ognuno di noi dà spiegazioni diverse alla parola LIBERTÀ O DIGNITÀ O RISPETTO, ma credo che alla fine rimane la persona stessa di fronte al suo dramma o dolore e trova la sua risposta che a suo modo gli dona pace e dignità.

MISHA. Grazie, Channah. Ti devo dire sinceramente, però, che il "mio credo" non c'entra con quello che ho detto, malgrado abbia usato le Scritture come citazione, come si potrebbe usare un testo letterario. Io non sono disposto a subire il "ricatto affettivo" o "massmediatico" di una persona, malgrado sia defunta. Sono arrabbiatissimo con lei, perché non dice tutta la verità sulla sua decisione e la fa passare come un atto di libertà e di coraggio, mentre potrebbe essere un atto di risentimento e di viltà. Ma io non lo so e non lo voglio sapere. Dico soltanto che le persone come lei, in un momento cruciale della loro vita, devono lasciar perdere la TV e i diritti, veri e presunti. Non sono queste le cose essenziali, nei momenti decisivi. Questi sono argomenti buoni per diatribe e cicalecci a pancia piena, a cui anche lei ha dato la stura, forse per qualche bisogno estremo di non morire dandosi la morte. La morte senza la morte sarebbe un po' come il Tao di Maksim & Co. – la dimensione e l'habitat più adeguato per simili esperienze è il silenzio profondo di contemplazione.

CHANNAH. Noi chi siamo per metterci al posto del suo sentire? Usiamo la pietà e il cuore solo per lealtà verso un codice religioso, o qualcuno, o perché siamo veramente in contatto con i limiti dell'umano e siamo mossi da una comprensione che va oltre a qualche risposta temporanea e filosofica?

MISHA. Mentre lei fa l'amore, ha tempo e voglia di parlare coi giornali? Non credo. È tutta concentrata nel fatto! E così per la morte! Così per la preghiera! Io non giudico la ragazza e lei, se mi sente, lo sa. Io la rimprovero perché nel suo atto estremo c'è qualcosa che non è vera, e dunque non è dignitosa. E lascia una traccia di apparente normalità su un atto che è tutto anomalo! E lascia tutti noi non certo felici del "progresso" e delle "conquiste", ma sbigottiti e attoniti di fronte al suo arbitrio. Nel pensare alla serietà e tragicità della vita, cadiamo nella trappola dei contrabbandieri, che ci presentano tutto come "serenamente normale". È la piatta normalità di quella famosa canzone di De André. Diceva il mio maestro Viktor Frankl, richiamando Nietzsche: "Chi ha un perché nella vita, sopporta qualsiasi come". Ma questa frase di saggezza qui la dico e qui la nego, perché non voglio che venga interpretata come una clava che brandisco contro "gli infedeli". Ripeto *ad nauseam*: non è il mio credo che mi fa parlare! È una elementare evidenza anti intellettualistica e di senso comune: più è profonda e radicale un'esperienza, più si sottrae alle TV! Come nell'amare ci può essere esibizionismo, così nel morire. Nell'un caso o nell'altro, l'esibizione è tutto ciò che distingue l'amore dalla pornografia!

CHANNAH. Anche se ci fosse esibizionismo, non per questo le renderebbe meno vere.

MISHA. Noi vogliamo che qualcuno ci dica qual è il significato VERO di questa trappola mortale. Se dovessimo suicidarci per ogni malattia inguaribile, dovremmo farla finita sin dalla culla, perché – come ricordo spesso – è la vita stessa a essere "una malattia mortale che si trasmette per via sessuale"! E respingo chi vuol farmi credere che l'unica medicina per questa epidemia stupefacente sia un "suicidio assistito", demoniaca contraffazione della pietà!

DREA. Concordo con Maksim che non si può confondere un suicidio (la persona ha deciso di porre fine alla sua vita) con qualcuno che vorrebbe tanto vivere, ma i suoi giorni sono contati e non ce la fa ad immaginarsi in sofferenza, imbottito di medicine o senza lucidità, decidendo quindi (con molto coraggio) di lasciare questa vita da essere umano e non da larva umana. Persone a me molto vicine sono morte di malattia, o suicide, penso quindi di conoscere entrambe le problematiche. Per quanto riguarda la persona morta di malattia, ha lottato fino alla fine, per poi rassegnarsi ed accettare che il momento fosse venuto, ma se, a un certo punto, avesse chiesto di partire prima, è per egoismo che le avrei chiesto di lottare ancora. Non sarei stata pronta a lasciarla andare e per me l'avrei trattenuta, ma quello che ha sofferto nel cuore, nella mente e nell'anima posso solo immaginarlo, ma non lo saprò mai veramente. Per quanto riguarda la persona che ha deciso di porre fine alla sua vita lasciando tutti sprofondati in un immenso dolore, non mi sento di commentare, ma credo di poter dire che solo una grande sofferenza, disperazione, disadattamento ed incomprensione possano spingerti ad un tale gesto. Finisco affermando che non dovremmo permetterci di decidere se una morta sia degna o meno. Prendiamone atto e rispettiamo. Inorridisco nel leggere che la vita è una malattia mortale che si trasmette per via sessuale! Vita = Malattia? E per di più mortale!

MAKSIM. Qui di seguito, il riassunto di un documento approvato dalla Chiesa Valdese, in relazione al tema dell'eutanasia. Parole ben diverse da quelle pronunciate dal presidente della Pontificia Accademia per la Vita, a dimostrazione che anche in ambito cristiano una visione più matura su certi temi è sicuramente possibile.

"Fino ad oggi in ambito cristiano, a parte alcune eccezioni, è prevalso un giudizio negativo nei confronti dell'eutanasia attiva: fondandosi sulla Bibbia e sulla morale cristiana, questo deriva dall'affermazione che solo Dio può dare e togliere la vita. Da ciò deriva la sua "sacralità" e intangibilità: per i cattolici intervenire equivarrebbe a "prendere il posto di Dio". Ma Gli si sottrae veramente parte della sua Signoria sul mondo accogliendo la richiesta di un moribondo ad anticipare solo di un po' la sua dipartita? L'etica cristiana deve fornire risposte credibili. La sofferenza e il dolore non producono salvezza: sono solo dimensioni dell'esistenza umana che, non avendo in sé nulla di positivo, pur dovendole accettare, vanno comunque combattute. Posto che l'uomo, ponendosi nuovi interrogativi sulla vita e sulla morte, si avvicina alla fede nei tempi della sofferenza e del dolore, non significa che vi sia un legame inscindibile tra questi tempi e l'elevazione dello spirito: superato un certo limite, il dolore annulla le facoltà intellettuali e fa sì che si riesca a desiderare soltanto di smettere di soffrire. Nell'ambito pastorale si parla molto di rispetto della spiritualità, che sembra però arrestarsi improvvisamente di fronte alla richiesta del malato inguaribile che chiede di poter morire: è come se questa domanda provenga da un mondo cui non si appartiene. Cosa impedisce di leggere anche in questa domanda un segno di spiritualità viva e cosciente? Con quale autorità spirituale si può contrastare la libertà e responsabilità di chi vuol decidere il tempo della propria morte quando il vivere per lui ormai non è che un'umiliazione quotidiana senza speranza? Quale fonte d'autorità può costringere una persona inguaribile a continuare a vivere una vita di morte? Da quale parte sta Dio? Dalla parte del non senso del dolore acuto e inguaribile o dalla parte di un umano desiderio di morire? In una tale situazione, accogliendo una domanda di morte all'interno di un lungo processo di cura e relazioni, non si commette un crimine e non si viola alcuna legge divina".

DREA. Wow, non sapevo che i valdesi fossero così! Molto diversi dalla Chiesa Cattolica, tutta Inferno e Paradiso.

MISHA. Cara signora Drea, qualunque cosa accada nella vita, le auguro di non perdere (o di trovare) il senso dell'ironia: quella della vita come malattia mortale era una barzelletta! Per me divertente. E tuttavia è un "contatore" di come i sofismi possano arrivare (e sono di fatto arrivati) a legittimare la fine della vita, ritenuta un'assurdità a qualunque suo stadio e in qualunque sua condizione e nel suo stesso fondamento. In filosofia si è arrivati a teorizzare un "assurdo essere gettati nel mondo", in un mondo insensato pieno di dolore e contraddizione, che apre il varco a tutte le conseguenze possibili e in tutte le più impensate direzioni. Tutti i sofisti bevono a questa fonte avvelenata per legittimare ogni cosa, non soltanto "il diritto" di farla finita a causa di malattie inguaribili. Se la vita stessa è dolore, la faccio finita quando mi pare. Ecco il senso della barzelletta: tutto è malattia mortale, allora. Lo stesso principio per cui l'io è la fonte di ogni sofferenza e va annichilito, può legittimare la tesi del suicidio come libera scelta in ogni caso. D'altronde mi sa dire che cosa avrebbe da opporre lei all'idea, teorizzata da élites culturali sopraffine, che solo il suicidio è la risposta adeguata all'assurdità della vita? Quale ragionamento "significativo" potrà mai opporre lei a uno che le dice: «Vi è solo un problema filosofico veramente serio: quello del suicidio. Giudicare se la vita valga o non valga la pena di essere vissuta, è rispondere al quesito fondamentale della filosofia»? [Albert Camus, il mito di Sisifo]. Che cosa possiamo opporre noi al clima "nichilista" nel quale siamo immersi e in cui prevale la legge inesorabile del "piano inclinato"? Io sono profondamente meravigliato del fatto che una persona come Maksim, pur facendo professione continua di "evoluzione", "dinamiche evolutive" e via discorrendo, si lasci sfuggire proprio la dinamica storica di certi fenomeni: si è lentamente passati dalle forme più classiche di "eutanasia" per malati inguaribili a quelle moderne di eutanasia per bambini nati deformi e poi dall'eutanasia per bambini deformi si è arrivati a giustificare l'eutanasia per anziani inabili e poi da quella per anziani inabili si è passati a collegare l'eutanasia al problema demografico: il dr. R. H. Williams ha scritto: «Un programma di prevenzione della sovrappopolazione deve includere l'eutanasia, sia negativa che positiva». Non parliamo poi delle belle "modificazioni evolutive" verificatesi dal punto di vista "soggettivo", in corrispondenza di quei passaggi: dalla condanna alla tolleranza, dalla tolleranza all'accettazione, dall'accettazione al favoreggiamento, dal favoreggiamento alla promozione. VIVA L'EVOLUZIONE verso IL NULLA! Approfitto qui per dire un'altra cosa alla signora Drea, prima di leggere questo documento valdese (per Maksim tutto fa buon brodo, tranne la Chiesa Cattolica): lei dice che non sapeva come fossero i valdesi ma, a giudicare da quello che scrive, non sa neppure come sono i cattolici, se afferma che sono tutto Inferno e Paradiso. Studiando i valdesi, colga l'occasione per studiare un po' più seriamente e più a fondo anche il cattolicesimo! Poi c'è il commento di Maksim, pieno zeppo di ragionamenti il-logici: lui comincia col dire che "anche in ambito cristiano una visione più matura su certi temi è sicuramente possibile". La visione più matura sarebbe ovviamente quella dei valdesi. Domanda: che cosa significa "più matura"? È la solita domanda: qual è il parametro, cioè "il metro"? Il metro può essere solo ciò che si sceglie come "misura" e ciò che come misura riteniamo sia in grado di "prendere le misure", qualunque cosa sia, è UNA METAFISICA, cioè un "corpus di parametri preventivi" che, essendo misure, non possono essere

193

misurate. Sono "dogmatiche". Anche Maksim ha i suoi dogmi inconfessati? Secondo: c'è un termine antipatico, che ha il potere di offuscare il dialogo anziché rischiararlo: questo termine è: "sacralità della vita"! Un termine antipaticissimo, che nasconde le peggiori efferatezze negli avversi campi contendenti, e non solo efferatezze linguistiche! Io starei ben lontano dalla "sacralità della vita". Forse a Maksim è più famigliare il termine "assioma". Senza assiomi c'è scienza? C'è conoscenza? Credo che la risposta sia no, malgrado Maksim mi abbia abituato a mille diavolerie (fantasmagoriche e poco convincenti) dal suo cilindro di "tuttologia" e "controtuttologia". L'assioma è il "principio" che dà ragione di tutto ciò che se ne deduce, ma che non può in nessun modo essere dedotto, a sua volta, da qualcos'altro, altrimenti questo "qualcos'altro" diventerebbe il principio, a sua volta indeducibile e saremmo al punto di partenza... AL PRINCIPIO! A tutto ciò che ci circonda, o che pensiamo, o che facciamo, è sottinteso un principio o più principi. Si possono cercare e si possono trovare ma, una volta trovati, si sa che quelli sono "il punto di partenza" oltre il quale NON SI VA! Questo "non si va" è un'intimidazione? È un ordine? È un dogma che io voglio imporre a qualcuno per questioni di potere? NO! È un PRINCIPIO e il principio, per principio, non ha princìpi! Se Maksim non capisce questo (e questo lui LO CAPISCE!) io non posso più parlare con lui, men che meno della CHIESA! La Chiesa viaggia su un veicolo dotato di più PRINCIPI: uno di questi è la massima aristotelica: "primum vivere, deinde pholosophari" (prima vivere, poi filosofare): Noi possiamo discutere di tutto ed essere in disaccordo su tutto, ma per farlo dobbiamo essere sicuri che CI SIAMO e che POSSIAMO PARLARE. Se uno mi taglia la lingua, poi non mi può dire: dimmi che cosa ne pensi del "taglio delle lingue": come faccio a rispondergli? Ora, i princìpi non negoziabili, cosiddetti, non sono altro che quei punti basilari di partenza senza i quali non si può né partire, né fare il percorso, né arrivare! Sono ASSIOMI! Questi assiomi non sono stati architettati a tavolino da quattro furbi cardinali assetati del dominio sulla mia libertà. Sono stati "trovati" e "sperimentati" e "collaudati" faticosamente nel lungo e collaudato cammino millenario di tanti popoli e di tante civiltà e di tante religioni e di tante culture. La Chiesa non fa che un riassunto breve (un "bignamino" per liceali) di queste "scoperte" e si preoccupa di farle conoscere, soprattutto, TRAMANDARLE. Questa è la TRADIZIONE: la consegna del passato alle generazioni future, una dote da accogliere e sempre migliorare, ma mai distruggere per ritornare al punto di partenza! La famosa (e da me odiata semanticamente) "sacralità della vita" è né più e né meno che un "principio", e come tale "indisponibile" ed è indisponibile non perché deve stare chiusa nelle esclusive casseforti del Vaticano, ad uso dei potentati clericali che non vedono l'ora di "possedere" l'eccelsa mente libera di Maksim. Se si pensa così, i dialoghi sono bacati in partenza da un virus letale che non può che ucciderli in fasce! Ora basta! Ne riparliamo, a Dio piacendo, purché lei sappia che io non ho nulla contro i valdesi: sono i valdesi che non comprendono la prospettiva "integrale" della chiesa (o fanno finta)! Domanda pre-religiosa: se io ricevo un dono da qualcuno, o meglio una perla da custodire, posso venderla? Posso regalarla a qualche altro? Come faccio dunque a reclamare un "diritto" a disporre di una cosa che non è mia? Il ragionamento logico pre-religioso sarà pure sbagliato ma è il seguente: se non l'ho fatto io, posso io disfarlo? Se è negata la mia disponibilità a nascere, a quale titolo mi deve essere autorizzata la libertà a morire? Si potrebbe aggirare questo ostacolo di pura razionalità soltanto con qualche mito, tipo: "io ho scelto in una vita prenatale di nascere. Però scusami, ma non ricordo tutti i particolari, ci sto lavorando!" Mah!

DREA. A Misha rispondo che sono stata a scuola dalle suore dall'età dei due anni e mezzo (ho iniziato presto l'asilo) fino ai 18 anni. La trovo molto saccente ed anche piuttosto arrogante, non si permetta più di dirmi cosa dovrei studiare e come, e di augurarmi di non perdere o di trovare il senso dell'ironia. Lei porta giudizi personali su persone che non conosce!

CHANNAH. Misha, se lei è convinto della sua risposta e di quello che dice sono contenta per lei, forse quello che mi dà fastidio è che lei a tutti i costi pretende di avere una verità assoluta quando nessuno ce l'ha. In questo campo ognuno si muove secondo le proprie verità e i propri vissuti e i propri dubbi, cercando di fare del proprio meglio con i propri limiti. Ci sarebbe questo video, che forse può ammorbidire i toni.[13] Buona serata.

MAKSIM. Indubbiamente, ogni principio, anche il più luminoso, può essere strumentalizzato e distorto per promuovere il peggio di cui è capace l'essere umano. Questo però nulla ha a che fare con il discorso in essere. Riguardo gli assiomi, non dimentichiamoci che questi possiedono sempre un loro dominio di validità. Se non comprendiamo questo, rischiamo di rimanere bloccati in una prigione mentale che poco ha a che fare con il mondo reale. Certamente un principio è un punto da cui possiamo partire. Ma nel cammino possiamo scoprire, e spesso scopriamo, che la sua validità non è assoluta, che esistono ambiti in cui non si applica, o si applica solo parzialmente. Quando scopriamo questi ambiti, siamo costretti a riflettere più profondamente, e riconsiderare in nostri punti di partenza. Non necessariamente per eliminarli, ma magari per collocarli all'interno di uno schema più ampio. La scienza è piena di esempi in cui determinati principi, che si ritenevano non negoziabili, sono stati rinegoziati. Nel testo da me riportato della Chiesa Valdese ci sono alcune semplici considerazioni che ci invitano a riflettere più in profondità. "Quale fonte d'autorità può costringere una persona inguaribile a continuare a vivere una vita di morte? Da quale parte sta Dio?" Penso non sia corretto rispondere a quesiti così fondamentali sventolando un altisonante principio, così come non penso sia corretto definire non degna la scelta di una persona che si pone di fronte a questi interrogativi senza risposte preconfezionate. Era questo, unicamente, il tema del mio post: la dignità di un essere umano che di fronte al mistero e alle difficoltà della vita opera delle

---

[13] *https://youtu.be/v5TlKwj99wA*

scelte, cercando il massimo bene per sé e per gli altri, secondo la sua comprensione. Alcuni si permettono di definire tale scelta indegna. Personalmente, penso vi sia una notevole arroganza spirituale in tale presa di posizione.

MISHA. Mi scuso, ma la mia intenzione era tutt'altra: lei, signora Drea, si è scandalizzata per una battuta sulla quale prima di tutto poteva solo ridere e poi riflettere. Ma io non ce l'ho con nessuna persona, tanto meno con lei. Forse la sua battuta sulla Chiesa Cattolica viene da una crisi di rigetto delle sue frequentazioni giovanili, ma non importa, non le so dare torto. Veda, glielo dico papale papale: io non mi sento saccente, ma sono arrabbiatissimo contro un mondo davvero "saccente" che viaggia in lungo e in largo in tutte le tradizioni, religioni e confessioni religiose, dall'Oriente all'Occidente, dal buddismo all'induismo ai valdesi a tutto! Tutto è buono, tutto è bello, tutto è accettabile, ma la Chiesa Cattolica no! È peggio di uno scomodo tabù. Quella proprio è indigeribile. E io mi chiedo se non ci siano dei motivi psicologici, anziché di disinteressata conoscenza. In ogni caso, dato il tono della sua replica, non potrà mai accadere che io la infastidisca nella sua sensibilità. Ci faccia caso e mi dica se ho torto: la pecora nera di tutte le belle conversazioni sociali o spiritualistiche è la Chiesa Cattolica. Qualcosa non va! D'altronde è stata lei a dire una cosa per niente vera, con aria di sufficienza: "La Chiesa Cattolica tutta Inferno e Paradiso"! Cara Channah, ti ringrazio per il video: esso ha un limite, mette nella stessa categoria l'eutanasia e l'accanimento terapeutico, l'eutanasia attiva e quella passiva. Non voglio farle nessun discorso, me ne guardo bene. Mio padre è morto di tumore allo stomaco, io non potevo entrare nella sua stanza da letto senza sentirmi guardare con rabbia da lui, morente, perché mi faceva capire che gli stavo facendo fare una brutta morte. Questo, perché i medici mi avevano detto che non c'era più niente da fare e dall'ospedale potevamo tornare a casa. La sospensione delle "cure" c'è sempre stata da che mondo è mondo ed è sempre rimasta una scelta dettata dal buon senso pratico, dall'affetto e dal consiglio senza ideologismi dei medici. Ma adesso il dibattito è diventato pubblico, "ideologico" e "normativo" e quindi non potrà che peggiorare sempre di più, acuendo contrasti che non avrebbero ragioni di esistere in una società normale. La legge non potrà mai regolare un fenomeno che dovrebbe essere lasciato all'amore e al buon senso, senza scantonare nei "massimi sistemi" della "libertà di scelta", che è una cosa ridicola in punto di morte! Anziché guerreggiare su una pretesa libertà di scelta che nessuno ha mai avuto in tutta la sua vita (ognuno di noi si trova in posti che non avrebbe mai scelto o in professioni non volute o in relazioni del tutto indipendenti dalla nostra volontà), anziché pontificare su questa "libertà", farei come i vecchietti contadini di una volta, che ci libererebbero il cervello dalle catene di troppo: quando sono debole o non vedo o non sento o non capisco più, FIAT MIHI SECUNDUM VERBUM TUUM (sia fatto di me come ha deciso Iddio, o il destino o le circostanze o la vita). La pretesa di dominare tutte le circostanze della nostra vita è una pretesa RIDICOLA, IRREALISTICA, questa sì veramente SACCENTE fino all'UTOPIA e, ultimamente, diciamolo per sorridere, anche un po' "luciferina"! La testa (anche la mia, intendiamoci) tornerà a posto quando torneremo ad accogliere il mistero e l'imprevisto! È francamente insopportabile questa lotta verbale in nome della prosopopea della "libertà di scelta" spinta fino a diventare una barzelletta! All'inizio di questo post Maksim commenta: «L'idea che solo Dio possa decidere della nostra morte è non solo una banalizzazione del divino, ma un chiaro errore di valutazione». Vi sembra un'opinione questa o un dogma ex cathedra? CHIARO ERRORE DI VALUTAZIONE. Chiaro dove? Chiaro per chi? Per me è chiaro e cristallino il principio: Chi non si dà la vita non ha potere di togliersela. Sarà opinabile, ma È CHIARO e anche motivato a mio modo! La chiarezza dell'altra valutazione, invece, dov'è? In che cosa consiste? Non si sa. Viene affermata *ex cathedra*, facendo salve all'apparenza tutte le opinioni. Ciò non mi va! Drea, stia tranquilla, sono solo appassionato, non voglio essere offensivo!

MAKSIM. Evidentemente, le persone hanno il potere di togliersi la vita, Misha. Il chiaro errore di valutazione sta nel ritenere che non lo abbiano. Dio (nell'ipotesi in cui Dio abbia creato l'uomo) indubbiamente ha dato all'uomo non solo la sua vita, ma anche il potere di togliersela. Lo sappiamo semplicemente perché accade. Naturalmente, stiamo qui parlando di vita nel senso ristretto del termine, cioè di "vita intra-fisica". Infatti, la morte non si oppone logicamente alla vita, ma semmai alla nascita. E certamente non ci sono certezze circa il fatto che noi nasciamo al momento del concepimento biologico (semmai ci sono evidenze del contrario), ma questa è un'altra storia. Ora, avere il potere di togliersi la vita non significa ovviamente che sia cosa buona farlo. Ci sono però circostanze dove questa scelta può rappresentare la scelta del minor male possibile (o del maggior bene possibile, se preferisci). Ogni caso è unico, ogni circostanza una circostanza particolare e non è possibile usare ricette preconfezionate. Detto questo, il punto del mio post non ha mai riguardato le affermazioni *ex cathedra* o dogmatiche. A ognuno i suoi sistemi di credenza, più o meno aperti al cambiamento. Il punto del mio post era di esprimere il mio disaccordo su un giudizio circa la dignità di una persona che, fino a prova del contrario, ha cercato la migliore soluzione possibile date le risorse a sua disposizione, nel rispetto tra l'altro delle regole vigenti nel suo paese. Il fatto che vi siano dei cristiani che hanno adottato una posizione differente (vedi Chiesa Valdese), meno rigida, dovrebbe forse invitare a una certa prudenza. Quanto alla tua critica rispetto al clamore dell'intera vicenda, in parte potrai anche avere ragione. Mi sfugge però perché se è Brittany a parlare della sua morte ai media ti arrabbi moltissimo, mentre se è l'istituto pontificio a farlo va tutto benissimo. Due pesi e due misure? Per il resto, non ho mai avuto alcuna intenzione né desiderio di cambiare la tua posizione, o la posizione di chicchessia, su queste questioni. Sono scelte personali, e tali secondo me devono restare. Ma per l'appunto, in una società civile, devono essere delle scelte possibili e dignitose, e in tal senso l'Italia è rimasta molto indietro.

MISHA. Metà del suo commento è sintetizzato lapidariamente in un documento della Chiesa (DONUM VITAE), senza troppi giri di parole «Non tutto ciò che è possibile è lecito». L'uomo ha molti poteri, e non li scopriamo oggi, compreso quello di contraddire se stesso o autodistruggersi. La Chiesa, peraltro, o chiunque altro, non ha mai potuto impedire il suicidio a chi avesse voluto o volesse uccidersi. Conosco moltissima gente, suicida molto prima che emergessero questi diritti-simulacro. La novità è che oggi si vuole IL TIMBRO ISTITUZIONALE al suicidio. La macabra assistenza in camice bianco (di cui non conosco nulla di più animalesco, nemmeno una trucida impiccagione)! Se ogni caso è unico, ognuno si regola come ritiene, ma senza le "autorizzazioni del potere", di qualunque potere. Le istituzioni esistono per dare delle regole al popolo cui sono destinate, non per essere l'inutile duplicato della singola volontà dei singoli soggetti. Altrimenti chiudessero i Parlamenti, dopo aver fatto un unica norma generale: FATE QUELLO CHE VOLETE, PURCHÉ NON VI DATE FASTIDIO A VICENDA. Da oggi in poi limiteremo l'uso della polizia ai casi in cui vi infastidite reciprocamente. Chi si uccide, del resto, se ne frega altamente del "rispetto delle leggi vigenti nel suo paese". Cosa abbastanza ridicola e singolare, per uno che deve farla finita. Lei mi dice spesso che io confondo i piani, e sono d'accordo, ma lei pure non scherza! Gli "istituti pontifici" e simili non sono nati come "associazioni culturali" che diffondono il proprio pensiero filosofico: La Chiesa è MOLTO CONCRETA e non si pronuncia mai su nulla che non sia ESPERIENZA VISSUTA. Arriva sempre dopo i fatti e mai con le proprie etichette da incollare ai fatti prima che succedano. Quando la Chiesa parla, su qualsiasi cosa, è perché già IL CLAMORE È ALLE STELLE, non perché si diverte a partecipare al CLAMORE. "Mater et Magistra" significa che ha il desiderio di mettere ordine in materie in cui le "pecorelle" hanno già devastato le praterie. E, soprattutto, piaccia o non piaccia, NE HA L'AUTORITÀ e, per fortuna, anche il potere! Ha lo sguardo dei secoli e non quello delle cronachette del giorno prima! Perché il suo Magistero non è il frutto di un pensatoio di intellettuali in contrasto con altri intellettuali, è il distillato delle esperienze

UMANE e della maturazione di secoli di vicinanza alla natura, agli errori, alle manìe, gli alibi, le scuse, i sotterfugi, i sentimenti, le generosità, le debolezze, i desideri e le aspirazioni degli uomini! La Chiesa non crede al primo giornalista che scrive fesserie (o anche non fesserie), né alle interviste di chi chiama "volontà" il "desiderio", "il desiderio" "istinto", "l'istinto" "volontà" e chiama "libertà" l'"arbitrio". Per ognuna di queste parole la Chiesa non conosce soltanto la definizione pertinente, ma rifugge dall'applicarla a tutto e tutti come un'etichetta catechistica. La Chiesa ha un osservatorio dal quale si rende EFFICACE la sua SAPIENZA per tutti! È innanzitutto vicina sempre a chi soffre, di ogni genere di sofferenza, soprattutto quella esistenziale, è vicina a chi spera e a chi ha paura, segue a distanza e con discrezione persino quelli che ne RIFIUTANO orgogliosamente la guida, senza mai forzare la mano di nessuno. Voi, purtroppo, parlate di un'altra Chiesa, quella dei "regimi", quella delle ricchezze e del potere, che per fortuna ci sono perché fanno tremare i prepotenti di tutte le latitudini e piega le ginocchia persino dei criminali alla guida dei popoli. State fissati sull'eterna e intramontabile Chiesa dei roghi (veri o presunti, non se ne parla), quella che dà fastidio a tutta la voglia matta di imperversare con il proprio IO IDOLATRICO! Usate il bilancino della tolleranza di tutti i pareri, ma colpite duro e con dolcezza ciò che odiate col sorriso sulle labbra! Infatti, esiste sulla Chiesa Cattolica una censura preventiva, al di là delle vostre buone intenzioni. La citate soltanto quando c'è da far notare lo schifo che fa! Per il resto, da Budda a Maometto, dai Valdesi a Vito Mancuso, tutto è distillato puro di saggezza e bellezza. Quanto al fatto che lei rispetta le mie opinioni, è un ritornello sentito e risentito più volte, dalle Alpi alle Piramidi e dal Manzanarre al Reno: è un'idea professata soprattutto per imbalsamare le idee altrui nel limbo dei dibattiti e delle indecisioni, mentre si decide da un'altra parte. Le ho già detto che io divido le idee in due categorie: LE IDEE PER DIRE e LE IDEE PER FARE. I signori del potere (quello vero, a volte felpato) ci lasciano crogiolare nelle IDEE PER DIRE che sono buone per creare "dibattiti"; e si riservano per sé LE IDEE PER FARE, quelle che usano per cambiare i popoli a immagine e somiglianza delle loro ideologie. Quanto alle posizioni "meno rigide", più sono liquide più si liquefa la società. Anche qui la Chiesa viaggia con l'unico principio serio che può ispirare un comportamento umano non ipocrita: durezza nella dottrina, ma amore e pazienza nella carità degli atteggiamenti. Noi abbiamo adottato la regoletta opposta, piuttosto nefasta all'atto pratico: elasticità di dottrina, rigidezza poi negli atteggiamenti pratici verso il prossimo! Ho avuto esperienza di questo anche nel nostro povero piccolo mondo di Facebook. Quelle due o tre persone che mi hanno tolto l'amicizia sono precisamente i cantori della tolleranza e del calderone dove si cucina il minestrone della confusione e della parità di tutte le idee. Ci sono feroci razzisti, dietro le quinte delle "idee uguali"! Lo sapeva?

MAKSIM. Grazie, Misha, per questa tua difesa appassionata della Chiesa. Mi dispiace che ti sei sentito attaccato. Penso che vi siano numerosi elementi di riflessione nei nostri precedenti commenti, e in quelli scritti da chi ha partecipato con noi a questo scambio, e che quasi tutto quello che poteva essere detto sulla questione sia stato detto (nei limiti di uno scambio su Facebook). La mia obiezione, come ho ripetuto ormai *ad nauseam*, non è mai stata che la Chiesa non avrebbe dovuto esprimersi sulla questione, ma che nel farlo ha usato (per la ragioni che ho più volte spiegato) una parola davvero infelice: "mancanza di dignità". Da parte di un'istituzione che, come affermi, conosce la definizione pertinente delle parole, mi sarei aspettato una scelta più attenta, in cui il valore intrinseco della persona in questione (la sua dignità, per l'appunto) non sia messo indebitamente in questione. Si tratta infatti di una vecchia strategia retorica con cui, invece di prendere in considerazione gli argomenti o le motivazioni di una persona, si opera una squalifica a un livello personale. Questo è quello che ho potuto vedere dal mio modestissimo osservatorio personale.

MISHA. Io non mi sono sentito attaccato. A volte scelgo di parlare senza razionalismi devianti, tutto qua. E, malgrado certe reazioni, non parlo mai contro le persone. Quanto alla dignità del morire, per me il primo requisito è quello che i santi chiamano "nascondimento". E meriterei un bel linciaggio se, con i miei interventi, avessi voluto giudicare una semplice "decisione di morire", dove già mi sembra temerario e superficiale accostare le due parole ("decisione" e "morire"). E mi sembrerebbe ancor più temerario un giudizio, dato che io stesso non so di che morte morirò e in quale maniera. Le intenzioni profonde degli uomini sono nelle esclusive mani di Dio, che non chatta su Facebook. Ma in ogni cosa "pubblica" si ha il dovere o il diritto di giudicarla solo nella sua rilevanza pubblica, facendo salva la pietà o il rispetto o anche la famosa "dignità" di ogni persona. Sono proprio io che dico a voi (che non volete sentir parlare della sacralità della vita, che OGNI PERSONA è sacra e, d'altra parte, se non ci fosse nulla di "sacro" (cioè di INTOCCABILE) noi saremmo capaci di toccare tutto con la nostra insaziabile sete di manomissione. Dunque (la Chiesa lo sa molto bene e molto meglio di tutti noi messi insieme) la persona e i suoi "atti" (più che "decisioni") profondi e personali conoscono soltanto ed esclusivamente il tribunale dell'Onnipotente che, anche se si fanno battutine sull'Inferno, è un tribunale sommamente GARANTISTA. Non per caso lo chiamano Tribunale della Misericordia. Noi però dobbiamo portare un giudizio sugli effetti pubblici di un atto pubblico. E allora: 1) dare "assistenza" a un suicidio è un atto innanzitutto contraddittorio e poi, di conseguenza, indegno. Si dà assistenza (se le parole non hanno soltanto un senso liquido, "maksimiano", ma un senso e basta) per la vita, per scovare ragioni e fornire ragioni, anche faticosamente, al vivere; si può dare assistenza anche al morire, se il morire è un'esperienza che ha bisogno di essere anch'essa illuminata da un senso mentre la si fa. Ma deciderlo nella solitudine SOVRANA di un IO, è INDEGNO. E quando dico decisione, DICO DECISIONE, non atto influenzato dalla sofferenza o dal non senso che CI SPINGE come schiavi! Tutto questo, sia chiaro, vale se non si confonde (e chi è confuso ha bisogno di assistenza, perché è tutt'altro che libero di decidere!) EUTANASIA con rifiuto dell'ACCANIMENTO

TERAPEUTICO. Due cose sono indegne di ogni uomo: assecondare il suicidio e farne argomento preventivo per la stampa! Se non si vuole considerare la vita indisponibile per chi non se l'è data, nel rispetto assoluto dell'altro si deve considerare indisponibile la propria morte per farne merce da TV e "modello" indiscriminato per le masse televisive!

MAKSIM. Sei naturalmente libero, Misha, di equiparare il concetto di "sacro" con il concetto di "intoccabile". Per me il sacro è in primo luogo un'esperienza a cui diamo un significato profondo. La vita è per me indubbiamente sacra, ma non per questo intoccabile. E infatti, la tocchiamo in continuazione, in tutti i modi possibili e immaginabili. Ma non vado oltre, il nostro scambio rischierebbe di diventare noiosamente ripetitivo. Permettimi però di farti notare che nel corso dei nostri scambi (sempre più spesso mi sembra di osservare) usi nei miei confronti dei "qualificativi squalificanti" (perdonami l'ossimoro), ad esempio quando mi definisci un "giocoliere delle parole", o quando appiccichi al mio pensiero l'etichetta di "maksimiano", ecc. Si tratta di manovre evasive che altro non fanno che distogliere l'attenzione dall'argomento in essere. Spero sarai d'accordo che è meglio evitare questi riferimenti "ad personam", altrimenti tutto si trasforma, per l'appunto, in uno sterile gioco di pura retorica.

MISHA. "Maksimiano" e "giocoliere" sono aggettivi che puntano a far notare a chi ci segue che lei è una delle tante persone di questo mondo che diffondono "certezze" dure al passo "felpato" del "dubbio" e della tolleranza. Il linguaggio è "liquido", "elastico", appunto "maksimiano"; la sostanza è "solida", "dura", da IPSE DIXIT. La polemica non è "ad personam", è a uno stile diffuso che non è soltanto il suo: lo stile classico del "pugno di ferro" in "guanto di velluto". P.S.: Mircea Eliade, autorevole studioso delle religioni, non la pensa come lei: dentro IL SACRO c'è il significato del TABÙ, di ciò che è MISTERIOSO, SEGRETO, INTOCCABILE. Le parole hanno un LORO senso, se noi gliene diamo un altro, per "giocare" allo slalom retorico, quanto meno lo dobbiamo dichiarare prima. Ciascuno di noi può dare alle stesse parole il significato che crede, basta sapere che le parole hanno DI PER SÉ un LORO SIGNIFICATO! Questo ci impedirebbe di recitare a soggetto!

MAKSIM. Mi dispiace, Misha, ma le parole non hanno "di per sé" un loro significato. Semmai è vero proprio il contrario: acquisiscono un diverso significato a seconda dei contesti. Lo sanno bene i programmi di traduzione, che fanno degli strafalcioni incredibili proprio per la loro incapacità nel contestualizzare in modo corretto il senso di una parola. Osservo inoltre che da Wikipedia, alla voce "sacro", la prima citazione che si legge di Mircea Eliade è la seguente:

"Il sacro è un elemento della struttura della coscienza e non un momento della storia della coscienza. L'esperienza del sacro è indissolubilmente legata allo sforzo compiuto dall'uomo per costruire un mondo che abbia un significato. Le ierofanie e i simboli religiosi costituiscono un linguaggio preriflessivo. Trattandosi di un linguaggio specifico, sui generis, esso necessita di un'ermeneutica propria".

Non c'è menzione di "tabù". (Non sto negando che "tabù" non sia associabile al concetto di "sacro", ma osservando che l'associazione risulta da un'interpretazione). Se il mio stile è quello del "pugno di ferro" in "guanto di velluto" (non è un brutto stile dopotutto), come definiresti il tuo di stile? Sul dubbio, permettimi una citazione di sapore orientale: "Più è grande il dubbio e più grande sarà il Satori". Naturalmente, è bene non confondere il dubbio negativo, che nasce dalla paura, dal dubbio positivo, che nasce dall'indagine.

MISHA. Quando si dice di per sé, si dice "all'origine", in illo tempore. Ma il mio scopo non è "giocare" con le parole. Ho detto quel che ritengo indegno della cosiddetta "assistenza" al suicidio. Ho detto anche in che cosa consista l'indegnità dell'uso mass mediatico della propria morte. Ho detto anche che per me ogni persona è sacra, che per me è sinonimo di tabù e di intangibile. Ho detto, infine, che questa ragazza o chi ne ha dato notizia non me la conta giusta sulla sua "scelta" e sulla pubblicità della scelta. Allora mi aspetto non di avere ragione, ma quanto meno che applichiate CONCRETAMENTE al cosiddetto Vaticano le stesse massime di cui vi fregiate a parole per "drogare" di sapienza astratta l'interlocutore: "Più grande sarà il vostro dubbio, più grande sarà il satori!"

MAKSIM. Caro Misha, io non so chi siano questi "voi" di cui parli, che si "fregiano a parole per drogare il prossimo". Pensavo stessi parlando con me. E pensavo di parlare con Misha, non con un "noi". Ad ogni modo, il tuo messaggio è forte e chiaro, e ti ringrazio di averlo esposto in modo così energico, preciso e articolato. Imparo sempre molto leggendo quello che scrivi. Quanto al Vaticano, penso sia inevitabile che qualche critica ogni tanto la riceva, considerando che, spesso e volentieri, i suoi messaggi si rivolgono non solo ai fedeli, ma all'intera popolazione, che non necessariamente ne condivide tutti i valori.

MISHA. Il "voi" spesso sostituisce involontariamente il "lei" quando parlo, ma non in questo caso, in cui ho visto che lei non è per nulla originale in certe critiche e si aggrega volentieri a facili luoghi comuni sulla Chiesa. Questo non vuol dire che la considero uno della massa. Quanto al Vaticano, ho già detto che non ha bisogno di difese, perché ne ha digerite tante e poi tante, che si è fatto trapiantare – contro natura – uno stomaco d'acciaio collaudato alla digestione di tutto, e forse alle critiche a cui noi zelanti diamo una importanza eccessiva non ci fa nemmeno caso. Il fatto poi che si rivolga (con autorità!) anche a chi non ne condivide i valori (altra battutina sarcastica che lei nasconde bene dentro il pugno vellutato), ciò non dipende dal desiderio e dalla protervia (la leggo nel pensiero) di circuire tutti, compresi "gli adulti non consenzienti", ma da due fattori molto semplici, di cui il primo è il più importante: 1) Secondo qualche intellettuale non di Chiesa (Benedetto Croce) "non possiamo non dirci cristiani" perché l'anima sarebbe "naturaliter christiana". Bertrand Russell, e con lui Odifreddi ai giorni nostri, si sentì spinto a scrivere un apposito libro contro questa tesi per loro inaccettabile. Ma, a rifletterci "sine ira et studio", la tesi è più che corretta, perché anche l'anima "laica", per essere sé stessa senza essere credente o dogmatica, non deve fare altro che funzionare così come funziona, "naturaliter". Per essere convinti che "non si dicono bugie" e "non si ammazza" il prossimo, non è certo necessario credere nella verginità di Maria o nella Trinità. Ho già precisato altre volte, a questo proposito, che i cosiddetti "Dieci Comandamenti" sono solo delle formulette inventate sì dalla Chiesa, ma per sintetizzare la natura di ogni etica pre-cristiana (basta leggere Sofocle, Seneca, Epitteto, Cicerone, e chi più ne ha più ne metta). La Chiesa non è solo a difesa della fede per i cristiani, quando manca, ma – come nei nostri tempi – si mette a difesa della ragione per tutti, quando anche la ragione è minacciata dalle utopie e dall'irrazionalismo. Un esempio per tutti: la Chiesa è costretta a ricordare a tutti una banalità di ragione: che i figli si fanno con atti sessuali tra un uomo e una donna e che il padre di chi li fabbrica in provetta è Severino Antinori, non il marito della signora che li commissiona. Lei poteva mai immaginare che la Chiesa, che passa erroneamente per sessuofoba, doveva essere l'unico baluardo di difesa del sesso fatto – e qui ci vuole proprio – "come Dio comanda"? 2) Anche in considerazione di quanto detto, esistono una marea di "laici" in tutto il mondo che seguono il Magistero su certi punti senza l'obbligo di essere credenti! Alcuni li chiamano sarcasticamente "atei devoti", altri in altro modo, ma sono quel vasto popolo di laici "non credenti" che ascoltano il Magistero con attenzione, prima di giudicarlo. Anche a loro si rivolge la Chiesa.

MAKSIM. Supponi per un momento, Misha, che a causa di una riduzione drastica della spermatogenesi nella popolazione maschile terrestre, l'atto sessuale non sia più sufficiente per assicurare la continuazione della specie. In tal caso, continueresti a batterti contro le tecniche di fecondazione artificiale, oppure saresti disposto a rivedere la tua posizione di fede?

MISHA. Se un asino volasse, certamente dovrei rivedere molte cose della legge della gravità. L'esperienza, lei mi insegna, può falsificare qualsiasi ipotesi ma, inversamente, nessuno ci autorizza ad abbandonare la realtà prima che questa sia falsificata dall'esperienza nuova e concreta. Questo sarebbe insaccare la realtà dentro una propria ideologia che, come tutte le ideologie, prima o poi farà grandi danni.

MAKSIM. Prendo atto che preferisci non rispondere. Non si tratta però di asini che volano: dai dati disponibili si osserva una sensibile decrescita della concentrazione di spermatozoi negli uomini. Sembra che nell'ultimo mezzo secolo la "qualità" dello sperma umano sia diminuita di circa la metà. Per quanto riguarda la gravità, gli asini non volano ma i raggi di luce si curvano, e per questo la legge della gravitazionale UNIVERSALE di Newton è stata, per l'appunto, rivista. E l'attuale legge GENERALE di Einstein già sappiamo che non è sufficientemente generale, in quanto non si applica nei contesti in cui gli effetti quantistici diventano rilevanti (effetti che quando furono scoperti fecero ai fisici l'effetto di veri e propri "asini che volavano", cioè di qualcosa che si riteneva impossibile).

MISHA. Caro Maksim, io preferisco sempre rispondere, se la domanda la capisco e se non diventa un modo di menare il can per l'aia. Ammesso e non concesso che questi "dati disponibili" siano veri, basterebbe scoraggiare (prima di tutto con mezzi educativi, ma non solo) aborto e sesso libero e forse le cose tornerebbero a posto. Se si spodesta dai sacri altari il sacro idolo del Preservativo (fanciullescamente e ideologicamente considerato il Dio di ogni soluzione), la situazione paventata da questi presunti dati ritroverebbe, forse, il suo equilibrio.

CEZAR. Cambio prospettiva: dalla metempsicosi all'utero in affitto e al trapianto del cervello ci son voluti più o meno due o tremila anni. Tra poco la discussione sarà tra chi dovrà morire (assistito o meno) e chi potrà permettersi il trattamento per sopravvivere (a che condizioni non si sa ancora). Visto l'incremento della differenza del tenore di vita tra alcune élites e il resto della popolazione potrei immaginarmi fantascientificamente che si stia eseguendo il progetto malthusiano (limitare tecnologicamente la popolazione a pochi "umani" per mantenere l'ambiente vivibile prima del picco catastrofico di non ritorno). Un'alternativa è colonizzare altri pianeti. Naturalmente ci sono altre alternative. Eccetera.

BERT. Nei casi di eutanasia secondo me si commette l'errore di separare la vita con l'individuo. Siccome la vita non è un concetto astratto, ha molto a che fare con la volontà dell'individuo di vivere. Inoltre, è proprio la natura che ci insegna che la vita deve fare il suo corso e quindi, quando non è più possibile andare oltre con le cure per evidenti limiti medici, o per l'impossibilità di persistere da parte del malato, è giusto che il cerchio si chiuda come deve essere. Meno teologia da aspiranti gesuiti e più comprensione per il prossimo aiuterebbero non poco a lasciare ad ognuno la libertà di decidere secondo coscienza senza essere giudicati da terzi.

MISHA. Secondo coscienza, OK. Sto cercando di dirlo da un po'. Ma anche senza "permessi" e "autorizzazioni" agli sportelli dell'ufficio comunale "dolce-morte", con il timbro a forma di teschio. D'accordo?

MAKSIM. Cezar, a proposito dell'aumento della diseguaglianza in termini di ricchezza, recentemente c'è stato uno studio molto importante, realizzato dell'economista francese Thomas Piketty [*Le Capital au XXI-ème siècle*, éditions du Seuil] che in un certo senso ha inaugurato lo studio dell'economia scientifica, cioè uno studio dell'economia che si basa su un confronto con una mole di dati sufficientemente significativi. Naturalmente, un aumento della diseguaglianza in termini di ricchezza e disponibilità di beni e servizi non giova a nessuno, né ai poveri né ai ricchi. Nessun "potere forte" ha interesse a promuoverla. Il problema è che ci troviamo ancora in un periodo pre-scientifico nelle questioni economiche. Mancano (forse dovrei dire, mancavano) le informazioni relative alle conseguenze di determinate politiche economiche. Detto questo, non credo che nessuna "élite" abbia il potere (e la conoscenza) di limitazione di cui parli. Se davvero l'avesse, da tempo l'avrebbe usato per stabilizzare le dinamiche planetarie ed evitare la trasformazione del pianeta in una discarica sovrappopolata. Questo perché l'attuale situazione, lo ripeto, non giova a nessuno.

BERT. Più di regime di chi sostiene di predicare secondo ispirazione e volontà di Dio non so chi ci sia. Uomini liberi hanno il dovere di darsi delle regole se vogliono vivere insieme, questo non è regime.

L'ALBERO DELLA CONOSCENZA

10 novembre 2014

MAKSIM. "Non è vero che è stata Eva a imbrogliare Adamo. Eva aveva fatto la scelta giusta [...] aveva capito che la via dell'evoluzione dell'umanità passava attraverso la conoscenza". [Nadav Crivelli]

MISHA. ...con i risultati che sappiamo!

MAKSIM. I risultati li potrai valutare soltanto al termine dell'opera Misha.

MISHA. Se il buon giorno si vede dal mattino, qualche cosa abbiamo già cominciato a vederla dopo la "cacciata dal Paradiso terrestre". E non c'è da stare allegri!

MAKSIM. Quale sarebbe secondo te questo mattino dell'umanità, di cui ci sarebbe poco da stare allegri? Comunque, A volte per ubbidire bisogna disubbidire...

MISHA. Ci stiamo incartando. "Il buon giorno si vede dal mattino" è un proverbio. È un po' il fratello gemello di "Chi ben comincia è alla metà dell'opera". Considerato l'esordio poco felice di Adamo ed Eva, dicevo, non c'è da stare allegri. Ma era una battuta. Ma vedo che "i giochi" non finiscono mai: disubbidire per ubbidire...

MAKSIM. "Disubbidire per ubbidire" non è un gioco, Misha. Naturalmente, devi spingerti oltre l'apparente antinomia per coglierne i possibili significati. Ce ne sono numerosi. Riesci a vederne almeno uno?

MISHA. No.

MAKSIM. Non sottovalutarti Misha. Usa la tua parte creativa.

211

"Disubbidire per ubbidire" è un'affermazione astratta, che può essere esemplificata in diversi modi. Non riesci a vedere nemmeno una di queste possibilità, o semplicemente non vuoi farlo?

LLORA. ...perché la conoscenza è libera. E questa è la prima cosa non voluta da certuni, in quanto un popolo libero non è governabile. Inoltre, bisogna dire che la conoscenza non è per tutti, o meglio, è necessario maturare nel cammino per essere pronti a riceverla e a gestirla, benché si tratti comunque di minuscole gocce di conoscenza.

MAKSIM. Secondo questa reinterpretazione (rettificazione?) dell'antico episodio biblico, la donna sarebbe in un certo senso più pronta dell'uomo nell'accogliere e gestire una conoscenza di valore evolutivo. Considerando come tutti i grandi sistemi religiosi del pianeta si fondino su una presunta superiorità spirituale dell'uomo nei confronti della donna, questo ci dà un'idea di quanto ci siamo forse allontanati dal messaggio originale. Qui possiamo intravvedere uno dei possibili sensi della frase paradossale "disubbidire per ubbidire". Se gli antichi testi sacri sono stati alterati da chi si oppone all'evoluzione nella conoscenza, allora per ubbidire a Dio devo disubbidire a Dio, cioè alle sue (presunte) sacre scritture. E naturalmente, se "sacro" diventa sinonimo di "intoccabile", e se le "sacre scritture" sono state modificate ad arte, allora siamo in trappola. La conoscenza diventa intoccabile. Fortunatamente, Eva ha avuto il coraggio di toccarla.

MISHA. Più che astratta, è un'affermazione contraddittoria. Quindi non si tratta di "specificarla", perché la contraddizione, essendo un assurdo, non può essere specificata. Tutt'al più si tratta di eliminare la contraddizione, se essa è solo apparente. Ma se è apparente, è lei che ha l'obbligo di scioglierla, non io di specificarla. Così com'è, è un assurdo come il "cerchio quadrato", dunque "un gioco verbale"!

MAKSIM. Quello che affermi Misha non è corretto. Ti spiego perché. L'affermazione potrebbe essere contraddittoria se specificasse a cosa quel "ubbidire" e "disubbidire" si riferiscono. Ma non lo fa. La frase non dice che bisogna ubbidire e disubbidire contemporaneamente alla stessa cosa. Questo è qualcosa che hai aggiunto tu. In altre parole, è la tua interpretazione della mia frase ad essere contraddittoria, non la frase in quanto tale, che è aperta a numerose interpretazioni, molte delle quali non contraddittorie. Comunque nessun obbligo, era solo un invito.

MISHA. Come anche è un "gioco verbale" la questione delle "sacre scritture". 1) Non sono state modificate ad arte; 2) la loro "intoccabilità" significa sempre "divieto di manomissione", non di "approfondimento" della loro conoscenza. Una terza cosa, sulla superiorità dell'uomo secondo le religioni. Non è proprio così: legga J. J. Bachofen.

MAKSIM. Penso sia davvero difficile pensare di poter negare la profonda misoginia insita nelle grandi religioni. La cosa più preoccupante è che, negare quest'evidenza significa anche negare la necessità di un profondo mutamento di visione. Certo che, se le scritture sono per definizione intoccabili, cioè non possono essere corrette, questo mutamento risulterà piuttosto difficile. E, naturalmente, non si salva nemmeno il Buddismo.

MISHA. Alcuni stralci tratti dal capitolo sulle donne, del libro: *Indagine sul cristianesimo. Come si costruisce una civiltà*, di Francesco Agnoli (Piemme):

"Per quanto riguarda la donna, il suo essere dono per gli altri, necessita di due esperienze a lei peculiari su cui si giocherà la propria realizzazione, la propria vocazione: la verginità e la maternità. Queste dimensioni non possono trovare modello più perfetto della "donna di Nazareth": Maria, 'vergine e madre'. Una donna che diviene degna di portare nel suo grembo Dio stesso! Quale importanza più grande poteva riconoscere il cristianesimo al genere femminile! [...] L'atteggiamento di

Gesù con le donne è molto semplice e forse proprio per questo, in quei tempi, rivoluzionario. "Si meravigliavano che stesse a discorrere con una donna", e a meravigliarsi non vi erano solo gli scribi, ma gli stessi apostoli! Egli, davanti agli ebrei che rivendicavano il "diritto maschile" di ripudiare la propria moglie per qualsiasi motivo, li ammonì di ritornare al "principio", quando questo non era consentito, quando cioè l'uomo e la donna ancora si amavano con purezza, essendo ad immagine e somiglianza di Dio. [...] In questo caso Gesù interviene per spazzare via una "tradizione" che si era affermata ma che era contraria alla volontà divina, che in origine non voleva che il maschio dominasse, ma che stabiliva un'uguaglianza tra i due in una sola carne".

MAKSIM. Mi devi chiarire un mistero Misha. Se è vero, come dice lo stralcio succitato, che la donna diventa col cristianesimo creatura di Dio al pari dell'uomo, perché all'interno della Chiesa Cattolica essa non può accedere, al pari dell'uomo, alle stesse posizioni di comando? In altre parole, perché la Chiesa è ancora rigorosamente governata dagli uomini, se agli occhi di Dio uomini e donne sono creature dello stesso valore?

ADALFUNS. Forse la parola "donna" andrebbe sostituita con "anima" e la parola "uomo" con "spirito".

MAKSIM. Ma per fare quella sostituzione, Adalfuns, assolutamente appropriata, bisognerebbe poter toccare ciò che si ritiene intoccabile. Bisognerebbe non solo approfondire i testi, ma anche chiarirli e rettificarli.

MISHA. Calma e gesso! Troppi commenti mi allontanano dai commenti a cui vorrei rispondere immediatamente e si finisce per non capirci più niente. Allora: mia risposta a un commento remoto di Maksim, sulla contraddizione, che comincia così: «Quello che affermi, Misha, non è corretto...». Mi scusi, ma io divento scemo, perché lei dice: «L'affermazione potrebbe essere contraddittoria se specificasse a cosa quel "ubbidire" e "disubbidire" si riferiscono». Ora, invece, al contrario di quel che dice lei, un'affermazione è contraddittoria proprio quando NON specifica ciò a cui si riferisce l'obbedire e ciò a cui si riferisce il disobbedire. Proprio quando è detta SENZA specifiche, si deve pensare a una contraddizione. Se fosse specificato il riferimento, la contraddizione sarebbe apparente, e sparirebbe, perché la specificazione sarebbe proprio ciò che la risolve. Esempio: "disobbedire agli uomini per obbedire a Dio", oppure: "Disobbedire alle leggi per obbedire alla propria coscienza", oppure "Disobbedire a papà per obbedire a mamma", ecc. Ma dire, senza specificare nulla, che «A volte per ubbidire bisogna disubbidire», questa è una frase ASSURDA e CONTRADDITTORIA. Non so se rendo l'idea, ma RIPETO che è proprio la specificazione (che lei non fa) che farebbe uscire la frase dalla contraddizione e dall'assurdità!

MAKSIM. Quello che scrivi, Misha, è corretto. Ed è un perfetto esempio di un modo opposto di comprendere il senso della mia frase. Quello che però, secondo me, non cogli è che un'affermazione del tipo "disubbidire per ubbidire" è una frase che rimane astratta nel senso di potenziale. Contiene, in altre parole, un insieme di significati possibili. Non totalmente arbitrari, poiché la frase ha una sua struttura, ma nemmeno perfettamente determinati. Ora, tu confondi "indeterminato" con "contraddittorio". Detto questo, e su un livello differente, ti offro una possibile interpretazione, dove la frase acquisisce addirittura un senso proprio. Spesso ai bambini, per fargli fare una cosa, gli si proibisce di farla, poiché si sa che faranno esattamente il contrario di quello che gli chiediamo di fare. Quindi, a volte quando un bambino disubbidisce, di fatto ubbidisce, cioè fa quello che il genitore voleva che facesse. E se il grande Padre avesse fatto lo stesso? Sapendo che non avremmo mai osato mangiare quel frutto, ha usato con noi uno stratagemma. D'altra parte, per farci uscire da un paradiso, sicuramente aveva bisogno di una strategia. Qualcosa del tipo "storcere di più una cosa per raddrizzarla"!

MISHA. Seconda risposta a Maksim, relativa al commento: «Mi devi chiarire un mistero, Misha...». VOLENTIERI. Il mistero sta in una parola "misteriosa" che, senza alcuna specificazione (appunto anche qui) è del tutto ambigua! E ci sono dei furbetti, specie al giorno d'oggi, che vogliono lasciarla di proposito nell'ambiguità, per trastullarsene a spese altrui. La parola è "PARITÀ" o "UGUAGLIANZA". Per spiegarglielo, scherziamoci un po' su: se per "parità lei intende, per esempio, "parità d'altezza" e di questa "parità d'altezza" lei ne fa "un diritto", un "valore" da realizzare in società, presto o tardi lei sarà costretto a inventare LA GHIGLIOTTINA. Essendo difficile e faticoso elevare l'altezza di chi misura mt. 1,50 alla misura di mt. 1.80, la ghigliottina si incaricherà di realizzare il valore umanitario della "parità" TAGLIANDO i 30 centimetri di differenza a chi misura mt. 1,80, così sarà uguale a mt. 1.50. Questa è la parità delle rivoluzioni "egualitarie", dove si sceglie di abbassare gli altri ad una misura standard verso il basso, anziché elevarli a una misura standard verso l'alto. È quel "valore" che in Italia è stato invocato per tanti anni con il famoso art. 3 della Costituzione. L'articolo, nato per dare pari opportunità ai meno abbienti rispetto ai più fortunati, ha finito per diventare il grimaldello per abbassare i più fortunati ai meno abbienti. Si è fatto credere al popolo, ad esempio che, siccome io e il Presidente della Repubblica siamo "uguali", un tribunale deve comportarsi allo stesso modo quando ha come imputato me e quando ha come imputato il Presidente. Niente di più demagogico, perché la definizione di "giustizia" non è "DARE A TUTTI LA STESSA COSA", bensì "DARE A CIASCUNO IL SUO". La regoletta è servita soltanto ai giustizialisti a combattere e battere i propri avversari politici. Veniamo a noi: la parità tra uomo e donna è una parità di dignità, non un'eguaglianza "di potere"! Anche perché il criterio della "dignità" non è preso in prestito dal mondo "laico" dell'arrembaggio alle cariche, o dalla istituzione obbligatoria delle "quote rosa", una diavoleria tanto umiliante per le donne (considerate "panda in riserva") quanto demagogica, perché occulta la sua vera natura di disprezzo per le donne agli occhi delle donne stesse! Molte delle quali (non tutte), per un posto in carriera fanno anche finta di non accorgersi della "menata per il naso", adeguando ogni loro aspirazione a criteri spesso più "maschili" che "femminili"! Salvo ad accorgersi che poi sono costrette a fare tre o quattro lavori messi insieme, riducendole nel tempo a "macchinette" zombie! Se mi viene da dire – magari sbagliando – che "l'uomo è il capo" e nello stesso tempo che "la donna è il cuore" chi di questi due "ha il potere" nell'organismo? Soltanto dopo aver riflettuto su queste considerazioni "minime" si può affrontare il tema della "pari dignità uomo-donna" nel cristianesimo, pur nella complementare diversità di ciò che nel cristianesimo si chiamano "carismi" e "ministeri"!

MAKSIM. Le tue considerazioni minime sono accettate. Quello che invece è difficile da accettare, non solo per una donna, ma anche per un uomo, ritengo, è quell'ineguaglianza di potere. Su cosa si fonderebbe?

MISHA. Che fatica! Adesso, per negare il principio di contraddizione, si fa fare al bambino un processo alle intenzioni: e il bambino scopre di ubbidire a un ordine che è stato fatto apposta per fargli fare la cosa contraria. Ma questo è un "trucco", non "un principio"! Poi c'è da dire la cosa più importante: il bambino non disubbidisce per ubbidire! Disubbidisce proprio per disubbidire! Il fatto che io, per dirigermi a Nord, devo orientare la vela a Nord-Est a causa di un forte vento che le fa sballare la rotta, CHE COSA C'ENTRA con il principio contraddittorio: andare a Sud per andare a Nord?

MAKSIM. Mi arrendo Misha. Era solo un esempio. E comunque, il punto importante era il riferimento alla potenzialità: la frase contiene numerosi significati potenziali, che chiedono di essere attualizzati. Non è, per dirla in parole più ordinarie, una frase compiuta, ma (volutamente) incompiuta, aperta, potenziale per l'appunto. Ma capisco il livello della tua critica. E se resti a quel livello hai ragione tu. Spero che tu riesca a vedere anche il livello che ti sto indicando. In fisica si parla di stati di sovrapposizione, non perché le diverse possibilità sono tutte attuate nello stesso tempo, il che costituirebbe una contraddizione, ma perché in un determinato contesto sono tutte attuabili. Ora, nel contesto del mio post, la frase "disubbidire per ubbidire" è espressione di uno stato (semantico) potenziale, che il lettore della frase deve attuare, dando vita a un processo creativo, a cui tu ti sei rifiutato di partecipare. Per dirla nel gergo quantistico, non hai voluto collassare la funzione d'onda di quella frase.

MISHA. Quanto al "potere", per non rispondere a una domanda ambigua (infatti: che cos'è il potere? di che potere si tratta?), un eminente uomo di Chiesa che lei, e tanti suoi amici, mostra di amare tanto, così si esprime [C. M. Martini, "In cosa crede chi non crede?", Liberal Libri 1996 p. 18,19]:

«Innegabile che Gesù Cristo ha scelto i dodici apostoli. Di qui occorre partire per determinare ogni altra forma dell'apostolato nella Chiesa. Non si tratta di cercare ragioni a priori, ma di accettare che Dio si è comunicato in un certo modo e in una certa storia e che questa storia nella sua singolarità ancora oggi ci determina [...]. Una prassi della Chiesa che è profondamente radicata nella sua tradizione e che non ha mai avuto reali eccezioni in due millenni di storia non è legata solo a ragioni astratte o a priori, ma a qualcosa che riguarda il suo stesso mistero».

E poi ancora:

«Il fatto stesso cioè che tante delle ragioni portate lungo i secoli per dare il sacerdozio solo a uomini non siano oggi più riproponibili mentre la prassi stessa persevera con grande forza (basta pensare alle crisi che persino fuori della Chiesa cattolica, cioè nella comunione anglicana, sta provocando la prassi contraria) ci avverte che siamo qui di fronte non a ragionamenti semplicemente umani, ma al desiderio della Chiesa di non essere infedele a quei fatti salvifici che l'hanno generata e che non derivano da pensieri umani ma dall'agire stesso di Dio. La Chiesa riconosce di non essere giunta ancora alla piena comprensione dei misteri che vive e celebra, ma guarda con fiducia a un futuro che le permetterà di vivere il compimento non di semplici attese o desideri umani ma delle promesse stesse di Dio. In questo cammino si preoccupa di non discostarsi dalla prassi e dall'esempio di Gesù Cristo, perché solo restandovi esemplarmente fedele potrà comprendere».

MAKSIM. Sono argomentazioni piuttosto deboli. È ovvio che una tradizione interpretata da uomini non può che giungere a conclusioni di questo genere. Altre interpretazioni sono però possibili. Ad esempio, nella celebrazione non si afferma forse: "Nella notte in cui fu tradito, Gesù disse ai suoi discepoli...". Ai suoi "discepoli", non ai suoi "apostoli"! E tra i suoi discepoli c'erano anche le donne, o sbaglio? Ad ogni modo, queste sono questioni che riguardano le donne cattoliche. Se a loro va bene così, va bene anche a me. Mi ricordo ancora le giuste obiezioni della mia ex moglie (protestante) quando le è stato chiesto di pronunciare obbedienza al marito. Se ben ricordo, ho dovuto chiedere di stralciare quella frase dalla cerimonia.

ADALFUNS. Disobbedire all'uomo per ubbidire a Dio. Ricordo il titolo di un libro che era: Dio parla all'anima (la donna). Ecco perché alcuni testi apocrifi dicono addirittura che il serpente simboleggi il Dio che vuole fare evolvere l'uomo (come creatura spirituale). Molti credenti, non ancora maturi per una coscienza propria, confondono la moglie con la sposa, e quindi non capiscono molte sottigliezze del cristianesimo. Gesù stesso, parlando della resurrezione, dice che non ci saranno più mogli e non più mariti, ma saremo come gli angeli. Ma, per capire, bisogna prima realizzare il silenzio dell'anima, cioè quello stato di coscienza in cui il cuore non è oppresso dal demone della mente. Diceva un mio amico: tre passi nella vita pratica, un passo nella conoscenza. Insomma Maksim, se non si sperimenta, non si può capire, anche se la propria mente è cristallina. Mi fermo qui, spero che questi flash illuminino chi ha vera sete di conoscenza.

MISHA. Maksim ogni tanto tradisce la sua anima razionalista: infatti quali argomentazioni ritiene "deboli"? Le più potenti, quelle che rivengono da una poderosa e costante tradizione che si va a studiare e verificare in quattro o cinque anni nei corsi di studio della teologia e della scrittura! Lo stesso dicasi per "altre interpretazioni sono possibili" (col cervello, in astratto) e per l'uso della parola "discepoli". Se proprio ci tiene, si procuri di confrontarsi con le argomentazioni sul tema della Sacra Congregazione per la Dottrina della Fede, ricordando che la Chiesa non improvvisa mai nulla per il semplice gusto di fortificare un suo presunto potere. Gesù insegna, tra le altre cose, che l'apparenza inganna e che chi "porta luce" (Luci-fero) può essere ben poco raccomandabile e che la luce vera può ben essere appannata da "sputi", "percosse", contraffazioni del vero volto. La Chiesa difende la verità e l'essenza di ogni donna e della stessa femminilità, nella sua profonda realtà, liberata da tutti gli orpelli che la falsificano! Il paradigma di questa essenza è la Vergine Maria, che non a caso è il discrimine vero tra il cattolicesimo e ogni altra "religione"!

MAKSIM. Se guardiamo agli archetipi, possiamo dire che il principio maschile è di natura penetrante, mentre il principio femminile di natura avvolgente (ricettiva). Pertanto, la discesa del divino nel modo della materia può simbolicamente essere vista come espressione del principio maschile, cui viene data una forma attraverso la sua ricezione nella materia, la mater, il femminile, per l'appunto. Ora, se consideriamo questa dinamica dal punto di vista degli organi genitali maschili e femminili, che sono solo, ovviamente, un pallido riflesso dei principio maschile e femminile e, se usiamo il racconto del cristianesimo, potremmo dire che Gesù Cristo rende manifesto il principio maschile, la luce che penetra nel mondo, mentre le donne attorno a lui sarebbero ciò che è in grado di ricevere questa sua luce ineffabile, e dargli una forma. Poi, i cosiddetti apostoli, un gradino più sotto, ispirati da questa forma femminile, avrebbero il compito ulteriore di trasformarla in un insegnamento e un percorso percorribile e comprensibile per tutti. O qualcosa del genere. Qui ho usato il racconto cristiano, ma si potrebbe parlare del Faraone, delle Jerofanti, e dei Sacerdoti, *mutatis mutandis*. Quindi, da questa prospettiva, all'attuale struttura della Chiesa Cattolica mancherebbe un tassello simbolico fondamentale: manca la coppa in grado di ricevere la luce e dare a questa luce una forma. Certo, questa coppa potrebbe essere Maria, ma manca la sua espressione nella materia. Se il papa è il simbolo del divino incarnato, allora abbiamo bisogno di dare corpo anche a ciò che dà forma alla sua luce: una cerchia di donne, al di sotto delle quali si troverebbe poi un'ulteriore cerchia sacerdotale maschile. Questo per quanto riguarda i simboli. Naturalmente, sto dicendo solo con altre parole quello che ha sottolineato Adalfuns quando ha detto che "Dio parla all'anima della Donna". Là dove, però, non concordo con Adalfuns è la parte in cui dice che "per capire bisogna realizzare il silenzio dell'anima" e che quanto lui ha scritto sarebbe solo un flash per illuminare chi ha vera sete di conoscenza. Ti ringrazio, Adalfuns, e anche se penso che non vi sia alcuna malizia in questa tua affermazione, ti faccio osservare che non può avere posto in uno scambio di idee autentico, in quanto pone automaticamente chi la pronuncia su un piedistallo. È un modo per non confrontarsi. Infatti, sei certo che chi non ha capito è solo perché non avrebbe ancora sperimentato? E se invece, più semplicemente, non ha capito perché non hai saputo spiegare bene, o addirittura perché quello che dici è errato? Insomma, a meno che tu non voglia porti su un livello di intoccabilità in uno scambio di idee, ti tocca "scendere giù" al livello del tuo povero interlocutore (me compreso) che non ha ancora sperimentato (o ha sperimentato altre cose). Magari puoi raccontarci la tua esperienza, o dirci chi, secondo te, avrebbe sperimentato cosa, e perché la sua testimonianza sarebbe importante. La stessa critica la faccio costruttivamente a Misha. Il problema qui è che, quando parli di cosa ha detto Gesù (lo stesso vale per Adalfuns), ti esprimi, Misha, come se solo tu sapessi esattamente cosa egli avrebbe detto, mentre tutti gli altri avrebbero solo informazioni parziali, o errate. Ora, siamo tutti d'accordo che ci sono diverse fonti e che, a seconda delle persone e istituzioni, certe fonti verranno prese in considerazione e altre no, per svariate ragioni. Ma di nuovo, o si accetta di rimpiazzare il "Gesù ha detto" con, ad esempio, "Secondo la Chiesa Cattolica Gesù avrebbe detto...", o "Secondo tale scritto apocrifo Gesù avrebbe detto", o lo scambio diventa del tutto sterile (inutile). Perché di nuovo si evoca un'autorità intoccabile e l'interlocutore perde ogni possibilità di ribattere (se io possiedo l'unica fonte veridica di cosa ha detto Gesù, e se Gesù è Dio, ed è perlopiù infallibile, perché perdiamo tempo a discutere?). Naturalmente, il testo postato da Misha, circa il posto della donna nella Chiesa, riflette unicamente l'interpretazione della Chiesa circa queste questioni. Siamo tutti d'accordo, penso, che la Chiesa abbia cercato, se non altro in linea di principio, di essere fedele alla volontà del Signore Gesù. Ma qui è tutto il problema. Nel caso di Newton, se voglio sapere cosa ha detto riguardo alla tal cosa, vado a leggermi i Principia Matematica, che sappiamo li ha scritti lui. Alcune sue frasi possono essere ambigue, ma altre indubbiamente non lo sono, e quindi, con un buon grado di certezza, possiamo sapere come la pensava veramente Newton, che ne so, sul problema della forza gravitazionale. Ma, nel caso di Gesù, non abbiamo i suoi scritti. Non sappiamo il suo pensiero esatto, di prima mano, sul ruolo della donna. Questo è il primo problema. Il secondo è che Gesù era un uomo. Forse anche un Dio, ma sicuramente anche un uomo, e come tale può aver preso, anzi, direi, avrà sicuramente preso, delle immense cantonate. Cambiando racconto religioso, l'esempio del Buddha è in tal senso illuminante (scusate il gioco di parole). È solo grazie a sua moglie Yasodhara (il suo nome significa: portatrice di Gloria) se alle donne è stata concessa l'ordinazione monastica. Quindi, l'illuminato, per quanto illuminato, aveva i suoi punti ciechi. Tornando a Gesù, qui si sottovaluta completamente che Gesù doveva tenere conto anche delle variabili culturali della sua epoca, e del fatto che lui stesso, in parte, proprio perché anche uomo, è stato condizionato da quelle variabili. E se anche non ne era condizionato, ha comunque dovuto fare delle scelte tenendo conto di tale variabili.

ADALFUNS. Grazie, Maksim, per i tuoi commenti e per i tuoi insegnamenti che seguo con molto interesse. Nella mia esperienza di vita, quando ho cercato di comunicare idee come verità provenienti dall'anima a persone che non volevano capire veramente, ho avuto reazioni molto acide. Mi ricordo che nel vangelo si avverte di non gettare le cose sante ai cani perché altrimenti questi vi sbraneranno. Le materie scientifiche possono essere trattate con discussioni logiche, ma, quando si parla di cose dell'anima, bisogna anche essere delicati nei confronti di chi non è pronto a capire; inoltre si risvegliano forze negative che albergano nell'anima dormiente. Riguardo la persona di Gesù, sono d'accordo sulla sua duplice natura, come per ognuno di noi... però, quando dice: "le cose che dico non le dico da me ma il Padre me l'ha rilevato", penso voglia appunto dire che il suo pensiero (ex cattedra direbbero i cattolici) è libero dai condizionamenti. Mi fermo qui.

MAKSIM. Siamo d'accordo, Adalfuns, non sempre è possibile spiegare tutto. Alcune cose possono solo essere sperimentate. Ma, in uno scambio di idee, non possiamo usare questo argomento, per una semplice ragione: chiunque può evocarlo per sostenere una qualsivoglia tesi, senza doverla poi argomentare (tu non hai sperimentato, quindi non puoi capire). Molte persone hanno avuto esperienze spirituali anche molto profonde, raggiungendo conclusioni che però non sono necessariamente simili alle tue, o alle mie. Le cose non sono così semplici. Ad esempio, io mi trovo completamente d'accordo con Misha quando parla della differenza tra i portatori di vera luce e di falsa luce, e che non sempre la vera luce è quella che brilla di più. E probabilmente sei d'accordo anche tu. E tutti noi abbiamo avuto alcune esperienze, più o meno profonde, che sono compatibili con l'importanza di operare dei chiari distinguo; ma ognuno di noi avrà un modo differente di intendere e applicare tali distinguo. Forse, a un certo livello di esperienza ultima del reale, guarderemo tutti la stessa cosa, allo stesso modo, e parleremo tutti la stessa lingua, ma allo stato attuale dei nostri percorsi evolutivi le nostre esperienze personali delle dimensioni spirituali, per quanto importanti, non sono tutto. Dobbiamo darci anche gli strumenti cognitivi per interpretarle e discriminarle, senza snaturarle, e, soprattutto, per comunicarle, in primis a noi stessi. Riguardo al vasto tema della maturità spirituale, penso sia importante fare sempre come se il nostro interlocutore abbia gli strumenti per comprendere ciò che riteniamo sia importante comunicare. Anche perché, se sta discutendo con noi di questi temi, questi strumenti sono necessariamente presenti a un qualche livello. L'importante è non promuovere identificazioni, tra le idee che discutiamo e le persone che le discutono. Questa è la prassi abituale in scienza (quella buona): si è sempre generosamente spietati nelle critiche che si rivolgono solo alle idee, mai nei confronti delle persone.

ADALFUNS. Riguardo alla luce, per promuovere la discussione, penso che bisogna distinguere la luce riflessa (lunare) dalla luce diretta (solare). La luce ha sempre la stessa fonte. Certo, se la luna dicesse "io sono la luce", commetterebbe un errore luciferino, perché la luce che essa porta è un riflesso della vera luce. Il sole irradia la luce che è in sé, ma nemmeno il sole può dire "Io sono la luce", visto che il fotone è prodotto dal passaggio da un livello energetico più alto e instabile a uno più basso e stabile dell'elettrone. Tuttavia, diceva Francesco D'Assisi: "Lodato sii mio Signore, specialmente messer fratello sole... di te, Altissimo, porta significazione". Molte volte in un commento può capitare di esprimersi male, o in senso troppo riduttivo, e può capitare di essere fraintesi. […] Riguardo al giudizio, nei vangeli Gesù avverte sul peccato contro lo Spirito Santo, quando i farisei dicevano che egli era ispirato dal maligno; questo peccato non verrà perdonato ma bisognerà pagarlo, diceva Lui.

LA MAPPA E IL PERCORSO

23 novembre 2014

MAKSIM. "Ciò che qualifica le 'Vie' della tradizione orientale e occidentale rispetto ad altri approcci alla trascendenza di tipo religioso o filosofico, è essenzialmente la loro vocazione strumentale. Una Via infatti non si compendia in un sistema di rivelazioni attraverso le quali viene comunicata la Verità, ma piuttosto in un corpo di pratiche il cui fine è quello di condurre l'adepto a fare, della Verità stessa, diretta e personale esperienza". [V. D. Mascherpa]

MISHA. In questa affermazione c'è la spia di un'incomprensione diffusa e profonda sia della "rivelazione" che delle "pratiche strumentali", la quale incomprensione impedisce una visione "globale" dell'esperienza della trascendenza, e dell'equipaggiamento necessario per affrontarla, ritenendone soltanto un aspetto parziale, non integrato negli altri aspetti. Infatti, in una visione "integrata", una "rivelazione" sta alla "pratica" come "una bussola" sta alla "navigazione" (o una "mappa" al "percorso"). La "vocazione strumentale" delle pratiche tende a fare esperienza di quella "verità" che è segnalata dalla "mappa" e che non è una "esplicitazione preventiva" di ciò che spetta alla mia "pratica" trovare, così come una cartina della città di Matera non è la città di Matera "visitata"! La "rivelazione" correttamente intesa, insomma, non è alternativa alla "pratica", ma è la stessa pratica, considerata dal punto di vista del suo fine ultimo, "rivelato" da chi – per così dire – ha già fatto il percorso. La "rivelazione", come la "mappa", non toglie nulla del piacere, dell'avventura, del mistero, del rischio o della curiosità, né ostacola l'utilizzo creativo e soggettivo delle energie per "il viaggio", così come un discepolo a scuola, di fronte a un problema di matematica, non si sente meno impegnato verso la soluzione dal fatto che la soluzione gli viene "rivelata" in partenza, tra parentesi quadra (flebile ricordo liceale). O così come la conoscenza dell'esistenza di un "tesoro" non depotenzia le energie o la voglia di partecipare alla "caccia al tesoro". Tra la rivelazione e la pratica c'è lo stesso rapporto che esiste tra un paralitico e un cieco che, per viaggiare, decidono di mettersi insieme: il cieco sulle spalle del paralitico gli indica la strada, il paralitico sotto il peso del cieco gliela percorre. È la relazione tra intelletto e volontà, tra contemplazione e azione, tra "Maria" e "Marta" di evangelica memoria. È la sapienza nascosta in raccomandazioni banali, del tipo: "Guarda dove metti i piedi" dove, per "mettere i piedi" (cioè, "praticare"), bisogna "guardare" (cioè, attingere alla "rivelazione")!

MAKSIM. Chi ha realizzato il cammino, o parte di esso, offre testimonianza attendibile di una possibilità. Ciò non consiste ancora in una Via pratica e percorribile. La Via si manifesta quando, chi ha percorso il cammino, si pone il problema di offrire agli altri degli strumenti reali per percorrerlo, con relativa sicurezza. Per riprendere il tuo esempio del problema di matematica a scuola, si tratta non solo di indicare tra parentesi quadra la soluzione finale, ma di offrire un percorso didattico in grado di guidare lo studente fino alla comprensione del perché di quella soluzione, evitando che, cammino facendo, si perda in una selva oscura di ragionamenti errati. Naturalmente, la spia dell'incomprensione di cui parli nasce da un possibile e facile malinteso circa la differenza tra una Via reale e una via illusoria. L'importante è cominciare a porsi la questione. Per riprendere l'altro tuo esempio, può un paralitico viaggiare sempre sulle spalle del cieco, e il cieco orientarsi solo con gli occhi del paralitico? È in grado la via che sto percorrendo di darmi l'uso delle gambe e della vista? In altre parole, è un percorso in grado di offrirmi la possibilità di una profonda e reale trasformazione (maturazione, crescita, progressione, evoluzione) interiore, o unicamente l'illusione della stessa?

MISHA. Caro Maksim, mi sono rassegnato al fatto che ogni tanto emerge "il giocoliere" (scherzo!) È chiaro che l'indicazione di una via non è la via, così come la cartina di

Matera non è Matera, né la soluzione in parentesi di un problema è il problema. E così, la via non mi dà l'uso delle gambe e della vista. Mi sembrava chiaro dagli esempi. Gli esempi non mettono in campo la necessità di guide o maestri o direttori spirituali, ma si limitano a chiarire il tema in oggetto, tentando di mostrare che non esiste alternativa tra "rivelazione" e "pratica", bensì integrazione. Come le mappe non offrono alcuna possibilità di trasformazione, così non è possibile alcuna trasformazione che non sia appunto illusoria, senza mappe. In mezzo ci stanno le guide, ma non erano l'oggetto del post. Il post argomenta, invece, su una inconciliabilità che non esiste e l'argomentazione viene originata più che altro dal rifiuto direi "psicologico" delle religioni rivelate, presentate come ostative della "libera ricerca della verità" mentre, al contrario, ne sono la garanzia. Si tratta, né più e né meno, di un piccolo, ma fortissimo pregiudizio! In grado persino di "confondere le vie" o di oscurarle.

MAKSIM. Sulla "inconciliabilità che non esiste" sono d'accordo, Misha, e il mio commento non era in opposizione al tuo. La mia era semplicemente una sottolineatura, per chi ci legge. E infatti, correggimi se sbaglio, non penso tu sia in disaccordo con quello che ho scritto. Là dove forse, facilmente, rischiamo di essere in disaccordo, è sulla valutazione se la pratica che viene proposta in certi ambiti religiosi sia sufficiente o meno per realizzare davvero qualcosa. Ovvero, se a prescindere dalla rivelazione, vi sia o meno, in determinati ambiti, una Via. È di questa possibile insufficienza che ci parla, ritengo, il Mascherpa, nella citazione in calce: più che la spia di un'incomprensione, la sua mi sembra un'utile spia di allarme, circa la possibile mancanza di strumenti in grado di farci progredire nel nostro cammino spirituale.

MISHA. Caro Maksim, posso essere d'accordo a due condizioni: la prima è quella di essere consapevoli che la differenza tra realtà e illusione non può essere diagnosticata dal soggetto in causa, perché nessuno è avvocato in causa propria; la seconda è quella di non pretendere, sulla strada della "realizzazione", una specie di "qualificazione esoterica" che finisce per spingerci alla teorizzazione di un doppio sapere, con conseguente doppia morale: uno per "i qualificati", l'altro per "gli squalificati". Sulle vie iniziatiche, la seconda tentazione (quella dell'esoterismo) è quanto mai facile e frequente.

MAKSIM. Lo smascheramento dell'illusione nasce dal confronto con il reale. Se tengo in mano un serpente, pensando che sia un bastone, poiché il serpente prima o poi mi morderà, anziché sorreggermi, in quel momento potrò rendermi conto dell'autoinganno. Da solo? No, grazie alla collaborazione del serpente (del reale). Se poi ho un amico esperto di bastoni e serpenti, in grado di avvertirmi prima che il serpente mi morda, posso ottenere lo stesso risultato con meno dolore. Riguardo alle "qualificazioni esoteriche", personalmente non so cosa siano. Dobbiamo tutti sottostare alle stesse leggi, interiori ed esteriori, qualunque esse siano. Non tutti però, ovviamente, ne hanno una pari comprensione. Quando parliamo di morale, o meglio di etica, oltre al problema dell'individuazione dei principi universali (nei limiti delle nostre possibilità, considerando il nostro attuale livello evolutivo), c'è anche la difficoltà di imparare ad applicarli con saggezza e intelligenza, nelle diverse circostanze di vita. Probabilmente nella tua affermazione di una "doppia morale" c'è la spia di un'incomprensione diffusa e profonda circa il fatto che un conto è conoscere un principio etico, e un altro conto è saperlo poi applicare in modo corretto. Il fatto che uno stesso principio venga contestualizzato in due modi differenti potrebbe infatti creare l'illusione di una doppia morale. Ma il codice è sempre lo stesso. Cambia solo il modo di comprenderlo e, di conseguenza, di metterlo in pratica. Maggiore l'intelligenza evolutiva, e maggiore la capacità di operare in ogni circostanza le scelte in grado di massimizzare contemporaneamente il proprio bene e il bene altrui.

MISHA. Ci sono due ambiguità nel commento, che me ne impediscono la comprensione adeguata: la prima è nell'"amico esperto". Se uno deve cavarsi un dente e gli indicano un dentista "esperto" il primo atto non è "la conoscenza del reale", ma "la fiducia" nella presunta esperienza del dentista; la stessa cosa se sono un bambino: il primo atto è "l'affidamento" (con rischio incorporato) e non la conoscenza, quale che sia il famoso "stadio evolutivo" non meglio identificato; la seconda ambiguità sta nella questione della "doppia morale", su cui la devo contraddire: quando si parla di "doppia morale" non è in discussione la varietà dei modi di applicazione dei princìpi universali, perché l'applicazione è per forza di cose variabile da soggetto a soggetto, essendo ognuno di noi diverso da ogni altro. La "doppiezza" della morale consiste proprio nel misconoscimento che certi princìpi siano validi e soprattutto vincolanti per tutti e c'è qualcuno che se ne crede fuori, a volte in nome appunto della "doppia morale": una, adatta per il volgo; un'altra, superiore, adatta per le élites, o – se preferisce – per chi si trova ad uno "stadio evolutivo superiore". Salvo poi a sapere come e soprattutto chi stabilisce questo "stadio", dato che – come presumo – non esiste un ufficio che rilascia patenti per "attestare" realmente l'appartenenza allo stadio in questione. E qui nascono gli arbitrii più fantasiosi!

MAKSIM. L'amico esperto mi aiuterà a progredire più velocemente, trasferendomi parte della sua esperienza del reale. Ad esempio, parlandomi della somiglianza tra serpenti e bastoni, che mi permetterà di prestare più attenzione al momento giusto. Se poi l'amico esperto è in realtà un imbroglione, col tempo me ne accorgerò (sarà lui il serpente che alla fine mi morderà). Riguardo la doppia morale di cui parli, questa ovviamente non ha alcun senso se si parla di principi realmente universali, che per definizione si applicano a tutti, universalmente.

ANIME IGNARE

15 dicembre 2014

MAKSIM. Non esistono le anime gemelle, ma semmai le anime compatibili. E per ogni anima, fortunatamente, ci sono innumerevoli anime compatibili, in grado di formare un duo evolutivo. L'idea di un'unica anima gemella è non solo spiritualmente ingenua, ma anche piuttosto infantile.

ADALFUNS. Gemella = sorella, e naturalmente si possono avere più sorelle; complementari, invece, sono le anime che risuonano nella nostra stessa banda di frequenza. Ovviamente l'anima che è più vicina alla nostra frequenza fondamentale ci completerà maggiormente, perché ci farà oscillare massimamente. Ma la resistenza alle oscillazioni (non separi l'uomo ciò che Dio ha unito) può essere provocata dal nostro ego. Ovviamente, se c'è una risonanza, c'è anche un'energia che l'innesca (quando due persone sono unite nel mio nome, sono in mezzo a loro). Riguardo ai bambini, qualcuno ha detto: «se non ritornerete come bambini non entrerete nel Regno dei Cieli».

MAKSIM. Ritornare ad essere bambini, ovviamente, non è da intendere nel senso di comportarsi in modo infantile. Quella frase, così formulata, è molto delicata, si presta infatti a molte errate interpretazioni. Ad esempio, quella che vorrebbe che il regno dei cieli sia per gli ignari (i bambini, infatti, proprio perché tali, non hanno ancora accesso alla conoscenza degli adulti). Rimpiazzerei la parola bambino (qui solo metaforica) con un concetto più specifico e pertinente, come ad esempio, semplicemente, puri di spirito. E tra l'altro, essere bambini non garantisce in nessun modo la "purezza di spirito".

MISHA. Ci sono cose che non si spiegano, nel senso che "non vanno spiegate", perché se "si spiegano", "si piegano" e se "si s-velano", inesorabilmente si "ri-velano". Il bambino è colui che resta incantato davanti a qualcosa senza saperla "s-velare"!

Tutto è più grande di lui, anche il granello di senape! Tutto è "mistero ri-velato". Da tutto è dominato, senza saper dominare. Il bambino chiude gli occhi davanti ai discorsi che gli guastano la festa e mette da parte anche (e soprattutto) la "consapevolezza".

MAKSIM. Caro Misha, certe cose non si spiegano, ma tu a quanto pare le spieghi. ☺

MISHA. Siccome mi aspettavo – lo giuro – l'obiezione, informo Maksim che il mio commento non era una spiegazione: mi è stato ri-velato da bambino e non viene dalla mia consapevolezza, ma dal magazzino della mia memoria "inconscia", che è più vera delle spiegazioni, perché non è mai pienamente esaustiva. L'infinito del bambino non può essere colmato dalla ragione!

MAKSIM. Ho capito, Misha, non intendevo spiegare il regno dei cieli, ma il detto attribuito a Gesù. Come dire, lasciamo la Luna là dov'è, irraggiungibile senza un razzo, ma vediamo almeno se il dito punta nella direzione giusta. E nella fattispecie, significa spiegare a quale qualità più facilmente riscontrabile in un bambino si sta alludendo, alfine di non creare possibili malintesi. E le qualità in questione, come tu spieghi, sono la capacità a entrare in un contatto non intellettuale, ma esperienziale, con certi aspetti del reale; contatto che richiede un'assenza di pregiudizi, non di maturità o di capacità a ragionare.

MISHA. Ma io scherzo. Mi fa ricordare Sant'Alfonso Maria De' Liguori. Egli non è stato un cantautore, non aveva una band musicale, ma ha scritto, con la sua anima "piccola", una delle canzoni più immortali del Natale – Tu scendi dalle stelle – la cui magia è un incomprensibile segreto: PER BAMBINI! Approfitto, quindi, per chiedere a Dio la gioia del Natale per voi e per me!

ADALFUNS. Misha, quando accogliamo la Sua parola nel profondo della nostra anima, vincendo la paura che viene dal dubbio della mente, allora quella parte risvegliata della nostra anima è la Maria che genera il figlio dell'uomo; questa è la gioia del Natale, e non può essere negata a chi la chiede, anzi, gli è già stata data.

SULLA STUPIDITÀ E SUI CONCETTI: ASTRATTO E CONCRETO

11 gennaio 2015

MAKSIM. Dice il saggio: l'intelligenza non permette di raggiungere l'illuminazione. Poi aggiunge: la stupidità ancora meno. Naturalmente, tutto dipende da ciò che si intende con "intelligenza" e con "illuminazione". Due termini molto difficili, se non impossibili, da definire.

MISHA. Mi permetto di segnalare che, in verità, tutto dipende da quel che si intende per stupidità, nostra sorellina siamese che fingiamo di non conoscere quando stiamo tra intelligenti. Ma è la nostra musa ispiratrice, che ci dice tutto quello che dobbiamo dire e ci suggerisce tutto quello che dobbiamo fare. Vedi: *Sulla stupidità*, di Robert Musil (editore: La Vita Felice).

MAKSIM. La descrizione del libro non dice nulla, ma lo stesso autore afferma che della stupidità non si ama in genere parlare. Tu rimani altrettanto criptico... non ti sarai trasformato in un maestro Zen? Dimmi solo: Musil parla della stupidità intesa come limite, o handicap (definizione standard), o come capacità di guardare il mondo senza pregiudizi (definizione non ordinaria)?

MISHA. Mi sto trasformando in maestro Zen da quando parliamo moltissimo di cose di cui non sappiamo dire che cosa sono, cioè non possiamo darne una definizione. E la definizione di una cosa che non si può definire può essere duplice: una è "boh": detta definizione "beat-rap"; l'altra è "l'ineffabile", detta anche definizione "cult". Quanto a Musil, rispondere alla domanda potrebbe risultare una risposta troppo intelligente per uno stupido. Se lo stupido si dovesse svegliare all'improvviso, morirebbe. E poi qualsiasi risposta sarebbe ulteriore legna da ardere nel fuoco divoratore della superintelligenza, che tutto brucia senza nulla purificare, perché non cerca nessuna cosa di per se stessa, ma tutto cerca come mezzo di combustione. Ogni risposta è "relativa" nel regno dell'impossibilità di definire, che poi è il regno dell'impossibilità di capire e infine di capirsi. E dunque neanche la stupidità può avere una definizione univoca, se può essere tante cose: limite, handicap e persino assenza di pregiudizi, e cioè intelligenza, quell'intelligenza che avevamo giudicato all'inizio proprio il contrario della stupidità. L'assenza di definizione univoca di una cosa o le definizioni multiple sono refrattarie al gioco della verità, non lo capiscono, sono soltanto legna da ardere in un incendio dove stupidità e intelligenza non si distinguono, muoiono soltanto dalla voglia di vivere e morire abbracciati nell'incendio. Ecco allora, infine, una citazione di Musil che fornisco mal volentieri a Maksim, conoscendo il suo (della citazione) triste destino di puro materiale da combustione per la sua (di Maksim) intelligenza pirotecnica:

"Se, di dentro, la stupidità non somigliasse straordinariamente all'intelligenza, se di fuori non si potesse scambiare per progresso, genio, speranza, perfezionamento, nessuno vorrebbe essere stupido e la stupidità non esisterebbe. O almeno sarebbe molto facile combatterla. Purtroppo invece essa ha qualcosa di singolarmente simpatico e naturale". [Robert Musil]

MAKSIM. "Il fuoco divoratore della superintelligenza, che tutto brucia senza nulla purificare..." Sei molto poetico (e un po' pessimista) in questo tuo inizio anno Misha. Come diceva Diderot, l'importante è non confondere la cicuta col prezzemolo. Tutto il resto – aggiungo io – sono solo definizioni. ☺

MISHA. Pessimista e ottimista sono due parole inesistenti nel mio vocabolario.

MAKSIM. La mia era ovviamente una battuta di spirito (ti vedo male, in effetti, nelle vesti dell'ottimista o del pessimista), in risposta alla tua affermazione che "il regno dell'impossibilità di definire è il regno dell'impossibilità di capire e infine di capirsi". Ti invito a contemplare anche la prospettiva opposta: che il regno dell'impossibilità di definire è forse l'unico regno dove è realmente possibile capirsi, cioè dialogare, poiché solo lì è possibile uno scambio di idee creativo, e creatore di nuove possibilità. È il regno dei concetti, diverso dal regno degli oggetti. Quando il nostro linguaggio diventa troppo oggettuale, viene meno anche il processo creativo, quindi la possibilità di produrre un cambiamento, poiché il cambiamento è per sua essenza un processo che contempla l'emergenza di significati nuovi, e quindi richiede la presenza di una dimensione di potenzialità. Questa però non può essere presente se ogni significato viene definito a priori, in modo rigido. Quando abbiamo a che fare con gli oggetti, il linguaggio oggettuale è molto utile, e non utilizzarlo costituirebbe una fallacia. Non utilizzarlo significherebbe confondere la cicuta col prezzemolo, o lasciare aperta la possibilità di mescolarli. Ma quando abbiamo a che fare con il reame dei concetti umani, con il mondo delle idee, sempre in evoluzione, e con il processo di dialogo tra esseri umani, usare un linguaggio puramente oggettuale diventa a sua volta una fallacia, che semplicemente non permette al dialogo di produrre delle nuove intese, ma semplicemente delle nuove incomprensioni. Anziché l'emergenza di nuove possibilità, assistiamo allora allo scontro delle impossibilità. Naturalmente, immagino la tua tentazione nel dire che sto semplicemente giocando con le parole, come spesso fai. Considera però che ciò di cui accenno risulta anche da recenti ricerche nel campo della cognizione umana, e dei suoi fondamenti. È ormai chiaro (anche sperimentalmente parlando) che noi umani ragioniamo usando due distinti processi: uno di natura concettuale, e l'altro di natura logica. Il primo è stato erroneamente interpretato in passato come 'ragionamento sbagliato', come fallacia. Lo è infatti, quando viene applicato agli oggetti, o a situazioni che hanno a che fare con oggetti, ma è perfettamente adeguato quando invece abbiamo a che fare con entità più astratte, puramente concettuali, come è il caso quando due persone s'incontrano, e dialogando, al di fuori di significati predefiniti, danno vita, cioè letteralmente creano, nuove comprensioni. E di questo, naturalmente, abbiamo un gran bisogno di questi tempi, dove il linguaggio oggettuale sembra sempre più dominare, e sempre meno lasciare aperta la porta a un dialogo costruttore di nuove possibilità, impossibili da immaginare anticipatamente.

MISHA. Caro Maksim, non poteva mancare la proposta alternativa di una "prospettiva opposta" (così, giusto per non vedere né l'una né l'altra: io lo chiamo "relativismo di fatto"). Tuttavia, a volerlo prendere seriamente senza "giocolieri", devo confessare che il commento non mi è chiaro. E non mi è chiaro forse per uno di questi due motivi: o perché è "chiaro in sé" e non è "chiaro per me" (come dicevano gli aristotelico-tomisti), oppure perché "non è chiaro" proprio in sé. Diciamo che, innanzitutto, mi sfugge la differenza tra "concetti oggettuali" e "concetti umani" e tra "concettuale" e "logico". Provo dunque a vedere se ho capito, usando un linguaggio un po' meno ambiguo (dal momento che "concetti oggettuali" e "concetti umani" hanno in comune una parolina – "concetti" – che non li distingue e che "concettuale" e "logico" appaiono in fondo la stessa cosa). Proviamo: noi abbiamo un solo intelletto, che sostanzialmente funziona in due modi: un modo è quello, diciamo, "scientifico", che guarda agli oggetti per capirne "la natura" e, in ultima analisi, "la causa". I classici direbbero che questo modo è quello che guarda alla "causa agente", che sta "dietro", e definivano la scienza come, appunto, uno "scire per causas"; l'altro modo è quello che guarda agli oggetti non in modo "oggettuale" per scoprirne la natura (o la struttura), ma in modo "pro-gettuale", per scoprirne le "potenzialità" non visibili, ancora sconosciute. I classici direbbero che questo modo è quello che guarda alla "causa finale", che, a differenza della prima, sta "davanti", in "prospettiva". Tra parentesi, parlando di "classici", non posso che sorridere quando lei tiene a precisare che si tratterebbe di "recenti ricerche nel campo della cognizione umana, e dei suoi fondamenti" e che "è ormai chiaro che..."! (Ah, questa mania del "nuovo")! Ma chiudiamo la parentesi. Ora, se lei per "concetti oggettuali" intende quel che intendo io come primo modo di funzionamento dell'intelletto e per "concetti umani" intende quel che io intendo come secondo modo di funzionamento dell'intelletto, allora si devono fare necessariamente alcune considerazioni, che potrebbero rendere il suo ambiguo ragionamento almeno un po' più "chiaro per me" (a parte la primissima

236

fonte di confusione, da lei introdotta all'inizio, che è la distinzione – errata – tra "concetti" e "oggetti": la lasciamo perdere, perché in seguito lei la corregge involontariamente facendo quella distinzione). Prima considerazione: il linguaggio "oggettuale" (primo modo dell'intelletto) non è fatto per essere "creativo", per "produrre cambiamenti", o "significati nuovi": lo dice lei stesso, è fatto per non confondere "il prezzemolo" e "la cicuta", ma anche per conoscere la natura dell'uno e dell'altra, non solo in senso utilitario, ma anche in senso puramente conoscitivo. Dunque l'idea di un "troppo concettuale, fallace" non può esistere, è un'idea confusa. Seconda considerazione: se lei chiama "concetti umani" quelli che io attribuisco al "secondo modo dell'intelletto", i classici (nessuna novità, per carità!) lo chiamavano "intelletto appetitivo" o "appetito intellettivo": questo è una "tensione prospettica verso l'oggetto", sempre a partire, però, da un oggetto già dato dal primo intelletto. È in commercio una macchinetta, che chiamano "Bimbi", che è una macchina-cuoca factotum: bisognerebbe prima conoscerla per come funziona (ricordandone il funzionamento quando si è all'opera) e poi sbizzarrirsi con "l'intelletto appetitivo" a creare nuove ricette da cucinare, sviscerando tutte le potenzialità della macchina. Ovviamente – ecco la mia raccomandazione – per non rischiare di credere, a lungo andare, che il "Bimbi" ti può anche portare sulla luna, mentre si cucina in base al secondo modo dell'intelletto non si deve mai perdere di vista l'esistenza del primo modo (da cui dipende sempre la controllabilità dell'oggetto in uso e dei suoi limiti e possibilità). Lei dovrebbe capire questo. Una forchetta è una forchetta e posso benissimo scoprire che può essere usata come piccola asta per una bandierina, ma l'evoluzione non può non tener conto dell'essere della cosa. E poi, non si capisce perché la "parte creativa" dell'intelletto debba essere alternativa alla parte "memorativa", dal momento che, come la creatività", anche la memoria è un bene prezioso per l'intelletto e i suoi concetti, non fosse altro che per ricordarci, quando siamo "in dialogo con gli essere umani", come dice lei, di che cosa stiamo parlando! Attenzione, dunque, ai concetti cosiddetti "astratti", che spesso fanno i "contrabbandieri"! E mi viene il sospetto che, quando si definisce "recente" una "scoperta", sia soltanto per una perdita di memoria!

MAKSIM. Un concetto può essere più o meno astratto, o se preferisci, più o meno concreto. Ad esempio, "cibo" è più astratto di "frutta", che è più "astratto" di "mela". Quando un concetto diventa massimamente concreto, allora indica un oggetto, presente nel nostro spazio-tempo. Per fare un altro esempio, se chiedo: "viene prima l'uovo o la gallina?", la domanda è mal posta, in quanto "uovo" e "gallina" sono concetti astratti, che non si riferiscono a oggetti, quindi non sono presenti nello spazio-tempo, e quindi non è possibile attribuire loro proprietà temporali, del tipo "A viene prima di B". Se invece abbiamo a che fare con concetti massimamente concreti, cioè inseriti in un contesto semantico che li fa diventare massimamente concreti (che li fa diventare oggetti), la risposta è possibile. Se chiedo: "viene prima la gallina che sto tenendo in braccio in questo momento, o l'uovo che ho mangiato stamattina?", la domanda ammette una risposta, perché in quel dato contesto semantico i concetti "gallina" e "uovo" hanno cambiato stato, divenendo massimamente concreti, cioè degli oggetti. Quindi, i concetti indicano anche gli oggetti, ma sono molto di più, proprio perché possiedono diversi gradi di astrazione, e di conseguenza, significati potenziali che cambiano a seconda del contesto semantico cui vengono sottoposti, quando posti in relazione ad altri concetti, o quando elaborati (misurati) da una mente umana. Ora, il pensiero logico è nato soprattutto in relazione agli oggetti, o meglio, ai concetti che si riferiscono agli oggetti, e che descrivono proprietà che sono tipiche degli oggetti (cadono, rimbalzano, si scontrano, sono sempre distinguibili, formano insiemi, sono in un posto e non in un altro, ecc.). I concetti invece, proprio perché non si riducono alla mera descrizione di oggetti, possiedono numerose altre proprietà, che gli oggetti non possiedono, in particolar modo quando si combinano tra loro. Infatti, combinandosi, danno vita a concetti totalmente nuovi, il cui significato non è più riconducibile al significato dei sotto-concetti che li compongono. Ora, la logica classica, Booleana, e la teoria delle probabilità classiche (che sono un'estensione naturale della logica Booleana), funzionano bene quando si ragiona sugli oggetti, o meglio sui concetti massimamente concreti. Quando invece si ha a che fare con concetti più astratti, e, soprattutto, con le loro combinazioni, i nostri processi cognitivi non possono più essere spiegati in termini di sola logica Booleana, o di teoria classica delle probabilità. Qui dovrei dilungarmi con numerosi esempi, ma sarebbe troppo lungo. Ti dico soltanto che proprio per il fenomeno di "emergenza di nuovi significati" dovuti alla combinazione dei diversi concetti, i nostri processi cognitivi non si riducono alla logica Booleana, o alla teoria classica delle probabilità (non sono modellizzabili usando le probabilità classiche). Si è invece scoperto, in epoca recente, che è possibile modellizzare tali processi cognitivi usando le probabilità quantistiche. Infatti, le probabilità quantistiche, diverse da quelle classiche, sono nate proprio per descrivere processi dove l'emergenza e la contestualità la fanno da padroni. E così sembra essere per noi umani, nei nostri processi di pensiero, che non sono solo di tipo logico, ma anche di tipo emergente. In passato i cognitivisti hanno ritenuto che questa seconda modalità fosse solo un "effetto", una "deviazione", una "fallacia", rispetto alla modalità di base, di tipo logico. Più recentemente (negli ultimi quindici anni) ci si sta rendendo conto invece che è vero esattamente il contrario: il pensiero emergente è dominante rispetto al pensiero logico. Ma non si tratta di un pensiero fallace, cioè irrazionale, così come non è certamente irrazionale il comportamento delle entità microscopiche quando sottoposte a una misurazione. Ciò di cui ti ho accennato è un campo di studio, recente, noto con il nome di *cognizione quantistica* (quantum cognition).

MISHA. San Tommaso chiamava "conversio ad phantasmata" gli esempi: nessun ragionamento è più chiaro di quello esplicitato con degli esempi. In mancanza di questi, mi riesce difficile capire come mai i concetti che indicano oggetti sono molti di più, quando a me sembra esattamente il contrario, proprio in virtù dell'astrazione. Se, infatti, astrarre è "liberare progressivamente gli oggetti dai loro aspetti individuanti (come nella fisica) o della loro materia (come nella matematica)", allora io capisco che un solo concetto contiene in sé più entità concrete, così come una sola parola (gallina) racchiude in sé tutte le galline di questo mondo. C'è più di qualcosa, dunque, che mi sfugge (certamente per limiti miei) nel ragionamento che lei ha fatto e anche nelle parole che lei ha usato, tipo "modellizzare i processi cognitivi" o in certe locuzioni ambigue, del tipo "i concetti massimamente concreti", che pare una contraddizione in termini, almeno secondo l'idea che ho io di "astrazione". I concetti, infatti, TUTTI, non sono che il frutto di "astrazione" da oggetti concreti particolari o delle loro note individuanti (come nella fisica) o della loro materia (come nella matematica). I particolari concreti, dunque, sono tantissimi, mentre il concetto universale che li racchiude può essere uno solo. "Cane" è un concetto solo, che indica tutti i cani concreti. Se il concetto è uno e i cani sono tanti, non capisco bene come fanno i concetti a essere di più delle entità concrete, a parte quelli che si ottengono per clonazione e assemblaggio artificiale di più concetti, come l'idea di chimera o di ippogrifo. È dunque errato, per me, dire che "l'uovo" e la "gallina" sono concetti astratti che non si riferiscono a oggetti: i concetti astratti sono gli stessi oggetti concreti che si presentano all'intelletto nell'unica forma sotto la quale gli oggetti concreti possono essere conosciuti dall'intelletto: vale a dire sotto la forma di quell'universale astratto che si chiama concetto. Diversamente, senza questa "astrazione" o "smaterializzazione" nessun oggetto concreto in sé può essere conosciuto dall'intelletto, ma può essere solo indicato col dito, come lo vede l'occhio: "quello là", "questo qua"! Il "concreto" in sé è sempre un mistero per noi! La differenza, poi, tra concetti è un altro discorso: un concetto può essere "più esteso" o "meno esteso" di un altro, oppure "più comprensivo" o "meno comprensivo" di un altro: "animale" è un concetto più "esteso" di uomo, perché comprende più soggetti: l'uomo, le giraffe, le scimmie, i serpenti, ecc.; ma "animale" è meno comprensivo di "uomo" perché comprende in sé meno caratteristiche: l'uomo è un "vivente" + "senziente" + "ragionevole", mentre l'animale è un "vivente" + "senziente". Più un concetto è esteso e meno è comprensivo (e viceversa). In definitiva, non è che "cibo" è più astratto di "frutta" che è più astratto di "mela": essi sono tre termini astratti che hanno una diversa estensione: "cibo" è più esteso di "frutta" che è più esteso di "mela", ma – inversamente – "mela" è più comprensivo di "frutta" che è più comprensivo di "cibo"! Aiutandoci con un po' di fantasia insiemistica, un cerchio più esteso non è più astratto di un cerchio meno esteso. Contiene solo più oggetti. Dopo questa lunga premessa, dovrebbe essere "chiaro" che nel suo commento non ci vedo tanto chiaro!

MAKSIM. È giusto, Misha, un solo concetto contiene in sé numerose entità concrete (o meglio, più concrete del concetto in questione), ma non le contiene in attualità, le contiene in potenzialità. Quando parlo di concetti più concreti rispetto a concetti più astratti, il senso di tale distinzione è sempre e solo contestuale. Tutto è contestuale nei concetti, per quello si comportano in modo così diverso rispetto agli oggetti, che invece non sono per nulla contestuali. Un oggetto solitamente non cambia se lo metti in contesti differenti, cioè assieme ad altri oggetti, mentre questo è ciò che accade quando i concetti si combinano: danno vita a significati potenziali nuovi. Se combino "isola" con "cottura" ottengo "isola di cottura", e in questo contesto il concetto "isola" ha cambiato completamente significato per una mente che lo "misura". Infatti, se ti chiedo di indicarmi degli esemplari di "isola", e di "isola di cottura", mi fornirai degli esempi, nei due casi, molto differenti. Tra l'altro, quando parlo di concetti più concreti rispetto a concetti più astratti, l'idea è che un concetto è più concreto di un altro concetto se può essere scelto come esemplare (più o meno rappresentativo) dello stesso. Quindi, "Sicilia" è più concreto di "isola", in quanto è un esemplare di isola, ma "isola" non è un esemplare di "Sicilia". "Cibo" è più astratto di "frutta" perché "frutta" è un esemplare di "cibo", ma non vice versa, e "mela" è un esemplare di "frutta", ma non vice versa. Ci sono poi aspetti più sottili nelle dinamiche di significato generate dalle combinazioni concettuali. Quando gli scienziati cognitivisti hanno cercato di descriverle usando un po' di "fantasia insiemistica", come scrivi, hanno miseramente fallito. Infatti, descrivere i concetti usando degli insiemi significa, in ultima analisi, usare una descrizione a base di probabilità classiche. Invece, ci si è accorti che quando gli esseri umani "misurano" i concetti, e più generalmente le combinazioni concettuali, ad esempio quando gli viene chiesto di indicare un buon esemplare di un determinato concetto, statisticamente parlando queste valutazioni non si lasciano modellizzare da una teoria probabilistica classica. Un po' come se la persona commettesse degli errori di valutazione. Ma non si tratta di errori. Si tratta di un'altra modalità di pensiero, che può solo essere descritta per mezzo di teorie probabilistiche non classiche (come la teoria probabilistica della meccanica quantistica). Capisco che quello che scrivo possa rimanere un poco oscuro. Ma gli esempi realmente illuminanti richiederebbero ben altro spazio. E non conosco, a dire il vero, dei testi in italiano leggibili da indicarti.

MISHA. Dunque, dunque, dunque! Emicrania a parte, qui ritorna imperterrito il problema: non si capisce senza esempi. E per fortuna! Perché così anche i refrattari sono costretti a tenere "i piedi per terra" per non rischiare di fare la fine degli aquiloni col filo spezzato. Prendiamo, per esempio, "bianco" e "bianchezza" oppure padre" e "paternità": che differenza c'è tra il concetto "bianco" e il concetto "bianchezza"? I classici dicono: "bianco" è "id quod est" ("ciò CHE è", attenzione al "quod"); "bianchezza" è "id quo est" ("ciò PER CUI è", attenzione al "quo"). Ciò "che" una cosa è, è "il concreto"; ciò "per cui" una cosa è quello che è, è l'astratto. Così per "padre" e "paternità". "Padre" e "bianco" sono due concetti entrambi "concreti", ma differiscono tra loro per il fatto che "bianco" non può stare mai da sé, senza una cosa che sia bianca, mentre "padre" contiene una cosa che sta da sé e un'altra che non sta da sé; la cosa che sta da sé, nel padre, è l'uomo-padre, la cosa che non sta da sé è padre-uomo. La cosa che sta da sé i filosofi la chiamano "sostanza" ("muro" o "Misha"), la cosa che non sta da sé i filosofi la chiamano "accidente" e non può essere senza la sostanza (bianco o padre: "muro bianco" o "padre Misha", senza riferimento ai preti). Gli accidenti sono di nove tipi, ma andremmo troppo lontano. Nel caso del "bianco" abbiamo un accidente "qualitativo" di "muro", nel caso di "padre" abbiamo un accidente di "relazione" di Misha, perché si relaziona implicitamente a un figlio). Ma tutti, indistintamente tutti, sono "concetti" perché entrano a far parte delle nostre proposizioni e discorsi: solo che i concetti "astratti" sono "tirati fuori" dai "concreti" per poter essere considerati a sé stanti, cioè come non possono mai essere in realtà (perché non esiste né la bianchezza né la paternità, bensì solo qualcosa "bianco" e qualcuno "padre"). Un'ultima precisazione: qui, come dicevo, "as-tratti" significa "tirati fuori" perché noi, per capire la realtà esterna (o interna) abbiamo bisogno di liberarla dai suoi aspetti "materiali", e lasciarla negli aspetti immateriali che quella realtà nasconde (noi siamo esseri spirituali). Ma c'è un altro significato del termine "astratto", che non si oppone a "concreto", bensì a "particolare": questo significato, opposto a "particolare", è "universale". Mentre "astratto", nel primo caso, riguarda la "comprensione" dei nostri concetti, nel secondo caso riguarda l'estensione "quantitativa" dei concetti: "animale" è un concetto più astratto di "cane", essendo quantitativamente più esteso: vale a dire, include cani, gatti, zebre uomini, giraffe, ecc.; mentre "cane" è meno astratto di "animale", ma più astratto di "Fido", "Briciola", "Lola", ecc. Ora, quando lei dice che "cibo" è più astratto di frutta", o che "frutta è più astratto di mela", dice soltanto che "cibo" è quantitativamente più esteso di "frutta" e "frutta" è più esteso di "mela", ma non dice (non può dire) che "frutta" è più astratto di "mela", e che "mela" è più concreto, perché entrambi sono concetti concreti, come anche "cibo". Per riassumere, prendiamo "Maksim": "Maksim" è un concetto, un nome, ed è concreto perché corrisponde a una sostanza concreta. Maksim è contemporaneamente il più comprensivo dei concetti del suo genere e il meno esteso: il più comprensivo, perché contiene in sé: "vivente", come la pianta, che contiene "senziente", come l'animale, che contiene "razionale", come l'uomo (è un "concreto", concentrato); il meno esteso, perché il più "particolare", elementare, che è contenuto in "uomo", che è contenuto in "animale", che è "contenuto in "pianta", che è contenuto in "vivente". Quando facciamo

l'analisi di Maksim, cerchiamo nel concreto i suoi elementi co-
stitutivi; quando facciamo sintesi, lo inseriamo in "insiemi"
sempre più astratti (nel senso di "universali"). Detto questo, e
sulla base di questi presupposti, mi rifaccia il ragionamento e
vediamo se riesco a capirci qualcosa.

ESSERE O NON ESSERE CHARLIE: LIBERTÀ E FONDAMENTALISMO
12 gennaio 2015

MAKSIM. "Essere Charlie Hebdo o non essere Charlie Hebdo, questo è il problema" [W. Shakespeare]. Un aiutino: "Essere Charlie Hebdo" non significa essere a favore di ogni vignetta pubblicata dal settimanale satirico francese: significa, più semplicemente, essere a favore della libertà di satira, anche se caustica e irriverente, soprattutto quando rivolta alla difesa delle libertà individuali, civili e collettive.

MISHA. Un "aiutino" che considero razionalmente debole. Anch'io vorrei dare il mio, forse altrettanto debole, chissà! La libertà oggi ha due nemici pericolosissimi: quelli che uccidono gli uomini in nome di una fede e quelli che sbeffeggiano la fede in nome di "una" libertà. Di vilipendio. E se il "vilipendiato" ringhia? Tu sbeffeggi ancora, in nome della libertà? E se si avventa come un cane rognoso? Che cos'è questa libertà che ti fa venire a casa mia, dove c'è un quadro della Madonna, per il piacere e il gusto di disegnarle due baffoni sul viso o allargarle le cosce come in un postribolo? Che cos'è questa zona franca della "libertà" dove, nello spazio dedicato alla Trinità, il tuo "libero" genio intoccabile interviene con genialate simili? Qui non è vilipendio del Vaticano, è uno sputo sulla faccia di un popolo! È libertà o sono bacate elucubrazioni della mente, che uccidono la fede dei semplici? Uccidere "fisicamente" in quel modo è stomachevole, uccidere "spiritualmente" in questo modo è O-SCENO! Ogni tanto l'amico Maksim dovrebbe uscire dalla retorica del sofisma: in lingua italiana, se uno dice di "essere Charlie Hebdo" significa che vuole "essere Charlie Hebdo" e deve accettare tutto quello che "è Charlie Hebdo", perché non sta dicendo: solidarizzo con i morti di Charlie Hebdo. Sta dicendo "Sono Charlie Hebdo". I distinguo in questo caso li facciamo nel "Peripato" delle scuole sofistiche, non per le strade e nelle menti del sangue e della violenza! Mi meraviglia che sia proprio lei a predicare la superiorità dello spirituale sul corporale e a non accorgersi, poi, delle ferite dell'anima accanto alle morti del corpo! Mi scuso, ma mi sembra proprio un caso di scissione della mente dal corpo e, in questo caso, del pensiero dalle parole! Bisogna gridare alto e forte che non si massacra la gente in nome di Dio. Ma bisogna gridare alto e forte che non si sputacchia la gente in nome della Santa Libertà Laica. Anche questa ha un limite, e non può spadroneggiare nel mondo a reclamare vittime per il suo altare.

MAKSIM. Caro Misha, consideri il mio aiutino "razionalmente debole", ma a dire il vero non spieghi perché. Semplicemente, mi comunichi che ti senti vilipeso dalle vignette, anche se non così tanto da non pubblicare a tua volta la vignetta incriminata, per sottolineare l'offesa ricevuta. Ad essere sincero, non sono sicuro che questo sia il momento per affrontare un discorso delicato come questo, e nemmeno sono sicuro che Facebook sia il luogo adatto. Mi limito pertanto a dirti che il significato di "Sono Charlie Hebdo" non lo decidi tu, lo decidono le persone che esprimono la loro solidarietà in questo modo, attraverso questo breve motto. Ogni persona attribuirà un significato personale a questa frase, che non va in nessun modo assolutizzata. Permettimi anche di dirti che esiste una tradizione della Satira in Francia molto diversa dalla nostra, molto più libera e irriverente, e che le vignette di Charlie Hebdo vanno inserite nel loro contesto. L'Italia non è la Francia. Ci sarebbe poi un'ampia discussione da fare, ad esempio circa la differenza tra irriverenza e mancanza di rispetto. Spesso questi concetti si confondono. Posso essere irriverente nei confronti di una religione, nel giusto contesto, senza per questo voler mancare di rispetto a chi crede in quella religione. Il vero dibattito quindi non è tanto che cosa sia permesso dire, ma dove e come sia possibile farlo, per tenere conto delle diverse sensibilità (nei limiti del possibile). Non ci sono regole prestabilite per questo. Dipende dai paesi, dalle culture, dalla maturità delle persone. Solo un dibattito aperto e franco può permette di stabilire dove si trova questo confine, e come questo vada gestito. È qualcosa che evolve in continuazione. Personalmente, trovo che il diritto alla caricatura sia fondamentale, in quanto sancisce la possibilità di ridere di tutto, di esorcizzare ogni cosa, ogni potere che si autoproclama tale, quindi anche (e forse in particolar modo) quello di tipo religioso. Ma proprio perché le persone sono differenti, è chiaro che non tutte riusciranno a elaborare un'immagine di natura irriverente nello stesso modo. Alcune si sentiranno offese. Altre, più semplicemente, si faranno una grassa risata, probabilmente assieme al padreterno. In questo momento circolano numerose vignette, via internet, o alla televisione, tu addirittura ne pubblichi una, ma solitamente nessuno è obbligato a guardarle: per farlo bisogna comprare il giornale, pagarlo in moneta sonante, e ovviamente chi lo compra sa bene cosa troverà al suo interno. Capisco benissimo che per molti queste vignette vadano troppo oltre, e ritengono che nemmeno in un giornale satirico dovrebbero essere pubblicate. Da quello che ho capito tu sei tra queste. Rispetto questa tua posizione. Altre persone ne hanno un'altra. Per questo è necessario un continuo confronto, per giungere a un compromesso che sia il più sano possibile. Un confronto tramite la ragione, e non l'emozione. Concludo citando Tahar Ben Jelloun, scrittore franco-marocchino:

"Ils étaient sans haine, sans préjugés. Ils étaient des poètes, des moqueurs, des fous de liberté, des génies dont les armes étaient des crayons de couleur, de l'intelligence de la fantaisie et de la lumière".

MISHA. Caro Maksim, vorrei entrare per un attimo nel suo "peripato" per imparare la sua lezione e per spiegarle a mio modo dov'è la debolezza razionale della sua argomentazione. Ma penso anch'io che non è il luogo più adatto, perché questi luoghi delle interpretazioni interminabili sul significato di una frase semplice, "io sono Charlie Hebdo", sono i più adatti all'irruzione della armi fondamentaliste. Se uno non capisce che davanti a una persona imbestialita l'atteggiamento più razionale non è quello della vignetta incattivita e irrispettosa ma la desistenza benevola nei confronti delle altrui credenze, perché le continue provocazioni del "libero pensiero" (o, come meglio si dovrebbe chiamare del "pensiero in libertà", in libera uscita dalla testa, che dovrebbe rimanere la sua sede naturale) fanno irruzione nell'anima del provocato, ma prima o poi il provocato, non reggendo più, può fare irruzione nei peripati del "pensiero in libertà". E allora, a decidere che cosa significa "io sono Charlie Hebdo" non sarà una riunione di dotti provocatori relativisti, ma il consiglio direttivo di offesi incattiviti, magari ignoranti. Ora provo a spiegare meglio (perché in fondo l'ho già spiegato) in che cosa consiste la debolezza razionale delle sue argomentazioni: se a lei piace scherzare e a me no, lei ha due o tre strade da percorrere: la prima potrebbe essere quella di continuare a scherzare, magari pesantemente su mia moglie, sulla mia religione, su qualcosa di caro; la seconda, potrebbe essere quella di soprassedere, dopo aver visto che io mi incavolo e non ho il suo senso dell'umorismo "libertario", e magari aspettare momenti migliori per riprendere gli scherzetti; la terza sarebbe quella di mandarmi al diavolo e rinunciare del tutto a giocherellare davanti a me; la quarta potrebbe essere "educativa" a lunga distanza: convincermi che l'ironia è libertà e spesso anche salute e che prendermi troppo sul serio non è una cosa buona né per me né per gli altri. Se c'è qualche altra via "ragionevole" me la dica lei. Certamente considero da MATTI scegliere la via di continuare a giocare, provocare, inferocire, amareggiare e riscaldare gli animi ancora di più, in nome del "niente incarnato": cioè in nome di un presunto diritto divino a SFOTTERE, con l'altrettanto presunto dovere, da parte mia, ad INCASSARE, in nome di un'idea di "essere civile" tutta soggettiva sua, non mia! Ma come? Tutti i giorni ci danno lezioni di tolleranza, rispetto, dialogo, accettazione dell'altro, e "le matite intelligenti" che fanno? Diventano bombe intelligenti, siluri minacciosi contro l'anima altrui, esibendo il patentino senza autorizzazione di "libertà di pensiero". Patentino contraffatto, perché in originale sta scritto: "Pensiero in libertà"! E, amico mio, c'è una sola categoria di persone che pretende, senza dialoghi, un "pensiero in libertà": I MATTI! P.S.: c'è un livello sottile della provocazione sofistica di cui proprio lei, caro Maksim, mi ha dato una piccola prova poc'anzi. Lei che è molto perspicace, indovini in che punto del suo commento lei non ha fatto altro, "serenamente", che raggelare il mio animo. Tralascio la pseudo necessità di imbastire un convegno sulla differenza tra irriverenza e rispetto; è qua il punto: che, mentre i sofisti chiacchierano, gli umiliati e offesi ci sbranano! Loro non stanno a scuola, sanno interpretare razionalmente uno sputo per quello che è: SPUTO!

MAKSIM. La satira, Misha, ha i suoi luoghi, e necessita delle dovute chiavi di lettura. Tra l'altro, come ho già detto, nessuno impone a nessuno la lettura di un giornale satirico. E, ribadisco ancora una volta, la vitalità e ferocia della satira francese nulla hanno a che fare con quella italiana. Ora, fino dove può spingersi una vignetta? Dove sono i limiti? Ogni persona, a seconda della sua maturità, sensibilità, delle sue identificazioni, capacità o incapacità di contestualizzare, darà una risposta differente. È quindi tramite il confronto, necessariamente pluralista, che si potrà evincere cosa può essere mostrato al pubblico e cosa non può essere mostrato, cosa va censurato o cosa invece può essere liberamente pubblicato, in che modo, forma e luogo, in un dato periodo storico, e paese. D'altra parte, la vera questione qui non è la valutazione della singola vignetta, determinare se è troppo irriverente e dissacrante, quanto stabilire se ci sono o meno dei soggetti tabù, di cui la satira non può per definizione occuparsi. Dal mio punto di vista, la satira deve applicarsi anche alle religioni, oppure non è tale. E, personalmente, preferisco vivere in un paese dove questo è possibile, anche se, ovviamente, ciò non significa poter fare tutto quello che si vuole. Ti ricordo che lo stesso Charb ha subito numerose condanne, e processi, e che ha dovuto spesso chiudere i battenti. Come vedi, la voce di chi si sentiva oltraggiato si è spesso fatta sentire, come è giusto che sia; a volte Charb ne è uscito sconfitto, altre volte vincente, soprattutto in relazione alle presunte offese ai musulmani, in quanto i giudici francesi hanno stabilito, nel 2008, che le sue caricature prendevano di mira i terroristi e integralisti islamici, e non l'intera comunità mussulmana. Quanto a sapere se Charb era un folle con manie suicide, o un folle della libertà, sia essa libertà di espressione o espressione in libertà, davvero non te lo so dire. Magari, come mi ha scritto un amico parigino, Charb e gli altri disegnatori del Charlie Hebdo erano solo degli artisti d'immenso talento, morti combattendo la stupidità umana. (Forse anche la loro, aggiungo io).

BERT. Maksim, condivido sui principi ma mi resta da capire per quale motivo una persona, per quanto brillante, possa mettersi a combattere una pericolosa battaglia politica, pur se in punta di matita, consapevole dei rischi che possono correre anche gli estranei. Sono previste le vittime collaterali e i morti per il fuoco amico anche per le guerre, legittime fin che si vuole, che combattono gli umoristi? Il direttore aveva dichiarato di essere pronto a pagare anche con la vita, ma degli altri cosa sappiamo? Se andava a segno la rappresaglia sulla scuola ebraica frequentata da bambini, come affronteremmo adesso, laicamente, il lutto? Sinceramente io queste domande non posso evitare di farmele. Penso anche che i vignettisti avessero tutte le ragioni di difendere il loro cattivo gusto e il modo sostanzialmente rozzo di comunicare, nonostante fossero considerati autori raffinati e d'avanguardia... (sic), ma, se erano e sono persone attente a cogliere al volo la realtà, è pur vero che da anni *orbe terrarum* sappiamo che il terrorismo stragista bada soprattutto ai grandi numeri. Si erano convinti di vivere in un mondo a parte? Problemi di vanità intellettuale? Sindrome della torre di avorio? Voglio dire: persone intelligenti, di cultura, menti affilate, pronte a tenere testa a confronti anche estremamente complessi con la capacità dell'estrema sintesi della vignetta, tutto vero, ma forse anche molto miopi e soli per quanto riguarda l'essenziale in una società civile; il prossimo: quello che incroci alla mattina mentre sei perso nei pensieri sui massimi sistemi. Forse la società francese è troppo raffinata per consentire a degli alienati con radici culturali tradizionali di trovare una propria collocazione dignitosa senza conformarsi all'*esprit des lumières*, ma quando penso a un eroe mi viene in mente il commesso del negozio ebraico. Lavoratore, mussulmano, di colore, disarmato: ha salvato delle vite innocenti senza nemmeno che gli balenasse un'idea che non fosse quella di proteggere prima di tutto la vita umana; poi che si parli di tutto. Io partirei da quest'uomo per costruire un dialogo sulla civiltà e comunque vada per me è da Legion d'Onore.

MAKSIM. Penso che lo ha fatto, semplicemente, perché riteneva che quella battaglia politica fosse oltremodo importante, e valesse il rischio di cui parli. E penso che hai ragione a mettere in dubbio questa sua linea. Ne valeva davvero la pena, sotto il profilo strategico, o semplicemente era giusto farlo, sotto il profilo della responsabilità personale, considerando anche gli effetti collaterali di cui parli? Sinceramente non so dirti. Probabilmente, mettendomi nei suoi panni, non l'avrei fatto, ma prima di tutto, prima ancora che per calcolo strategico, o valutazione etica, per semplice paura. Ovviamente, la redazione del giornale sapeva dei potenziali rischi che correvano, ma immagino che contavano anche sulla protezione che avevano, e forse non arrivavano a immaginare un agguato di questo genere. Ora, mi viene in mente un parallelo, che forse ti sembrerà eccessivo, ma che dal punto di vista della dinamica è per certi versi equivalente. Pensa a Malala Yousafzai. È diventata celebre per il blog che curava. Quindi, come Charlie, era una giornalista. E una parte malata della popolazione del suo paese, quella del regime dei talebani pakistani, considerava quello che lei scriveva "simbolo degli infedeli e dell'oscenità". Interessante l'uso proprio della parola "oscenità", che è la stessa che si potrebbe usare per condannare una vignetta satirica. Ora, se ricordo bene, anche Malala aveva ricevuto numerosi avvertimenti, sotto forma di minacce, e con lo stesso ragionamento potremmo allora dire che con il suo comportamento di sfida abbia messo in pericolo non solo lei, ma anche le persone della sua scuola. E come Charlie anche lei ha subito un attentato, perché non si è piegata alle minacce. Dalla prospettiva pakistana, potremmo altresì affermare che Malala avrebbe dovuto smettere di provocare i talebani, con il continuare ad andare a scuola. In fondo, non era anche la sua una vanità intellettuale? Alla fine i proiettili se li è beccati, e sicuramente c'è chi pensa (tra i talebani) che se li è cercati e meritati. D'altra parte, siamo unanimi nel definire Malala un eroe (ovviamente non i talebani). Perché? Perché siamo tutti d'accordo che Malala difendeva un valore alto, non-negoziabile: il diritto all'istruzione. E siamo tutti d'accordo che è stata un mostro di coraggio, e forse in parte anche un po' inconsapevole del pericolo reale. Ora, nel caso di Charb, perché non riusciamo a fare un "mutatis mutandis"? Forse perché Charb era offensivo? Certo che no, anche Malala era offensiva, anzi, addirittura oscena, secondo la sensibilità talebana. Forse allora perché non riusciamo a vedere quale sia quel diritto non negoziabile che stavano difendendo Charb e la sua redazione? Eppure, è così evidente: è il diritto di non lasciarsi chiudere la bocca da qualsivoglia potere oscurantista che fa la voce grossa, che ti minaccia. Sono dunque d'accordo con la linea di Charlie? No, penso che spesso hanno esagerato, ma penso anche che è molto difficile giudicare il loro operato. Loro erano/sono in prima linea, io nelle retrovie.

BERT. Maksim, mi viene in mente questa considerazione sui parallelismi fra Charb e Malala. Hanno condotto entrambi una battaglia culturale molto simile ed anzi fondamentalmente la stessa, ma su piani totalmente differenti. Il Pakistan è povero con sacche di ricchezza non redistribuita, la Francia è opulenta con sacche di degrado in crescendo. Charb era un uomo, Malala una donna. Charlie Hebdo è un giornale tradizionale di stampa venduto liberamente in un paese che è fra quelli al vertice della diffusione della tecnologia e dell'istruzione. Il blog di Malala è uno strumento più moderno di comunicazione, ma è anche l'unico possibile nel contesto del Pakistan per affrontare certi argomenti secondo il proprio estro, in considerazione del fatto che l'analfabetismo è tuttora molto diffuso. In entrambi i casi l'epilogo è stato lo stesso. Francia e Pakistan sono fronti diversi di una guerra comune. Bisogna ammettere che, se non è uno scontro di civiltà, ci sono comunque contesti che stridono fortemente. La Francia, nell'immaginario occidentale, è il paese che per primo ha abbattuto i suoi idoli ed è andato oltre (è o non è il paese delle avanguardie?) il Pakistan si è autodefinito come il paese dei puri. La Francia ospita, il Pakistan esclude. Ecc., ecc. Per gli islamisti è difficile capire che in occidente De Sade,

Masoch, Petrarca e Simon Weil sono tutti letti e studiati nelle medesime università, e l'uno non esclude l'altro. Forse in Francia, paese giustamente orgoglioso dei suoi retaggi, persone come Charb sottovalutano che significante e significato cambiano molto a seconda delle prospettive: stampare e vendere vignette che dileggiano la religione è inaccettabile per chi vive in una condizione esistenziale fondata su simbologie del sacro, indipendentemente dalla facoltà di comprare o meno il giornale in questione. D'altro canto gli islamisti probabilmente ignorano che è proprio anche grazie a persone senza pregiudizi come Charb se essi vivono in un paese multiculturale dove lavorano, studiano e pregano il loro Dio senza che nessuno li obblighi a convertirsi. Bisogna assolutamente arrivare a stabilire un rapporto di mutua comprensione, ma ci vuole tempo e volontà di cambiamento dei propri atteggiamenti, per tutti: autoproclamate avanguardie delle masse islamiche mondiali e autonominate élite culturali illuministe. Insomma un po' bisogna salire e un po' scendere dall'albero, viceversa le cose non miglioreranno mai molto.

MISHA. Ho ceduto davanti ai commenti di Maksim. Prima di arrivare alla fine per capirci qualcosa, mi hanno già decapitato. Se lui, in qualità di Charlie Hebdo, ritiene politicamente indispensabile "sfruculiarmi", come dicono a Napoli, senza darsi una regolata, deve imparare a memoria un proverbio: "La pazienza ha un limite! Tra gli esseri umani, almeno! In attesa di essere tutti spiritualmente evoluti (?) sappia che c'è il sovrasensibile, ma c'è anche "l'ipersensibile"! La mia ragione mi dice che, se un cane ringhia, e la catena è blanda, devo essere prudente, se non voglio conseguenze spiacevoli. E non è questione di libertà di pensiero e alti ideali, ma di educazione e opportunità e discernimento!

MAKSIM. In tal caso, Misha, ti sei auto-decapitato, anche perché non c'è nulla in quanto ho scritto che afferma che è indispensabile "sfruculiarti". Ma ti chiedo: in una società pluralista, chi è che decide che cosa è accettabile e che cosa non è accettabile? Non mi sembri il tipo da cadere in un triste relativismo (che spesso, a torto, mi attribuisci), quindi, come le facciamo evolvere le diverse culture se tutti ci accucciamo quando qualcuno ringhia? Il confronto di idee è necessario, e le idee differenti, siano esse espresse a parole o a disegni, inevitabilmente offenderanno qualcuno. Il problema quindi, in una società pluralista, non è evitare l'offesa, perché è impossibile: l'offesa è il prezzo da pagare se vogliamo una diversità autentica. La pazienza ha un limite, dici. Chi stabilisce quel limite? E cosa facciamo, per non importunare gli ipersensibili, per non offendere più nessuno e rispettare (solo apparentemente) tutti, ci chiudiamo tutti in un eterno silenzio? Ma non è questa la strada regale per abbracciare il relativismo che tanto aborri? Naturalmente, dobbiamo uscire dalla triste "cultura dell'offesa", una cultura tribale, che nulla ha a che fare con le religioni. Entriamo invece nella cultura del rispetto, che non è "tacere per non offendere" ma "confrontare l'altro con le nostre idee", per scomode che siano. Altrimenti, finirò col trattare l'altro come se fosse un infante, che non è in grado di metabolizzare il mio pensiero. Oppure lo trasformo, come tu stesso scrivi, in un cane che ringhia. Questo risolve il problema grave e serio che solleva anche Bert? No di certo. Qual è la giusta misura? Non è chiaro, dipende dai paesi, dai luoghi, dalle situazioni. Non c'è una ricettina valida da applicare in ogni situazione. Spesso bisogna risolvere un dilemma etico, cercare la via del male minore, e non sempre è chiaro quale sia. È un processo creativo: il processo di crescita delle idee, tramite il confronto autentico. Non è una questione di educazione e discernimento, come scrivi. È una questione di creare nuove possibilità, offrendo all'altro, sempre, un confronto libero e aperto. Naturalmente, quello che scrivo presume che accettiamo la sfida di una società pluralista. Tu l'accetti? E come pensi di costruirla se nessuno deve essere "sfruculiato"?

ADALFUNS. Però 'sto Charlie sta diventando il simbolo della libertà occidentale, che non condivido; ovviamente togliere la vita, anche a degli "stronzi", è un crimine.

MAKSIM. Sei libero di non condividere, Adalfuns, e di esprimerlo. È il bello della libertà "occidentale". È interessante che usi il termine "stronzi", pur mettendolo tra virgolette, per indicare i giornalisti/artisti di Charlie Hebdo. La nostra parte offesa è infatti sempre associata al'"io" del bambino, e quando l'"io" del bambino si scontra con la realtà degli adulti, li percepisce, sostanzialmente, come degli stronzi. Infatti, come spiega molto bene lo psicologo Giulio Cesare Giacobbe, nei suoi deliziosi (e irriverenti!) libretti, per i "bambini", chiunque non soddisfi le loro richieste, è uno stronzo.

ADALFUNS. I cristiani credono che il regno dei cieli è per coloro che sono come i bambini.

MAKSIM. Uso il termine "bambino" nel senso della psicologia evolutiva, cioè di una persona che non ha completato lo sviluppo di una personalità adulta. È un senso ben diverso da quello del detto cui alludi tu.

ADALFUNS. Forse questi due concetti sono in qualche modo correlati tra loro: un adulto può essere anche qualcuno che ha perso la purezza originale.

MAKSIM. Non sono in nessun modo correlati tra loro. Secondo la psicologia evolutiva, un adulto è una persona dotata di autonomia, indipendenza e gioia di vivere. Consiglio la seguente chicca: "Alla ricerca delle coccole perdute", di Giulio Cesare Giacobbe (edizione Ponte alle Grazie).

MISHA. Quando parlo di "sfruculiarmi", amico, non parlo di me. Speravo che si capisse. La satira non ha licenza di sfruculiare. Chi stabilisce quel limite? Che domanda! O la conoscenza rispettosa delle tradizioni o tabù o pregiudizi altrui, in modo da muoversi con tatto e discrezione e non con superficiale leggerezza, oppure, quando l'ego satirico è tanto ipertrofico da vedere solo se stesso, si è visto chi lo stabilisce: chi perde la pazienza! Per fare un dialogo costruttivo, è necessario parlare la stessa lingua o dare alle cose lo stesso significato, ma se tu parli a sfottere e io ti rispondo con la preghiera di lasciarmi in pace e tu continui stupidamente a sfottere, che devo fare? Debbo subire i tuoi arbitrii e riderci sopra? O dobbiamo sommergerci di chiacchiere inutili, dove io ti ripeto: "non sfottere!" e tu mi ripeti: "ma io faccio satira per cambiarti in meglio, perché come sei tu sei sbagliato. Devi evolvere"! Ma che discorsi sono questi? È presto detto: discorsi sterili che non fanno fare un millimetro all'evoluzione e affossano la pace e l'amicizia. Per cominciare a parlarsi, ognuno deve rispettare l'altro standosene al proprio posto. E non inventare l'alibi meschino della satira per darsi da sé carta bianca su tutto e su tutti! Fino a quando lei gioca a fare lo psicanalista dotto con me, per spiegarmi cosa si deve intendere per "bambino" e per "stronzo", e tutto per dirmi che io sono un bimbo piccolo che dice stronzo agli altri, lei è completamente fuori strada, sia nel senso di "fuori strada" e sia anche nel senso di "fuoristrada": una macchina extra con la quale una 500 non può competere. La 500 le chiede solo di lasciarle fare la 500 in pace. Nel mio piccolo garage per utilitarie, ci sono tanti San Gennaro e crocifissi. È troppo se le chiedo di non sfondarmi il garagetto col suo bolide tutto "libertà" (sua), "pensiero" (suo) e "libertà di pensiero", che di me e dei miei giudizi-pregiudizi se ne fa un baffo sulle sue geniali vignette? Se io la prego e lei fa lo gnorri ostinato, è praticamente facilissimo prevedere chi decide!

BERT. Scusi, ma lei sta esattamente ribaltando i termini della questione su cui si sta discutendo. Quelli che sono stati sfondati erano quelli delle vignette.

MAKSIM. Diciamo la stessa cosa in fondo, Misha. Sono solo le nostre valutazioni che sono differenti, circa l'opportunità di tacere o meno, in determinate occasioni, e circa l'importanza di sostenere una satira libera. Difficilmente potrei ulteriormente commentare quello che scrivi, senza parafrasare quello che ho già scritto, o che altri hanno scritto, nei commenti precedenti. Ma, visto che questo lungo post è cominciato con la tua affermazione che il mio aiutino era razionalmente debole, concludo dicendo che il tuo argomento dell'"'ognuno deve rispettare l'altro standosene al proprio posto" è davvero molto debole, soprattutto quando ci confrontiamo con molte delle pratiche tribali ancora presenti in molte visioni tradizionali nelle diverse religioni che indubbiamente, tutte, dal mio punto di vista, hanno bisogno di affrontare ulteriori riforme. Il mio ultimo pensiero (per questo post) è il seguente: so che sono innumerevoli i musulmani in Francia, parlo soprattutto di quelli delle nuove generazioni, che sono stati "contaminati" sin dalla loro nascita dalla laicità francese, che hanno espresso un pensiero davvero importante. In sostanza, hanno detto questo: che è per loro molto più offensiva la strumentalizzazione della loro religione da parte del terrorismo integralista, e gli assassinii perpetrati in suo nome, che qualsivoglia vignetta di Charlie Hebdo. Quindi, qui mi allineo con quanto osserva Bert, che forse la questione va vista anche dalla prospettiva opposta, che è forse la prospettiva giusta. Ci sono anche i laici e i moderati ad essere profondamente offesi, da quanto accade oggi in nome di un pensiero religioso retrogrado e involuto. Concludo con una visione ottimista: quando le nuove generazioni di mussulmani francesi, sempre più orientati a una visione secolare, avranno superato in numero le vecchie generazioni, l'islam integralista sarà stato sconfitto dalla sua stessa arma di invasione tramite crescita demografica, che si ritorcerà contro di lui.

MISHA. Anch'io mi limiterò a esprimere il mio pensiero con la maggiore sintesi possibile: noi abbiamo due nemici: chi uccide con la spada e chi uccide con la lingua o la matita: il fondamentalismo religioso (che non equivale a "esperienza spirituale forte") e il fondamentalismo laico, che non equivale alla laicità di pensiero, non a caso introdotta tra gli uomini da Cristo e dal cristianesimo. Il fondamentalismo religioso non è che una fede qualsiasi che prescinde dall'uso di ragione, e uno dei suoi esiti nefasti è il brutale assassinio dei corpi; il fondamentalismo laico non è che la ragione abbandonata a se stessa, senza fede alcuna, ridotta miseramente a razionalismo con nichilismo incorporato, e uno dei suoi esiti nefasti è l'assassinio delle anime. Il fondamentalismo religioso idolatra il passato morto, il fondamentalismo laico idolatra un futuro inesistente (magari sempre evolutivo). Entrambi odiano la realtà presente, contro la quale affilano ferocemente le armi di cui dispongono: i primi le spade che tagliano teste da fuori, i secondi le spade che tagliano teste da dentro, dove non rimanga nessun essere o pensiero degno di essere custodito per sempre. La prima illustre vittima della barbarie del fondamentalismo religioso è l'intelletto, ridotto a brandelli dal fanatismo; la prima illustre vittima del fondamentalismo laico è la memoria, scrigno segreto della nostra identità, ridotta a brandelli dal nichilismo etico gaio, senza la quale, purtroppo, è impossibile non solo l'identità, ma anche un'evoluzione degna di questo nome. Spero di essere stato sufficientemente chiaro! Per questi motivi ribadisco una volta per tutte: sono contro il fondamentalismo islamico, i responsabili vanno puniti! Ma sono contro il fondamentalismo laico: i responsabili riflettano sui limiti etici del loro "pensiero libero"! Ho pietà dei morti di Charlie Hebdo, partecipo al loro lutto, MA NON SONO CHARLIE HEBDO! P.S.: Più Maksim parla, più si impaluda nelle sue contraddizioni senza accorgersene: o non è abbastanza vigile o non è abbastanza evoluto!

MAKSIM. Sei stato molto chiaro, Misha, grazie del tuo pensiero. Per quanto attiene alle contraddizioni, sempre pronto ad esaminarle, se hai la gentilezza di metterle in evidenza. Altrimenti, la tua ultima affermazione, sulla mia persona, si chiama, in linguaggio tecnico, "illusione di alternativa".

MISHA. Non è un'affermazione sulla sua persona, caro Maksim, e non è quella cosa "tecnica" lì. E' semplicemente ciò che si può dedurre da quello che lei dice e se io glielo dico, troverà il modo di trasformare una contraddizione in una cosa sensata. Allora, a che servirebbe? Lei ha sempre due carte in tasca per ogni argomento: persino se le dico che 2 + 2 fa 4, lei mi andrebbe a pescare un universo "alternativo" dove 2 + 2 forse fa 564, per cui io avrei ragione "da un punto di vista" e torto "da un altro". Il relativismo questo è: la relatività giocata al tavolo da gioco come un divertissement per adulti più o meno acculturati. E il razionalismo che cos'è? Un regno dove la ragione gioca con i concetti di bene e di male dentro se stessa, per quadrare i cerchi di se stessa, non per conoscere valori vitali esistenti nella realtà, fuori dalla ragione. La ragione si diverte a discutere "a chi spetta dettare i limiti" e non trova giudici fuori di se stessa e quindi non riesce a rispondere. La realtà, invece, fornisce sempre un'autorità concreta e storica a cui la ragione si può rimettere per uscire dalla propria autoreferenzialità concettuale e, in definitiva, nichilista. Se, per un cristiano, la Madonna è Madre ed è Vergine, il razionalista non si limita a chiedere spiegazioni per conoscere il suo interlocutore vivo, ma comincia a spaccare il capello in quattro per dimostrare che quella credenza, essendo relativa, può anche essere oggetto di barzellette per ridere. Ma la realtà non funziona così: nei tribunali, siamo soggetti a un giudice a cui siamo costretti a rimettere le nostre cause senza pretendere di agire come ci pare. Il "peccato" razionale dei vignettisti non è quello di voler ridere o ridacchiare su qualunque cosa capiti a tiro, ma quello di non capire che solo nella loro mente isolata e senza relazioni può esserci un pensiero in perenne "vacanza etica". La cosa tragica è chiamare questa "vacanza etica" non "infantilismo", bensì, in maniera più altisonante, "valori irrinunciabili dell'Occidente"!

MAKSIM. Vedo che mi vuoi affibbiare a tutti i costi l'etichetta del relativista. Immagino sia il tuo modo per trasformare il nostro contraddittorio in una cosa "sensata". ☺

MISHA. Non è così. Odio le etichette, ne faccio uso solo per le cose, vino, formaggi, liquori e simili. Ho l'impressione, dalle sue contraddizioni, che a volte il suo "non relativismo" sia eccessivamente condizionato da una specie di "effetto osservatore". Tutto qua. ☺

MAKSIM. Come ha affermato di recente il giurista Stefano Rodotà: "per salvare la democrazia non si può perdere la democrazia. I diritti non sono, se non assoluti e sempre garantiti: il problema – e non è questione da poco – sorge quando i diritti sembrano trovarsi in contraddizione, quando affermarne uno (la sicurezza) rischia di negarne un altro (la libertà)" [tratto da: Il Fatto Quotidiano, del 14 gennaio 2015].

Misha. Vede, caro Maksim, lei diventa contraddittorio anche quando sposa le altrui contraddizioni. Dice Rodotà che la libertà deve essere garantita a tutti, in assoluto. Sembra una forma riveduta e corretta, a uso laico, dei "princìpi non negoziabili" della famigerata Chiesa. Ma allora la libertà non ha limiti? Sì, risponde Rodotà, ci sono dei limiti. E quali sono? È presto detto:

«Però è ovvio che se un fatto costituisce reato questo è certamente un limite: se ci sono reati, vanno perseguiti. E dunque se c'è apologia del terrorismo, bisogna procedere di conseguenza».

Dunque, il circolo vizioso (seguire attentamente i passaggi, perché sono un esempio quasi "di scuola" di come si impongono le ideologie senza dire praticamente nulla: 1) la libertà è sacrosanta; 2) per quanto sacrosanta, ha un limite (dunque non è sacrosanta); 3) Il limite lo stabilisce chi? La legge, quando definisce ciò che è reato e ciò che non lo è; 4) Rodotà chiude il cerchio, poco prima di arrampicarsi sugli specchi della parola "guerra", gioco tipico dei salotti e delle ideologie: la libertà è comunque sacrosanta; «Il diritto alla manifestazione del pensiero però» sentenzia il Nostro «deve essere garantito sempre e nei confronti di tutti, non può essere applicato a intermittenza, con diversi pesi e misure». Dunque, "bignamino sintetico" per chi si perde i passaggi: Si parte dalla libertà sacrosanta (punto 1), si nega che sia sacrosanta perché ha dei limiti (punto 2), i limiti li definirebbe il reato (così addio "valori in evoluzione", per fare apologia del potere) (punto 3), ma la libertà è comunque sacrosanta (punto 4). Poi si torna all'ideologia (antiamericanismo). Ma questo non è un ragionamento: è il gioco delle tre carte napoletano! Ora, le faccio la domanda regina, cui lei sembra ricorrere come a un jolly ogni volta che le va di giocare a fare "il relativista" senza esserlo, facendolo così, giusto per minare le certezze altrui, perché magari è antipatico essere troppo sicuri di sé. La domanda è: Che fine fa la "libertà di pensiero e di espressione" se bisogna piegarsi al potere di una legge (o meglio alla legge del potere) per sapere qual è il suo limite? Chi può stabilire davvero che cos'è libertà o che cosa è "guerra"? Rodotà? Mi vien da ridere a un commento precedente: "garante della coerenza, senza contraddizioni"!

MAKSIM. La società, democratica e pluralista (non relativista), si confronta tramite dibattito pubblico delle idee, e votazioni, cercando di raggiungere dei possibili consensi, o dei compromessi sani, che diventano le leggi che stabiliscono cosa è reato e cosa non lo è in quel dato momento storico. Ma, poiché il dibattito è continuativo e le coscienze evolvono, le leggi a loro volta cambiano, si aggiornano, evolvono. Dov'è l'asso di cuori? ☺ Naturalmente, nelle società moderne, attraversate dall'illuminismo, il problema non è tanto l'individuazione dei diritti universali, su cui solitamente c'è consenso, quanto quello della loro interpretazione ed applicazione, nelle varie situazioni pratiche della vita in comune.

MISHA. P.S.: Il dilemma tra "libertà" e "sicurezza" lo risolve l'esperienza, non la filosofia: dove la libertà diventa "carta bianca" per diritto divino, un "principio non negoziabile", lì certamente prima o poi si determineranno gravi problemi di sicurezza e bisogna sperare sempre che non sia troppo tardi!

MAKSIM. Forse entrambe? La filosofia non si fonda forse sulla nostra esperienza del mondo?

MISHA. Caro Maksim, il primo commento in risposta contiene delle grosse ambiguità, il secondo una lisciata di pelo involontaria ai magistrati (che a volte spadroneggiano) e l'ultimo il classico "una botta al cerchio e uno alla botte". Non voglio prendere punto per punto: mi limito ad osservare che la precisazione da lei fatta al primo commento ("pluralista e non relativista") è una mina antiuomo, che sbanda la mente ma non tocca la sostanza: questa società è "pluralista" perché "relativista", non "pluralista" perché formata da soggetti "plurali" che condividono gli stessi princìpi. Quando in una società il "pluralismo" si trasferisce dai comportamenti ai princìpi, ipso facto diventa "relativismo", perché non si sa più quali sono i princìpi unitari che la rendono un "popolo coeso". E dove un popolo non è tenuto insieme da "valori condivisi", prima o poi sarà tenuto insieme dalle pistole e dalle leggi penali. È proprio qui che nasce l'idea sballata della libertà come "valore assoluto" e intoccabile, e i suoi difensori sono trasformati in eroi. La libertà è un mezzo necessario e imprescindibile per perseguire scopi, ma non può essere "valore in sé". Chi usa la propria libertà per scherzare con il popolo ebraico va punito, ma va punito anche chi decide di venire a orinare nel mio tempio, chiamando questa decisione cretina "libertà di pensiero"! Ma ora, tutti i furbacchioni intelligenti alla "Rodotà" sanno come esercitarsi nei "distinguo" dotti tra la satira antisemita e la satira anticristiana, per far passare il primo caso come "apologia di reato" e il secondo come baluardo dei valori fondamentali dell'Occidente... bla bla bla! E le sirene della retorica sofistica sono come le sirene di Ulisse: non potendo controbattere alla loro allenata lingua "esperta", non ci resterebbe che tapparci le orecchie, per salvarci!

EERIKA. Condivido quasi tutte le riflessioni qui esposte... Quello che vorrei far notare è che viviamo in un mondo dove c'è già la cultura, l'organizzazione, le tecnologie e i controlli (i servizi segreti sanno anche quante volte andiamo in bagno) per non far accadere eventi terroristici, guerre, incidenti ambientali e aggiungo anche crisi economiche così gravi da causare suicidi volontari. Allora mi chiedo se non potrebbe esserci la volontà di lasciar accadere fatti così gravi, proprio al fine di giustificare l'adozione di misure sempre più restrittive della libertà personale. I media non rappresentano la realtà, vendono una realtà stabilita a tavolino e funzionale soprattutto a scopi di potere. L'Italia purtroppo ha il primato dei media e della stampa non libera. È probabile che il caso sul quale si discute verrà usato come espediente (come l'attentato alle "Torri gemelle") per togliere altri diritti o giustificare misure punitive troppo severe

che avrebbero potuto scatenare reazioni forti nella gente? Soprattutto nei francesi che sono grandi sostenitori della libertà?
Intanto è stato arrestato in Francia un personaggio che fa satira
e che "dava fastidio" da tempo e se verrà condannato a dieci
anni... quale sarà la reazione dell'opinione pubblica francese
dopo il caso Hebdo?

ALBERI CHE CAMMINANO: EVOLUZIONE E INVOLUZIONE
21 gennaio 2015

MAKSIM. Ciò che è propenso al mutamento possiede una natura fluida, flessibile, adattabile, mentre ciò che tende a fissare definitivamente la sua forma è di natura solida, rigida, non adattabile. Essendo però la natura stessa del cambiamento quella di promuovere l'adattabilità, dunque la flessibilità, più temiamo il cambiamento e lo evitiamo e più diveniamo rigidi. Ma più si è rigidi e più si è fragili, poiché ciò che è flessibile si piega e non si spezza, mentre ciò che è rigido, se si piega poi si spezza! E siccome non possiamo rimanere per sempre perfettamente isolati dal resto della realtà, altrimenti non ne faremmo parte, prima o poi un colpetto lo riceviamo e… se siamo diventati troppo rigidi… inevitabilmente ci spezziamo![14]

MISHA. Una risposta "elastica": dipende. Qualche naufrago resta in vita solo se trova almeno un pezzetto di solida scialuppa a cui aggrapparsi nel "fluido" che lo sommerge. Tutto dipende, dice la canzoncina. Non si può generalizzare: ogni generalizzazione, se non è scienza, è ideologia.

ADALFUNS. Mi vengono in mente, per l' occasione, vari passi del vangelo. Uno in cui Gesù dice: "Siate prudenti come serpenti ma puri come colombe". Un altro passo, relativo alla parabola del fattore disonesto, in cui Egli conclude dicendo che i figli delle tenebre sono più scaltri dei figli della luce. Un altro ancora in cui si evidenzia che il discepolo evoluto sappia camminare su serpenti e scorpioni metaforici. Del resto anche il buddismo parla della via di mezzo. Tuttavia, queste considerazioni mi sembrano delle dritte utili per chi, come me, sta alle pendici del monte dell'evoluzione. Credo che ciò che deve restare flessibile in noi, per non cadere nel relativismo (come ha suggerito Mi-

---

[14] Il post è accompagnato dall'immagine di un grosso albero rinsecchito, spezzato in due.

sha) è la malleabilità del nostro cuore verso sentimenti di carità o compassione, come i maestri spirituali di ogni tempo hanno voluto insegnare. Questa flessibilità è la vera forza di cui parla Maksim.

MAKSIM. Possiamo governare, entro certi limiti, il nostro cambiamento, e più generalmente la nostra evoluzione. Ma non possiamo opporci troppo a lungo alla nostra natura. E se questa, come suppongo, è la natura di un essere in costante evoluzione, un essere-coscienza che cerca forme sempre nuove, sempre più avanzate (elevate) di espressione, e comprensioni sempre più profonde e raffinate, allora, o seguiamo il vento del nostro essere, regolando di tanto in tanto le nostre vele, oppure queste, a un dato momento, si strapperanno, indipendentemente dalla grandezza del nostro vascello. Comunque, quell'albero di cui ho postato la foto lo incontro ogni volta che passeggio sul monte accanto a casa mia. L'ultima volta che l'ho interrogato mi ha detto che spezzandosi si è inchinato al cambiamento, e che ora, in quella scomoda posizione, avverte i passanti del rischio di un'eccessiva rigidità, non solo corporea, ma soprattutto mentale. Mi ha altresì detto che, essendo lui un albero, già rivive in numerosi ramoscelli molto flessibili, spuntati nelle sue vicinanze, e che ora gode di una visione molteplice della vita. Ah sì, un'ultima cosa, mi ha anche detto che flessibilità non significa non possedere una verticale: significa, semplicemente, saper navigare nel mare della vita, evitando di rompere l'albero maestro, e così naufragare.

MISHA. Ah, l'albero maestro, "il maestro" degli alberi, stabile e fisso al suo posto!

CHANNAH. Già, ma noi non siamo alberi e così possiamo permetterci di essere rigidi e flessibili secondo il caso. ☺

MAKSIM. Siamo alberi che camminano. ☺

MISHA. Siamo alberi che camminano, e ognuno dei due piedi, per andare avanti, deve stare bene attento che l'altro stia fermo, ben piantato per terra. Non esiste evoluzione se non rispetto a qualche "principio" che faccia da punto di riferimento. Il retroscena di ogni movimento è l'immutabilità, così come il riferimento di qualsiasi circonferenza è un inamovibile centro. Dove si parla di evoluzione senza dire rispetto a che cosa, si fa accademia. E se uno cammina su una palla, si illude di andare avanti proprio mentre sta tornando indietro. L'uomo stesso, col passare del tempo, sicuramente "involve" dal punto di vista fisico e biologico, e potrebbe evolvere, ma non è detto, da qualche altro punto di vista. L'uomo è sicuramente un essere che cammina, ma se non mi dice su che cosa sta camminando, mi fido poco di quello che dice. Potrebbe muoversi su un "tapis roulant" e in questo caso fa solo ginnastica, senza andare da nessuna parte. Perciò, ogni volta che qualcuno mi parla di qualcosa (tipo appunto "evoluzione") mi deve innanzitutto dichiarare la prospettiva dalla quale ha senso. Per un materialista la morte non è certamente l'esito di un processo evolutivo, ma esattamente il contrario. Eppure, contemporaneamente, l'uomo cresce in età. Qui, come non mai, è decisivo "l'effetto osservatore".

MAKSIM. Per comprendere l'evoluzione, qui intesa nel senso dell'essere, o dell'essere-coscienza, bisogna avere come riferimento dei modelli di individui che riteniamo essere più avanzati di noi. Queste coscienze vanno studiate, e i loro attributi, ed insegnamenti, possono divenire per noi fonte di riflessione (sempre critica), e di ispirazione. Ma non è possibile offrire una prospettiva unica, consensualmente accettata da tutti. Sarebbe una triste illusione. L'evoluzione è un viaggio al contempo personale e collettivo, fatto di errori e correzioni, di innumerevoli incontri, a volte tragici e a volte meravigliosi, di lavoro faticoso su sé stessi, che non si esaurisce certo in questa vita, né comincia in questa vita, di confronti, di esperienze, interiori ed esteriori, di scoperte e di creazioni. È una grande avventura, un grande viaggio, e nella misura in cui avanziamo riusciamo a mettere sempre più a fuoco quelli che sono gli aspetti più universali, e oggettivi, di questo nostro incessante moto espansivo. Sulla questione delle radici, attorno a casa mia c'è un bosco con numerosi faggi. Sono alberi maestosi, che suggeriscono un'idea di grande forza e di serena stabilità. Le loro radici si diffondono su una vasta area, ma non scendono mai troppo in profondità. Ecco, è di questo tipo di radici che noi abbiamo bisogno, delle radici del faggio, quelle di un essere che è cresciuto a sufficienza per poter contare sulla sua stessa forza per mantenersi verticale. E, tra l'altro, è anche un albero vigoroso, difficilmente aggredito dai parassiti, o soffocato dalle piante rampicanti. Il faggio è dunque uno di quei modelli che possiamo usare nel nostro cammino evolutivo: ci insegna a stabilire un contatto pieno con la nostra forza e stabilità interiore, dando spazio a un pensiero sereno e quieto, e alla fiducia nell'esprimere noi stessi, imparando a proteggerci dall'ingerenza delle emozioni negative.

MISHA. Il primo commento in risposta lascia un buio pesto sul quesito cardine, a parte altri aspetti non meno problematici: se sperimentiamo nella vita reale "salite" e "discese", "espansioni ed implosioni", "alti e bassi", che cos'è questo "incessante moto espansivo"? Una petizione di principio? Una fede? Una speranza? Se nessuno sperimenta nel reale, neppure della coscienza, questa "espansione incessante", mentre invece tutti indistintamente sperimentiamo un incessante alternarsi di "salite" e "discese", di luce e oscurità dentro un cammino ripido dove l'evoluzione è semplicemente salita per chi sale e l'involuzione è semplicemente discesa per chi scende, questo incessante moto espansivo è un'opzione psicologica (come dire: sono ottimista, per me va tutto bene)? È una filosofia consolatrice? È un dogma come un altro? Tutti gli esempi che le ho fatto (camminare su una palla, muoversi su un tapis roulant, ecc.) che fine fanno nella sua risposta? Cadono come obiezioni serie nel pozzo "a priori" e preconfezionato di un invisibile "incessante moto espansivo". Il secondo commento non è meno problematico del primo, a parte una leggera vena poetica quasi "pre-scientifica": cosa dovrebbero insegnarmi nel concreto le radici di un faggio non riesco a capirlo. Ancor meno capisco come potrebbe essere un mio modello, dato che davanti a casa mia ci sono solo "salici piangenti".

MAKSIM. Misha, perché vuoi sempre farmi dire l'ovvio? Quando sei su un tapis roulant, prima o poi te ne accorgi. Il paesaggio non cambia, a parte alcune possibili fluttuazioni locali. Quando te ne accorgi, puoi cominciare a interrogarti sul perché eri su quel tapis, anziché sulla terra ferma. Camminavi, ma non andavi da nessuna parte. A volte è così, ci troviamo su un tapis roulant, ma se impariamo l'arte di osservare, possiamo accorgercene, e provare a scendere. E ti prego, non mi chiedere "come si fa?". Si fa, nel senso che si impara a farlo, man mano, a volte chiedendo consiglio a chi ci sembra sia già sceso da quel tapis, ma soprattutto imparando ad assumere la postura autentica del ricercatore, che è poi quella del cercatore di verità. La prima parte del viaggio, in questa ricerca, solitamente consiste nel lasciare andare la zavorra di troppo, accumulata nel tempo. In altre parole, prima ancora del problema del tapis roulant, si pone il problema del riuscire a camminare, del diventare alberi che camminano, con le proprie gambe, con sufficiente autonomia.

CHARLIZE. Non si può definirlo semplicemente come espansione della consapevolezza?

MAKSIM. È sicuramente parte del processo Charlize: espansione della consapevolezza di sé e del sé, oltre che delle diverse dimensioni esistenziali, cioè di manifestazione della coscienza.

MISHA. Ma perché si parla di "incessante moto espansivo", quando invece l'esperienza ci dice che ci sono anche movimenti contrari all'espansione? Lei sperimenta questo incessante moto espansivo? Io sperimento un alternarsi incessante di "evoluzioni" e "involuzioni", di esplosioni verso l'alto e implosioni verso il basso. Parlo per me. Come si fa a dire che c'è un'evoluzione costante? Mi scuso, ma non l'ho capito: l'ovvio è il mio limite, ma sapesse quante volte è stata la mia salvezza contro le cose complicate! La mia coscienza è sveglia, oggi; e dorme domani e dopodomani sbadiglia. A volte, stando attenta e troppo attenta, finisce per cascare dal sonno; a volte, guardando con disinteresse una cosa, la penetra nel profondo; oggi è mobile come un anguilla; domani è paralizzata come una statuina. Dunque?

MAKSIM. Non bisogna confondere i diversi stati di coscienza, che dipendono anche dagli stati della nostra macchina corporea (veglia, ipnagogico, ipnopompico, sonno, ecc.), se non altro finché rimaniamo nella condizione intrafisica (di incarnazione), con il processo di evoluzione/espansione dell'essere-coscienza. Quanto a sapere se tutte le coscienze inevitabilmente e incessantemente si evolvono, ritengo che la questione sia aperta e complessa. Sicuramente, ci sono coscienze più evolute di altre, e chiunque è dotato di un minimo di capacità osservativa è in grado di rendersene conto. Nella tradizione indiana, ad esempio, si parla di mahatma, cioè di grandi anime: anime più grandi di altre anime.

CORPI E CORDATE, SALITA E DISCESA

16 febbraio 2015

MAKSIM. "Tutto l'universo è in realtà un meraviglioso insieme organico, dotato di una vita complessa ma ordinata. Tutte le specie viventi e inanimate, tutte le energie note e quelle sconosciute, interagiscono in un unico processo dinamico, partecipi di un'unica volontà di crescita armonica globale. Le persone umane sono parti integranti di questo tutto; la loro esistenza è voluta dallo sforzo di quanto le precede sulla scala evolutiva e tende alla condizione che la segue, cioè ad un livello di maggiore consapevolezza e perfezione". [N. H. Crivelli]

BERT. Altrimenti detto: "Il Mondo come volontà e rappresentazione" [A. Schopenhauer].

MISHA. Commento praticamente assurdo. La volontà in Schopenhauer è slancio vitale irrazionale e inconscio, che richiama di contro a sé un desiderio di liberazione e tutto può fare, tranne che un "insieme organico dotato di una vita complessa e ordinata". La realtà, infatti, non può essere ordinata e razionale se non è "finalizzata", cosa che Schopenhauer nega. Il Logos dell'universo NON PUÒ essere "logicamente" volontà e rappresentazione schopenhaueriana, almeno se si è letta l'opera di Schopenhauer. Poi, l'uomo non è soltanto "parte" del processo della natura, ma molto di più: è quel livello della natura in cui essa prende coscienza di se stessa. La consapevolezza, però, non è solo "evolutiva" nel tempo, in senso dinamico, come esito di un processo, ma è una realtà "metafisica", vale a dire esistente "ab aeterno" da sempre e il tempo è solo una "occasione", una "possibilità" di esplicitarla e renderla "evidente", possibilità che, per essere tale, convive con l'altra contraria, di non riuscire a renderla evidente. La libertà è l'organo umano della realizzazione di tutte le possibilità della persona, secondo la determinazione che ognuno si dà. L'uomo è quell'elemento della natura in cui è sintetizzato, in micro, tutto l'universo, con una caratteristica in più che l'universo non ha e che può recuperare solo tramite la consapevolezza propria dello spirito, che appartiene all'uomo soltanto, in quanto partecipe di una dimensione che gli viene data dall'alto, dal Logos appunto!

MAKSIM. Tralasciando il riferimento a Schopenhauer (di cui è responsabile solo Bert, e non l'autore della citazione), resta il fatto, Misha, che non sappiamo se l'uomo è "uno" o "due" con la natura. La questione è quantomeno aperta (e lo resterà probabilmente per sempre). Naturalmente, molto dipende anche da cosa si intende per "natura", "spirito", "consapevolezza dello spirito", ecc. Comunque, a prescindere da queste questioni squisitamente metafisiche, penso sia corretto affermare che vi sia una grande "cordata" di coscienze in evoluzione. La progressione della cordata non è sicuramente costante, in quanto, in modo imprevedibile (libertà individuale), alcuni degli scalatori potranno rallentare la loro ascensione, fermarsi, e a volte addirittura cadere (dovendo così ricominciare la salita), ma, se esiste una cordata (o diverse cordate, a loro volta parte di una cordata più grande ancora, e così via), allora la direzione di ascesa è predeterminata, e chi sta più in alto aiuterà chi sta più in basso a raggiungere la sua postazione, non solo per compassione, ma anche perché necessario, se si vuole garantire la progressione comune. Poi, forse, esistono anche gli scalatori solitari, o, diciamo, che apparentemente salgono senza assicurarsi a una cordata. O forse sono semplicemente assicurati a una cordata che non riusciamo a scorgere. Chi può dirlo?

MISHA. Del suo discorso non so che cosa può essere giusto, ma riesco a capire ciò che sicuramente è sbagliato, ed è questo: "la direzione di ascesa è predeterminata". Questo è un errore. Un piano inclinato non si può affermare con sicurezza se sia una salita o una discesa, fino a quando non abbiamo visto concretamente all'opera "chi sale" o "chi scende": se guardiamo a chi sale (o se saliamo) è una ascesa; se guardiamo a chi scende (o scendiamo) è una discesa. Quindi è profondamente errato pensare che l'ascesa sia "predeterminata", perché il piano inclinato, fino a quando non lo si vede utilizzato in salita o in discesa, non è predeterminato come ascesa, ma è "indeterminato". Questa, peraltro, non è una questione filosofica di lana caprina, perché ne va della libertà (e quindi della "natura" spirituale dell'uomo): la natura spirituale dell'uomo (e di conseguenza la sua libertà) è salvaguardata soltanto nella "indeterminatezza" del piano inclinato, cioè nella compresenza di "possibilità" tra cui "scegliere" in libertà. L'affermazione che "la direzione di ascesa è predeterminata" toglie alla natura dell'uomo la caratteristica che lo rende qualitativamente diverso dalla "natura" di tutto il resto: LA LIBERTÀ. L'uomo partecipa di due "regni": uno è quello di tutte le altre "nature" ed è predeterminato; uno è quello della "natura" spirituale, che è libera e incondizionata. Chi dice che l'uomo è "parte" della natura non dice il falso, dice solo una verità a metà, una "mezza verità", una "verità dimezzata". E le verità dimezzate sono da sempre la tentazione dei riduzionismi o delle ideologie. Feuerbach diceva che "l'uomo è ciò che mangia": la cosa è vera, ma è parzialmente vera, tanto che ha finito per diventare "ideologia materialistica". Ma ci sono anche "ideologie spiritualistiche", che oggi cercano di prendere piede, riducendo l'uomo alla sua parte "spirituale": questa tende a negare la componente corporale-fisiologico-biologica dell'uomo (o a sottovalutarla come "apparenza", "accessorio") e finisce per non tenerne debito conto nelle valutazioni del reale. Tra esse, ci sono molte dottrine cosiddette "orientali" (ivi compresa la simil-dottrina orientaleggiante di Schopenhauer) e alcune ideologie occidentali moderne, che sottovalutano la componente biologica dell'essere umano, ritenendola "un vestito", un accessorio, alcuni una "illusione". Finiscono così per credere che noi possiamo manipolare il nostro corpo per modellarlo "liberamente" secondo i nostri desideri. Uno dei motivi per cui Oriente e Occidente moderno finiscono per scoprire un'irresistibile attrazione reciproca è lo "spiritualismo", che in Oriente è palese e in Occidente sembra latente dentro un apparente "materialismo". Caro Maksim, lei fa un ottimo lavoro quando educa i suoi lettori a distinguere tra le vie spirituali dell'Oriente e certe tendenze scientifiche della fisica moderna, ma ho la sensazione (e spero di sbagliarmi) che il virus della sottovalutazione del "corpo" abbia intaccato anche lei. Da qui la sua predilezione per vie iniziatiche, diciamo, orientaleggianti. Ovviamente, non chiedo di meglio che sentirmi dire e dimostrare di essermi sbagliato.

MAKSIM. Quando affermo che "la direzione di ascesa è predeterminata" non intendo dire che è necessaria, ma semplicemente che è oggettiva. Nel senso che l'evoluzione della coscienza, intesa come evoluzione nella conoscenza (da intendere in senso integrale, quindi anche morale), se è tale, allora è un dato oggettivo, come è oggettivo il fatto che il potenziale gravitazionale è maggiore in cima a una montagna rispetto a valle. Altrimenti, ho precisato che possiamo liberamente abbandonare la cordata, fermarci, cadere. In questo sta la libertà dell'uomo, e probabilmente di ogni creatura sufficientemente avanzata: la libertà di negare ciò che è. Detto questo, ti assicuro che non sottovaluto proprio nulla: il veicolo fisico è indubbiamente fondamentale per la nostra manifestazione nella dimensione fisica, così come i nostri altri veicoli più sottili sono fondamentali per la nostra manifestazione nelle dimensioni extra-fisiche, dette metaforicamente "più sottili". Resta il fatto che i diversi veicoli di manifestazione non possiedono, per quanto ne sappiamo, lo stesso grado di permanenza, quindi il corpo fisico sarebbe "meno reale", se mi concedi l'espressione, nella misura in cui è "meno permanente". D'altra parte, considerando la matrioska multidimensionale formata dai nostri diversi veicoli di manifestazione, non so dirti se il più permanente tra loro è in grado di sopravvivere per sempre. La questione è aperta, e ritengo che nessuno abbia indizi validi a riguardo. Altra questione aperta è quella di sapere se la nostra coscienza è una proprietà che emerge dai nostri veicoli di manifestazione, o s'immerge in essi. È però piuttosto difficile immaginare un processo come quello dell'autocoscienza e dell'autoconsapevolezza, senza l'esistenza di una struttura di supporto, cioè di un veicolo, contenente una memoria. Quindi, la mia ipotesi è che ciò che noi chiamiamo "essere" corrisponda a quel principio potenzialmente intelligente che sta alla base del processo, che agisce come un seme, ma che la coscienza, e l'intelligenza, sarebbero il risultato di un processo di sviluppo, di crescita, assimilabile all'evoluzione dei nostri veicoli di manifestazione, nell'ambito di un processo multimateriale, multidimensionale, e multiesistenziale.

MISHA. Non ho capito che cosa significa che l'evoluzione della coscienza è un dato "oggettivo", perché anche la possibilità contraria lo è. Non ho capito, poi, che cosa sono "i veicoli", perché il termine viene usato come io prima ho usato la parola "vestito". Ma il corpo non è un vestito dell'io, bensì il modo d'essere dell'io in questo mondo, il modo con il quale il mio "spirito" comunica con altri "spiriti", incarnati anch'essi. San Tommaso chiama l'anima "forma sostanziale" del corpo, mentre la parola "veicolo" trasmette l'idea errata che il corpo sia "materia accidentale" per l'anima, cioè che questa può cambiare "autovettura" come e quando vuole, a maggior ragione quando la vecchia è andata allo sfasciacarrozze. Maksim è unico e irripetibile, non solo nel senso che non è riproducibile, ma anche nel senso che non potrà diventare Giorgio, William, Valerio. Men che meno Teodolinda o Giovanna.

MAKSIM. Mettila così, Misha: ci sarebbero diversi livelli di incarnazione, non solo quello relativo al corpo fisico. Riguardo al fatto che i corpi, o veicoli, sarebbero il "modo di essere" di ciò che li anima, sono d'accordo con te: è esattamente il concetto che ho espresso, anche se con parole differenti, e partendo da una prospettiva multi-veicolare, essendo questa, secondo me, l'unica in grado di rendere conto dei dati a nostra disposizione (memorie retrocognitive, proiezioni extracorporee, esperienze di premorte, ecc.).

MISHA. Ma proprio la tesi dei diversi livelli di incarnazione va contro i "dati a nostra disposizione" o, meglio, l'esperienza. La memoria retrocognitiva, la proiezione extracorporea, ecc. possono trovare una spiegazione ben fuori da questa prospettiva "multiveicolare". Non parliamo poi della "evoluzione della coscienza" come "processo di creazione", che è un puro "atto di fede" come un altro, anzi un atto di fede meno credibile perché tutto è creato da qualcun altro e nessuno e niente da se stesso!

MAKSIM. Hai ragione, Misha, determinate esperienze possono trovare una spiegazione anche al di fuori della prospettiva multiveicolare. D'altra parte, il problema non è quello di trovare delle spiegazioni, il problema è trovare delle BUONE spiegazioni. Ora, se si considera l'intero spettro delle esperienze in questione, i loro contenuti, modalità, i fenomeni ad esse associati, ecc., l'ipotesi multiveicolare resta al momento quella che offre, secondo me, la spiegazione più plausibile. Personalmente non ho particolari preferenze (un corpo, cinque, venti), mi interessa unicamente ciò che è. E dalla mia prospettiva, sulla base dei miei studi, delle mie esperienze personali, ritengo che siamo esseri multiveicolari. Occam diceva "non più del necessario", ma Chatton ribatteva "non meno del necessario". Comunque, non è certo mia intenzione provare a convincerti. In questa sede mi accontento se non escludi a priori questa possibilità.

MISHA. Non escludo nulla a priori, tranne ciò che è poco ragionevole. Ed è poco ragionevole "credere" che, quando dò del "tu" a una persona, questa non sarà eternamente quel "tu" al quale io un giorno mi sono rivolto. Francamente, qualcosa non quadra nell'idea che mia madre, morta qualche anno fa, oggi abbia già scelto di essere Giovanni o George o l'imperatrice del Kurdistan, mentre la penso e le parlo e la prego come mamma, anche di là dalle sue spoglie mortali. La cosa ripugna allo stesso funzionamento "psicologico" delle nostre anime, prima di tutto! La ragione è coerente nei propri processi, ma l'immaginazione, che non è intelletto, può permettersi il lusso di estrarre pezzi di esperienza (intendo sempre esperienza "sensoriale") e assemblarli in modi tutti suoi: l'immaginazione creativa è vera, bella e potente quando si limita a fare il suo mestiere: servire la parte intellettuale, spirituale dell'uomo; ma quando si sgancia dalla sua natura di "inserviente", allora può acquisire una certa dignità soltanto nei film o nella letteratura, dove l'inventiva e la creatività giocano un ruolo preminente. Tolkien era consapevole di essere "con-creatore" di mondi e personaggi, ma sapeva coscientemente che si trattava di una "imitazione" dell'opera creatrice del "creatore", una imitazione avente il limite di non produrre mondi "veri", ma mondi "immaginari". Se qualcuno tenta di abbattere la barriera tra "fantasy" e "reale", ha già aperto la breccia in una diga dove quel famoso "ordine intelligibile" si frantuma e va in balia di un "anarchismo spirituale" senza freni. Questo può assumere anche i caratteri estremi del disancoraggio dalla realtà, cioè della follia, ma non è detto. Può anche convincersi, con pezzi sparsi della fantasia, di essere stato Dante, come i personaggi di Totò, in qualche film comico, si sentivano Napoleone o Gesù Cristo. Senza la terraferma dell'identità fisico-spirituale, l'uomo non può che andare in tilt, come un aquilone che si illude di volare più liberamente tagliando il filo che ne guida il volo. Si può certo "vedere" la propria morte, staccandosi dal proprio corpo, ma questa è una prova esperienziale del fatto che l'anima è del tutto e per sempre connessa a quel corpo anche se quel corpo sta per diventare "inanimato"! Nessun'anima può "vedere dall'interno" il corpo di cui è stata forma nel 345 a.C. Per il motivo molto semplice che quell'anima è solo e soltanto la forma singolare di quel corpo singolare e nessun altro è stato mai, in nessuna epoca, quel corpo. Nessun'anima potrebbe volere essere la reincarnazione di Maksim, di cui c'è stato un unicum irripetibile, una volta per sempre, nei secoli! Maksim non è mai stato, non è e non sarà mai più duplicabile, nell'anima e nel corpo.

MAKSIM. Torniamo per un momento all'idea del corpo come abito. Non è una cattiva metafora, se ben compresa. C'è il famoso detto che l'abito non fa il monaco. Il detto esprime l'idea che le persone non sono come appaiono a prima vista. Il nostro corpo è solo una parte di ciò che siamo, che in questa dimensione è in un certo senso la più evidente. È come un abito, che in parte ci plasma, e in parte viene plasmato da noi, nel corso della nostra vita. Infatti, il corpo ha origine dalla genetica dei nostri genitori, e dall'epigenetica dell'ambiente in cui veniamo cresciuti, ma viene altresì plasmato da ciò che possiamo definire "paragenetica", ovvero quegli attributi che sono propri del veicolo più sottile che entra intimamente in connessione, al momento dell'incarnazione, con il nostro corpo fisico. Quindi, in parte è vero che noi non siamo il nostro abito corporeo, ma la nostra identità e memoria integrale non si riducono ad esso, in quanto la nostra coscienza può manifestarsi in altri piani esistenziali, senza di esso. D'altra parte, se ci pensi, la tua obiezione non è particolarmente pertinente. Pensa a una persona che parte per un lungo viaggio, e quando torna è così cambiata, o vestita in modo così differente, che non la riconosci più. In profondità è sempre la stessa persona, certamente, ma il suo modo di manifestarsi è altresì cambiato. Lo stesso accade quando cresciamo. Cambiamo e diventiamo irriconoscibili. Ma al di là delle apparenze, esiste una continuità di coscienza propria all'essere che si sperimenta in diversi contesti evolutivi. Detto questo, non vedo cosa c'entra il tuo riferimento all'immaginazione. O ritieni forse che non mi sia chiara la differenza tra realtà e film hollywoodiani?

L'IMPREVISTO È L'UNICA SPERANZA

27 febbraio 2015

MAKSIM. "L'imprevisto è l'unica speranza" [Eugenio Montale]

ADALFUNS. Non ho capito.

MAKSIM. Prova con l'emisfero destro.

MISHA. Prima del viaggio, di Eugenio Montale (Satura):

> *Prima del viaggio si scrutano gli orari,*
> *le coincidenze, le soste, le pernottazioni*
> *e le prenotazioni (di camere con bagno*
> *o doccia, a un letto o due o addirittura un flat);*
> *si consultano*
> *le guide Hachette e quelle dei musei,*
> *si scambiano valute, si dividono*
> *franchi da escudos, rubli da copechi;*
> *prima del viaggio si informa*
> *qualche amico o parente,si controllano*
> *valigie e passaporti, si completa*
> *il corredo, si acquista un supplemento*
> *di lamette da barba, eventualmente*
> *si dà un'occhiata al testamento, pura*
> *scaramanzia perché i disastri aerei*
> *in percentuale sono nulla;*
> *prima*
> *del viaggio si è tranquilli ma si sospetta che*
> *il saggio non si muova e che il piacere*
> *di ritornare costi uno sproposito.*
> *E poi si parte e tutto è OK e tutto*
> *è per il meglio e inutile.*
>
> *E ora che ne sarà*
> *del mio viaggio?*
> *Troppo accuratamente l'ho studiato*

> *senza saperne nulla. Un imprevisto*
> *è la sola speranza. Ma mi dicono*
> *che è una stoltezza dirselo.*

La fatica della ragione "illuministica": poter tenere tutto sotto controllo. Ma non solo è un'illusione, bensì il modo migliore per uccidere "la meraviglia", perché la meraviglia scatta solo dentro un "evento" inaspettato, che non è sotto il nostro controllo, perché accade, per un "Mistero" geloso di se stesso, che ti illumina facendosi al massimo intravvedere, ma mai conoscere. Tutte le "tecnocrazie", materiali e spirituali, dovrebbero meditare a fondo questa poesia.

MAKSIM. La meraviglia della ragione illuministica, che ha compreso di non poter comprendere tutto, e va bene così, poiché l'unica cosa che realmente conta, per poter viaggiare, è viaggiar leggeri.

MISHA. Caro Maksim, mi spiace dirti con pacatezza, ma con fermezza, che sei in errore. Se la ragione "illuministica" fosse stata quella di chi ha compreso i propri limiti, avrebbe lasciato spazio alla fede, non avrebbe perseguitato i preti e, soprattutto, non avrebbe tentato una operazione patetica fallimentare, che con la ragione ha pochissimo a che vedere: cambiare il calendario! Viaggiare leggeri, va bene, ma non fino al punto da diventare superficiali, buttando a mare dalla propria nave l'essenziale e, soprattutto, chiudendo gli occhi ai fatti della storia.

MAKSIM. Meno male che ci sono stati degli spiriti liberi che hanno avuto il coraggio di criticare la Chiesa e il suo operato, affinché questa potesse riconoscere i propri errori, ed evolversi. Quanto a persecuzione, non ho ricordi di illuministi che abbiano messo al rogo un prete. ☺

SEIDELMATTINO. Se si parlasse di tecniche riproduttive dei paguri maculati del baltico, Misha, riusciresti ad infilarci gesucristo, la madonna e tutti gli angeli in colonna. Montale, vivaddio, era ateo. Ogni tanto scivolava in cattotentazioni, ma si riprendeva sempre al volo. Viva i lumi e abbasso i numi!

ADALFUNS. Misha, ti vorrei ricordare la risposta che nel vangelo Gesù diede al giovane ricco. Gli disse, come condizione per seguirlo: vai, vendi tutto quello che hai e dallo ai poveri, poi vieni e seguimi. Come vedi, bisogna andare leggeri da Lui, scaricando anche l'idea di essere grandi di fronte agli uomini.

MISHA. Maksim! Nel Settecento non c'erano roghi. I sistemi per coltivare l'illusione di abolire la fede attraverso l'abolizione del clero si erano fatti già meno rozzi e più sofisticati, per quanto gli illusi abbiano sostituito ai roghi le ghigliottine. Gli "spiriti liberi" non usavano "l'arma della critica", perché questa sarebbe stata il meno! E sarebbe stata innocua per una chiesa venerata dal popolo! Usavano, al contrario, quella che poi si affinò più in là col comunismo cosiddetto "scientifico", cioè la "critica delle armi", che col comunismo superò esplicitamente i "dibattiti borghesi" e astratti (considerati un vezzo per pance piene), per passare alla persecuzione. La persecuzione non è esattamente "coraggio di criticare la Chiesa"! A parte fenomeni di genocidio vergognoso *ante litteram*, passati sotto silenzio nei libri di storia (come oggi "le foibe") La "Costituzione civile del clero" fu uno dei mezzi di repressione attraverso il quale i cosiddetti preti "refrattari" furono costretti a nascondersi anche per dire messa. Legga la vita di San Giovanni Maria Vianney (il Santo curato d'Ars), almeno per sommi capi e con onestà. Quando si discute, si fa un grosso errore a pensare a priori che chi condanna la Chiesa la odia e chi la difende la ama, sotto l'imperio di un motto sentimentale e fideistico che dice: "Al cuor non si comanda"! Bisogna semplicemente non negare nulla e non censurare nulla dei fatti. A me basta questo, perché la verità, rispetto alla menzogna, ha un vantaggio e uno svantaggio: il vantaggio è che non ha bisogno di essere "spinta", prima o poi si fa avanti da sola; lo svantaggio è che deve sempre passare al vaglio della persecuzione, non solo fisica! L'istituzione di un calendario alternativo a quello cristiano è la prova più lampante delle intenzioni "critiche" di questi spiriti illuminati! Lei lo sa quando è stato istituito il nuovo calendario rivoluzionario? Le dò due date, come nei quiz: lei prema il pulsante e risponda: 1)-il 5 ottobre 1793; 2)-il 14 vendemmiaio 1793. Qual è la risposta esatta? Sono la stessa data! Solo che la seconda è andata dove era destinata ad andare: nell'oblio! La prima è ancora quella con la quale riusciamo a cadenzare la nostra storia! La regina Maria Antonietta viene ghigliottinata il 16 ottobre dello stesso anno (o, se lei preferisce parlare "evoluto", il 25 vendemmiaio) e il 10 novembre (20 brumaio per gli spiriti liberi) La Convenzione organizzò la "festa della Ragione" nella cattedrale di Notre Dame sconsacrata, ordinando la chiusura di tutte le chiese. Così, giusto perché i Lumi imponevano una "critica costruttiva" all'oscurantismo cattolico! VERO? Cara Seidelmattino, è un po' colpa mia, lo ammetto, se mi fraintendi. Il commento che considero valido, al di là delle "fedi", è quello che ho scritto dopo aver postato la poesia. Montale è "disperato" di fronte alla "ragione calcolante", allenata a tenere tutto sotto controllo. Questo me lo lasci passare come un commento valido per tutti, atei e credenti? Se condividi, condividerai anche che una "ragione di speranza" forte, per Montale, è l'imprevisto, cioè quello che ci accade "senza di noi", che ci "sorprende"! Ci sorprende solo quel che ci trova "piccoli", "aperti", disponibili, abbandonati. Questo è tutto. Il fatto che poi, per rispondere a Maksim, abbia usato la parola "fede", portandomi a considerazioni storiche, è del tutto accessorio. Non chiedo che tu ne tenga conto. "Chi sa di non sapere" è una formula non cristiana che dice la stessa cosa dell'imprevisto di Montale. Quindi non ho difficoltà a metter fra parentesi "i Numi", senza però illudermi che "i Lumi" siano stati una "liberazione" della ragione: sono stati una "divinizzazione della ragione", venerata in cattedrale al posto dei numi. Detronizzare "dio" è un'operazione seria soltanto quando non ci si illude di prenderne il posto, come hanno fatto appunto "i Lumi", dopo i quali – se ti guardi intorno – l'oscurità si è fatta molto più fitta di prima!

SEIDELMATTINO. Concordo. Quello che non mi spiego è: se dopo che è stato dimostrato che le religioni sono una boiata (non foss'altro perché tutte adorano uno o più dèi diversi tutte convinte che sia quello giusto. E che di contro i fanatici della ragione avevano torto nella misura in cui erano, appunto, dei fanatici estremisti esattamente come i religiosi, come si fa a non sospettare se non capire che se una ragione esiste, si troverà nella terra di mezzo fra religiosi e razionalisti? Perché credere o solo alle favolette mitologiche o al vetrino sotto il microscopio? Ma del sano agnosticismo proprio no? La spiritualità senza partito religioso la trovate troppo avanguardistica? Se sai di non sapere... le favolette dei vangeli santiddio dovrebbero essere le prime a dover essere messe in dubbio no? Stasera guardavo un documentario molto interessante, e che mi ha fatto capire voi cattoinvasati un pochino di più. Da studi recenti, emerge la molto realistica ipotesi che la religione/fede abbia una sua ragion d'essere evolutiva. Pare serva a incentivare l'autocontrollo... insomma, un retaggio ancestrale che tornava molto utile quando dovevamo cacciare e raccogliere cibo. Sembrerebbe – *deo gratias* – che la religione abbia sorpassato il punto di non ritorno e che le menti dei non appartenenti a nessuna forma o fazione di religiosi (non parlo di atei, ma solo di gente che riesce a pensare all'idea di un "dio" senza essere stato imbeccato da qualche regime religioso) stia aumentando vertiginosamente. In capo a un paio di secoli e spiccioli, dovreste essere estinti. Un motivo in meno per farsi la guerra l'uno con l'altro e, d'altro canto, di evolvere!

Maksim. Caro Misha, sei stato tu a mettere in campo la "ragione illuministica", senza spiegare la differenza tra "fanatici della ragione" (per usare l'espressione di Seidelmattino), che proprio perché fanatici perdono il senso della misura, e quindi smettono di avere ragione, e persone che, più semplicemente, cercano di coltivare un sano e costruttivo spirito critico, liberandosi da secoli di condizionamenti religiosi, che hanno imposto visioni prefabbricate, "dall'alto", senza reali giustificazioni. La Chiesa ha grandemente approfittato del confronto continuo con il processo di secolarizzazione della società, e in tal senso non dovrebbe vedere nell'illuminismo (cioè in quella forma di pensiero che cerca di illuminare la mente degli uomini tramite il superamento dell'ignoranza e della superstizione) un nemico, bensì un prezioso alleato, che la aiuta a fare le pulizie in casa, a eliminare il superfluo, affinché anch'essa possa viaggiare (sempre più) leggera, e avvicinarsi al grande mistero. Come ci ricorda giustamente Adalfuns, bisogna andare leggeri da "Lui". Leggeri nel senso di liberi da pregiudizi, preconcetti e condizionamenti di sorta. Solo allora, forse, potremo scoprire se "Lui" è il figlio di Dio, suo cugino, o un Prodigioso Spaghetto Volante. Aggiungo che quello che manca completamente al tuo discorso, Misha, per essere condivisibile, è un equilibrio nelle valutazioni. Affermi, giustamente: "Se la ragione 'illuministica' fosse stata quella di chi ha compreso i propri limiti, avrebbe lasciato spazio alla fede, non avrebbe perseguitato i preti". Giusto, ma perché non hai precisato anche, per par condicio, che: "Se la visione del 'fideismo' fosse stata quella di chi ha compreso i propri limiti, avrebbe lasciato spazio alla ragione, e non avrebbe perseguitato i liberi pensatori"? Anche perché, non dimentichiamolo, la "persecuzione dell'illuminismo radicale" è una reazione alla "persecuzione del fideismo radicale". Entrambi i movimenti sono immaturi e necessitano di superare la triste visione dove fede e ragione vengono comprese come realtà necessariamente contrapposte. Naturalmente, questo richiede che la fede si liberi di molte delle sue superstizioni, e che la ragione si apra alla possibilità di una ricerca spirituale critica, senza pregiudizi riduzionistici circa il possibile fondamento di tale ricerca.

ADALFUNS. Alfonso Maria dei Liguori, un santo, secondo la Chiesa Cattolica, vissuto nel periodo illuminista, considerato uno dei più alti dottori della chiesa. A lui mi rivolgo per illuminare me e i miei cari amici affinché possiamo vedere nelle diverse dimensioni.

MISHA. Ringrazio Seidelmattino (ironicamente, ma con benevolenza) per l'epiteto di "cattoinvasato". Considero le sue obiezioni davvero interessanti, anche se per me sarebbe proibitiva una risposta articolata su Facebook, specie sul "sano agnosticismo", che è esattamente la postura di chi, ricercando seriamente, ha poi trovato la fede non come "boiata" o "favola", ma come risposta esauriente a dubbi "metodici" (e qui non alludo a caso a Cartesio). A Maksim, invece, ribadisco il mio sospetto che il suo "illuminismo" sia non solo scarsamente approfondito, ma anche molto funzionale ad una sistematica critica alla Chiesa, dove metto l'accento più sul "sistematica" che sulla "critica". Insisto (e insisterò sempre, con argomenti più ragionevoli che fideistici) che il suo è un pregiudizio come un altro. Come tutti i pregiudizi, parte da presupposti indimostrati, e acquisiti come certi soltanto da una storiografia "mangiapreti". Per il resto, al momento mi limito a constatare che c'è un punto urgente da chiarire, perché vedo che non è chiaro: il rapporto tra fede e ragione e il loro equilibrio. P.S.: se si cercasse con mente sgombra, si vedrebbero meglio le strabilianti analogie del cristianesimo cattolico occidentale con le vie predilette dai cosiddetti "liberi pensatori".

SEIDELMATTINO. C'è però un piccolo problema. Gli agnostici che "hanno trovato la fede" ne hanno trovate 100 diverse. Sono diventati buddisti, induisti, musulmani, ebrei, cattolici, cristiani fedeli di una delle mille sottoclassi di questa religione, mormoni, testimoni di Geova, wicca, adoratori di Manitù... potrei andare avanti tutto il giorno. Ergo, gli agnostici non hanno "trovato la fede", piuttosto si sono iscritti al partito religioso che gli è piaciuto di più. Non sarebbe l'oppio dei popoli la religione, se non si basasse sulla necessità biologica e quindi dipendenza dell'uomo a "credere in un entità superiore" che regali un fine, uno scopo, a tutto quanto accade. Un esperimento interessante fatto su bambini piccolissimi e piccoli ha evidenziato che "l'idea di dio" è innata nell'uomo. Ai bambini di varia età veniva chiesto se una determinata cosa era, secondo loro, quello che era per ragioni diciamo scientifiche o soprannaturali. Esempio: chiedevano ai bambini se le onde del laghetto erano lì perché così gli animali lacustri si potevano rinfrescare o perché c'era il vento che spostava l'acqua. Nove bimbi su 10 rispondevano "così le papere si rinfrescano", oppure chiedevano se una roccia era appuntita perché così gli animali ci si potevano grattare sopra o perché agenti atmosferici piuttosto che qualche botta forte le avesse conferito quella forma, nove bambini su 10 rispondevano che la punta esisteva perché gli animali ci si potessero grattare. L'uomo ha naturalmente innata l'idea e quindi il bisogno di sapere che ciò che lo circonda è stato creato per uno scopo. Il motivo di questo, è evoluzionistico. Ci sono ragioni e una certa utilità, c'erano anzi, perché le persone pensassero a questo modo. Quest'utilità già da parecchio non ha più la sua ragion d'essere e quindi le religioni hanno il tempo contato. Si estingueranno naturalmente come sono scomparse tutte le cose che evolutivamente parlando hanno smesso di tornar utili. (Peccato essere vissuta ancora nell'era dell'ottusità fideistica!) P.S.: scompariranno le religioni, non certo la spiritualità.

ADALFUNS. Nel vangelo Gesù dice: né in Gerusalemme, né su questo monte saranno i veri adoratori del Padre mio, ma in spirito e verità. Insomma, Seidelmattino, quello che tu hai concluso.

SEIDELMATTINO. Adalfuns, il tuo Gesù ha fatto un bel copiaincolla... 'sta cosa l'hanno detta almeno trenta messia prima di lui. Nessun messia apparteneva a qualche religione... sono gli uomini che hanno creato le religioni e scritto libri sacri, non i messia, non hanno mai scritto nulla e anzi le hanno mollate le loro religioni, vedi il tuo Gesù o Buddha. Se voi davvero somigliaste agli dèi che venerate, non apparterreste a nessuna religione.

ADALFUNS. Volevo appunto sottolineare come certe verità sono scritte nel cuore di ogni uomo, per cui l'educazione a questo ascolto diverrebbe l'unica religione al mondo.

SEIDELMATTINO. No, non si tratta di "verità" naturalmente inscritte nel DNA umano. Piuttosto, "la fede" è (stato) uno stratagemma evolutivo e semplicemente in 200'000 anni un sacco di gente illuminata ha calpestato il pianeta e detto la sua. Poi gli uomini siccome sono ottusi, non hanno capito un c###o e hanno creato le religioni. Nell'era moderna la figura di un messia è impensabile. Saltano fuori qui e là dei santoni da strapazzo, stile

Sai Baba o Osho a cui danno retta solo i nostalgici del New Age e le persone con zero scolarizzazione, ma sono fenomeni bolla di sapone. Fra mille anni, ammesso che non saremo estinti, si parlerà dei cattolici e dei musulmani come oggi si parla dei seguaci di Mitra o di Horus. Anche solo questa indiscutibile certezza mi rende davvero incomprensibile come oggi si possa credere a una qualunque religione.

MAKSIM. Il mistero insito nella natura umana, che dalla mia prospettiva non si riduce alla mera manifestazione fisica, è un orizzonte che si muove con noi, nella misura in cui progrediamo nella nostra ricerca e autoricerca, sia a livello individuale che collettivo. L'unico problema dei sistemi religiosi tradizionali è quello di ritenere che vi sia un confine invalicabile tra il sensibile e il sovrasensibile, e che quindi non sia possibile, né utile, promuovere una ricerca spirituale sulla base di criteri simili (sebbene non identici) a quelli della ricerca scientifica ordinaria. È su questo aspetto, secondo me, che si gioca la sopravvivenza delle diverse religioni: la capacità o meno di integrare il "gene" della ricerca al loro interno, accettando che la loro visione possa mutare, anche radicalmente, nella misura in cui avanziamo nella nostra conoscenza delle dimensioni del sottile. In sostanza, la fede dovrebbe trasformarsi in semplice "apertura verso l'ignoto", e la credenza (non quella dove mettiamo i piatti) in ipotesi di lavoro.

SEIDELMATTINO. Tutti agnostici insomma!

MAKSIM. In relazione alla conoscenza specifica di Dio in quanto tale, qualunque cosa essa/o sia, e sempreché sia, indubbiamente sono agnostico, ma più per forza di cose che per scelta. Ricordiamo però che agnosticismo non significa disinteresse per un percorso di ricerca spirituale, anzi.

SEIDELMATTINO. Concordo financo negl'interspazi. (Anche io sono "agnostica per forza di cose" infatti).

ADALFUNS. Vorrei per l'occasione ricordare alcune nozioni e-lementari della teoria dell'informazione cara ai programmatori informatici e cioè che l'informazione è una terna costituita da "tipo", "attributo" e "valore". Per cui definirsi cristiani è l'attributo che do al valore spirituale di Dio. Non nego che altri possano usare altri attributi.

MISHA. Che cosa potrei commentare? 1)-Una posizione fideisti-ca come quella di Seidelmattino? "Tutte le religioni spariranno" è già stata la pia illusione del positivista Comte, nume tutelare dell'ideologia dell'evoluzionismo sociale. Ha scritto – ironia della sorte – un "Catechismo positivista" e ha finito inglorioso-mente i suoi giorni adorando come dèa una signorina, Clothilde de Vaux, mentre i Papi ancora pregano per la sua anima; 2)-l'idea di Maksim sui "sistemi religiosi tradizionali"? Che sareb-be quella di ritenere invalicabile il confine tra sensibile e sopra-sensibile? Quale delle "religioni tradizionali" dice questo? For-se qualcuna di esse, nel tentativo di comunicare il retto rapporto tra sensibile e sovrasensibile, diffonde una semplice raccoman-dazione: attenzione, dice, voi fate bene a esplorare il mondo con l'alta velocità e gli aerei supersonici; questi mezzi sono il vostro e nostro vanto. Ma nel "sovrasensibile" non si va in aereo. Se avete "la ragione" usatela in maniera "ragionevole", perché è adatta solo a certe cose, ma è poco adatta per altre, e tra queste altre c'è il sovrasensibile. La cosiddetta "ricerca scientifica del sovrasensibile", se l'ho capita come mi viene detta, se si prende sul serio, è come la voglia di mangiare spaghetti usando il cuc-chiaio. Se volete spaghetti, la prima cosa che vi consiglio di fare – dice qualche religione "tradizionale" – è conoscere bene le at-trezzature con le quali intendete intraprendere il viaggio o met-tervi a tavola. Altrimenti il meno che vi possa capitare è quello di girare a vuoto, il massimo è cominciare a vedere "mondi" i-nesistenti. Chi ha varcato quel confine, da sir Arthur Conan Do-yle, che fotografava fate nel suo giardino, al Nietzsche del super-uomo, vi chiede di rientrare in voi stessi, perché c'è una sola condizione per rimanere uomini fino alla fine: non cominciare a sognare "trasmutazioni alchemiche" in altre nature, nella fattispecie quella "divina", con "tecniche" più o meno iniziatico-scientifiche. Comunque, auguri per chi decide lo stesso di usare aerei per andare su Marte! Una cosa è "credere" che ci sia un mondo abitato da "dèi" o "numi", altra cosa è cominciare a "credere" che, non essendoci dèi, gli "dèi" siamo noi. Tra le due credenze, la prima sarà pure ingenua, ma la seconda rasenta tutte le sfumature che vanno dal comico al terribilmente tragico!

MAKSIM. È questo uno dei problemi delle religioni "tradizionali", quello di pensare di essere al riparo dal rischio di girare a vuoto e vedere "mondi" inesistenti. E, ovviamente, l'unico antidoto a questo problema risiede nella comprensione di una singola parola: "ricerca".

MISHA. Non è mica vero, caro Maksim: nessuno è al riparo da niente, men che meno i cosiddetti cattolici. Come c'è una differenza tra fede e religione, così c'è differenza tra "fede" e "gnosi". La differenza tra fede e religione è la seguente: la religione è un complesso di atti di culto che l'uomo rivolge ai "numi", nella consapevolezza di uno scompenso radicale tra loro (i numi) e noi (gli uomini); gli atti di religione sono atti di culto che stanno nella sfera delle virtù morali e che risentono di tutti i limiti e le contraddizioni degli atti umani; la fede, invece, è "un assenso intellettuale" (per il mezzo imprescindibile della ragione, dunque non "sentimentale"-emotivo) a ciò che "i numi" rivelano di sé all'uomo per consentirgli di colmare quello scompenso. Per "l'uomo", intendo "tutti gli uomini", a scanso di equivoci. Se si accetta, pur semplicemente come "ipotesi di ricerca", che c'è un "Dio" e che questo Dio ha scelto un metodo specifico (non "unico", perché Dio non tollera limitazioni "metodologiche" e non si lascia limitare da ciò che lui stesso "inventa" o "crea"), allora non si deve fare altro che verificare la duplice ipotesi: 1)-che Dio c'è; 2)- che si comunica a noi. Siccome nessuna ricerca, di nessun genere, può essere avviata senza "presupposti" assiomatici che fanno da "punti di partenza" (Maksim capisce bene che nessuna ricerca può arrivare ad un "terminus ad quem" se non a partire da un "terminus a quo", che le fa da "principio-assioma": anche la geometria o la fisica partono da princìpi "primi" che, per essere "primi" sono indimostrabili, e per essere indimostrabili devono essere "evidenti"); dicevo, siccome nessuna ricerca può cominciare senza presupposti, anche qui la ricerca può partire sulla base di tre diversi presupposti, ciascuno dei quali finirà fatalmente per influenzare la ricerca stessa: il primo è che "dio" e "mondo" coincidono "nel mondo" e "dio" è una illusione-invenzione (metafisica materialistico-naturalistica); il secondo è che "dio e mondo" coincidano in "dio" e che il mondo è illusione, "velo di maya" da togliere, se si vuole rivelare la realtà (metafisica idealistico-orientale); il terzo è che "dio" e "mondo siano e rimangano due entità diverse, distinte e separate e il loro incontrarsi non avviene per "eliminazione" – anche graduale – di una delle due entità, ritenuta illusoria, ma per una "mediazione" di una terza entità che partecipi sia della natura "divina", sia di quella "mondana", un'entità che sia in grado di fare da "ponte" per la comunicazione, "pontifex". Questo terzo pre-supposto è assunto dalla metafisica cristiana, sulla base non di considerazioni "filosofiche", ma empiriche: "dio" si fa uomo perché l'uomo divenga "dio". Se l'incarnazione non è né "mito esoterico", né allegoria morale, se è o è stata "un fatto", allora è avvenuta per stabilire concretamente questa relazione tra il mondo divino e il mondo umano. Spero di essere stato chiaro sulle ipotesi di ricerca. La differenza tra religione e gnosi, poi, è chiarita da quanto precede: la religione mantiene la distinzione "dio-mondo" come entità distinte relazionate da un mediatore; la gnosi, invece, agendo sotto il presupposto più o meno cosciente che non c'è distinzione tra "dio" e "mondo", intende la "ricerca" di dio come un "cercare se stessi", scrostando "ogni velo" "intrafisico", come dice lei, o "extrafisico". Siccome, come lei sa bene, nella domanda c'è già contenuta "in nuce" la risposta, ecco perché la "ricerca di dio" nella gnosi diventa "ricerca di sé con metodi scientifici"! La fede è bandita come ingiustificato mantenimento di un dualismo che non c'è; quello tra "dio" e "io"! Il limite grossolano della ricerca interiore in termini "scientifici" (legittima, attenzione!) sta nel "metodo scientifico" in sé che, dall'essere uno dei metodi possibili non esclusivi del "conoscere", pretende il monopolio della ricerca, avendo smarrito che ogni oggetto è abbordabile solo secondo un particolare punto di vista, influenzato proprio dal metodo che si usa (e quest'ultima cosa lei la sa benissimo!). Diciamo che "ricercare scientificamente" la vita interiore è come credere di poter trovare il sapore o la freschezza dell'acqua con lo svelamento, tramite "analisi" chimica, della sua composizione in due elementi: idrogeno e ossigeno! Il tentativo, un po' ridicolo, non sarebbe neppure illecito (nessuna ricerca deve diventare "illecita", a qualsiasi titolo), se non fosse che il metodo "scientifico" si è spesso trasformato in "scientista", vale a dire "pretesa assolutistica" di far assurgere uno dei tanti metodi di "conoscenza" a criterio assoluto di attendibilità per tutte le conoscenze, a volte arrivando – il metodo scientifico, dico – a esiti totalitari e "tecnocratici" piuttosto preoccupanti. Lei mi insegna, però, che è l'oggetto che determina il metodo di ricerca e il sovrasensibile non può essere indagato, nel suo "proprio", con metodi "scientifici"! Ovviamente, se si nega attendibilità ad altri metodi, Maksim, a mio parere, è destinato a ricercare invano, pur riconoscendo che, mentre cerca qualcosa, si imbatterà in altre cose che infoltiranno comunque il patrimonio dell'umanità. Siamo tutti un po' Cristoforo Colombo: mentre cerchiamo delle cose, ne incontriamo delle altre e, dimentichi della rotta, ci fermiamo a guardarle.

SEIDELMATTINO. Misha, tu scrivi troppo per poter essere letto... e pure se uno ti legge, ricordarsi quello che ha letto è n'impresa. E pure se uno je la fa, rispondere alle ottomila tue argomentazioni è davvero impossibile. Solo una cosa: ho letto tre delle tue righe e il mio nome, quindi posso rispondere a quello che le mie scarse facoltà mnemoniche mi consentono. Non è una posizione fideistica la mia, ma scientifica. Io parlavo di studi scientifici eseguiti da scienziati di un'università. Che hanno intervistato/testato migliaia di individui. Non sono io che "spero" che le religioni spariscano, è – mi duole per te – un fatto. Hai presente le lingue morte? Il processo è lo stesso identico. Ad un certo punto certe lingue passano il "punto di non ritorno" e la loro diventa una cronaca di una morte annunciata. La lingua parlata dai Maya esiste ancora, ma ha sorpassato il punto di non ritorno (scientifico) tempo tre quattro generazioni sarà come il latino o il greco antico. Ha tutto a che fare con un'equazione di Gödel e zero con la fede e tanto meno con le mie speranze. A me non interessa che si estinguano le religioni, io spero che si estingua l'umanità!

MISHA. Ma sei sicura che l'estinzione dell'umanità sia solo una tua "speranza"? O è un punto di "non ritorno scientifico? Basta dare tempo al tempo. P.S.: scrivo tanto, proprio per non essere letto che da quelli che ce la fanno. È un test di resistenza psichica. Bocciata!

SEIDELMATTINO. Nel mio piccolo lo verifico continuamente, per altro. Vivo in una zona rurale dove fino alla scorsa generazione era impensabile non essere cattolici. Nessuno dei ragazzi della nuova generazione, tutti figli e nipoti di gente ipercattolica, è credente. Nessuno. In chiesa i giovani qui ci vanno solo per i funerali. A Roma, la mia città, non conosco una persona che sia una che vada a messa. In india i giovani vanno nei templi solo se c'è un festival. (Sì, è scientifica anche l'estinzione dell'umanità. Magari non totale. Ce ne sono state già cinque di estinzioni di massa. Gesù non è riuscito a fermarne nessuna. È solo questione di tempo). ☺

MISHA. Condivido, certe verità non si possono negare. Ma le cinque estinzioni non erano definitive, no? È questo il guaio degli "evoluzionisti": a furia di guardare avanti, non si guardano le spalle e non si accorgono che, come recita il titolo di un film di Stephen King: "A volte ritornano"!

SEIDELMATTINO. L'evoluzionismo attualmente è considerato dagli evoluzionisti stessi una teoria, tant'è che è chiamata la teoria dell'evoluzione. La differenza fra gli scienziati e i fedeli è che i primi suppongono o credono alle cose fino a prova contraria, voi credete e basta, e le prove non solo non le fate, ma nemmeno le volete. Voi amate i dogmi perché ai dogmi ci si può credere senza doverci pensare. Ed è tutto evidentemente troppo stupido. Poteva funzionare nell'era dell'ignoranza di massa. Oggi è fantascientifico pensare che le future generazioni accettino le favolette scopiazzate nei vari libri sacri. La religione è roba per vecchi.

MAKSIM. Poincaré diceva, se ricordo bene, che il problema non è quello si sapere de la realtà è una, ma COME è una. Potrei parafrasarlo dicendo: il problema non è sapere se Dio c'è, ma COME c'è, o ancora, il problema non è sapere se Dio comunica con noi, ma COME comunica con noi (anche il silenzio, ad esempio, è una forma di comunicazione). Per quanto riguarda la ricerca, mi permetto di correggerti Misha, non si fonda su dei "principi-assiomi", ma su delle ipotesi. E infatti spesso accade che alcuni dei cosiddetti principi-assiomi (che, ripeto, sono solo delle ipotesi) che in un dato momento storico ci appaiono come autoevidenti, tanto da meritare il nome altisonante di principio, in seguito si rivelano errati, ossia, il frutto di un pregiudizio. Le due grandi rivoluzioni della fisica, per fare un esempio classico, la relatività di Einstein e la meccanica quantistica, hanno imposto proprio il superamento di numerosi pregiudizi, di pesudo-principi autoevidenti, che erano autoevidenti unicamente alla luce delle nostre esperienze troppo limitate del reale. Quindi sì, la ricerca fa uso di presupposti, ma sono solo ipotesi di lavoro (le più insidiose sono quelle di cui non siamo consapevoli). Per il resto del tuo discorso, ritengo che il ponte di cui parli siamo proprio noi, nel senso che Gesù, come molti altri maestri che hanno solcato il pianeta, lo solcano ancora oggi, e lo solcheranno in futuro, sono semplicemente venuti a regalarci un messaggio di speranza (a volte urlandolo alle folle, altre volte in modo più discreto). In sostanza, ci hanno detto che quello che è stato possibile per loro, lo è anche per noi, se solo intraprendiamo lo stesso cammino di ricerca (o un cammino equivalente). I veri maestri erano come degli scienziati, perché offrivano un percorso, un metodo, in grado di assicurare un risultato, quindi capace di dare speranza (riproducibilità). Ovviamente, rimane sempre la libertà di seguire o non seguire il percorso, e ovviamente non tutti i percorsi (non tutti i maestri) erano illuminati da vera conoscenza, ma questa è un'altra storia. Detto questo, penso che la ricerca di Dio (della Realtà, della Verità, dell'Amore, della Bellezza, ecc.), e la ricerca di Sé, siano di fatto una sola e unica ricerca, a prescindere dal fatto che Dio faccia uno, due, tre, o trentatré, col mondo. Un ultimo appunto sulla parola "scientifico". Molti scienziati hanno una comprensione molto riduttiva del termine. Un approccio scientifico alla conoscenza è, in ultima analisi, un approccio di natura critico-costruttiva, che cerca di utilizzare tutti i metodi e i criteri possibili, che storicamente si sono rivelati validi, per avere accesso a dei dati che siano affidabili, e a delle spiegazioni che abbiano un reale potere esplicativo. A parte questo, non ci sono limiti ai modi in cui la scienza è in grado di esplorare il mondo. E sicuramente non ci sono limiti intrinseci per quanto riguarda la possibilità dell'esplorazione del sovrasensibile. Semplicemente, è necessario non limitarsi all'utilizzo di metodi puramente in terza persona, e fare uso di metodi anche in prima e seconda persona. Quindi, quello che affermi è inesatto, non è vero che il sovrasensibile non può essere indagato con metodi scientifici, a meno che naturalmente tu non voglia adottare *ad hoc* una definizione riduttiva di cosa sia la ricerca scientifica, che escluda tale indagine a priori, poiché disconoscerebbe, in modo del tutto irragionevole, la ricerca in prima e seconda persona.

MISHA. Il mio commento alle penultime considerazioni di Maksim sarà miracolosamente breve: e io che cosa ho detto? IPOTESI, ho parlato di ipotesi. Le ipotesi da cui si parte influenzano la ricerca, non sono neutrali. Il mio commento, invece, alle ultime considerazioni di Maksim sarà una semplice domanda, cui bisognerebbe rispondere con precisione: Che cos'è la scienza? Qual è la definizione di scienza, portata fuori dall'ambito dell'esperienza sensibile? C'è gente che ha fatto tanto per portare "la scienza" fuori dalle sabbie mobili delle "seconde o prime persone" (che non capisco se non come "soggettive"). Si torna indietro? Ringrazio sempre Seidelmattino, che se non altro trova sempre dei modi eleganti per dire agli altri che sono stupidi!

Ma un esercito impressionante di credenti di alto livello intellettuale le dà inesorabilmente torto! Per non essere lungo, se no Seidelmattino si arrabbia, mi limito a qualche accenno al mondo contemporaneo, con questo link con un rubrica di scienziati credenti dell'epoca moderna e contemporanea: *http://disf.org/scienziati-credenti*.

MAKSIM. Sull'importanza delle esperienze in prima persona, ad esempio nello studio della coscienza, lascio la parola a Francisco Varela (Il sonno, il sogno, la morte. Un'esplorazione della consapevolezza con il Dalai Lama, a cura di Francisco ☺. Varela, Neri Pozza; 2000):

"Questi livelli sottili di coscienza appaiono allo sguardo occidentale come una forma di dualismo e vengono rapidamente scartati [...]. È importante constatare che questi gradi della mente sottile non sono teorici; in realtà, sono alquanto accuratamente delineati sulla base dell'esperienza reale, e meritano l'attenzione rispettosa di chiunque sostenga di basarsi sul metodo scientifico empirico. [...] La comprensione di questi livelli sottili della mente richiede una pratica meditativa ben informata, sostenuta e disciplinata. In un certo senso, questi fenomeni sono accessibili solo a coloro che sono desiderosi di realizzare personalmente le esperienze così come sono. Che un allenamento speciale sia necessario per le esperienze di prima mano in nuovi campi fenomenologici non dovrebbe sorprendere. [...] Nella tradizione scientifica, tuttavia, questi fenomeni rimangono esclusi poiché la più parte dei ricercatori è ostile a qualsiasi studio disciplinato della propria esperienza, tramite la meditazione o altri metodi d'introspezione. Fortunatamente, l'attuale dibattito sulla scienza della coscienza si fonda sempre più sulla prova sperimentale, e alcuni ricercatori cominciano a mostrarsi più flessibili circa l'indagine in prima persona della coscienza".

MISHA. Domanda: ma l'esperienza in prima persona è comunicabile? È riproducibile? È oggettivabile? Se non lo è, e chiamiamo ancora "scienza" questa esperienza, allora che differenza passa tra questa esperienza e l'amore? Tra questa esperienza e il mito? Tra l'esperienza scientifica e l'esperienza fantastica? Tra l'esperienza scientifica e quella simbolica? Ritorno alla mia domanda inevasa: Che cos'è per lei la scienza?

MAKSIM. La scienza è un'attività umana che si fonda sull'esperienza, il cui scopo è comprendere la realtà mediante la costruzione di teorie critiche in grado di spiegarla. Citando ancora Varela: "...ogni scienza della cognizione e della mente deve, prima o poi, fare i conti con la condizione ineludibile, secondo la quale non abbiamo alcuna idea di come potrebbe essere il mentale o il cognitivo al di fuori della stessa esperienza che ne abbiamo". Per rispondere in modo esauriente alla tua altra domanda, Misha, ti invito a leggere l'articolo di Varela, da cui è tratta questa citazione. Ovviamente, come lui stesso afferma, la linea di demarcazione tra rigore (cioè scienza) o meno, non va tracciata fra analisi in prima e terza persona, ma va determinata piuttosto accertandosi se ci sia o meno un preciso terreno metodologico che conduca a una convalida in comune e a una conoscenza condivisa.

MISHA. Se la "scienza" è un'attività umana che si fonda sull'esperienza [e fin qui, niente di nuovo dal tempo dei greci] il cui scopo è comprendere la realtà mediante la costruzione di teorie critiche in grado di spiegarla", allora che differenza c'è tra la scienza e il mito? Per agevolare una risposta sensata ("critica"), voglio ricordare che la stessa psicanalisi ha dovuto far ritorno al "mito" (Edipo, Elettra, ecc.) per spiegare certi fenomeni interiori. Dunque, la scienza che si basa sull'esperienza non dice ancora nulla della scienza (perché anche l'allucinazione è un'esperienza) e la scienza che costruisce teorie per spiegare l'esperienza non mi dice ancora nulla sulla scienza. Tra la spiegazione mitologico-simbolica e quella scientifica che differenza c'è? Perché possiamo dire che siamo usciti dall'era mitologica per essere entrati nell'era scientifica?

MAKSIM. Perché abbiamo cominciato a cercare dei criteri condivisibili per separare le buone dalle cattive spiegazioni, quelle con sufficiente potere esplicativo da quelle sprovviste di potere esplicativo. Questo aspetto è contenuto nell'aggettivo "critiche", in relazioni a "teorie". Questi stessi criteri, ovviamente, sono a loro volta soggetti ad indagine critica, quindi la nostra comprensione degli stessi evolve così come evolvono le teorie scientifiche.

MISHA. Lei forse vuol dire che le spiegazioni basate sul mito hanno scarso potere esplicativo e quelle basate sulle formule matematiche sì? La matematica è sufficiente per discriminare tra spiegazioni? O basta che siano buone "teorie filosofiche"? La filosofia ha poteri sufficientemente "critici" per giudicare e valutare una scienza? La filosofia allora diventa una scienza e sostituisce il mito. In Grecia non successe proprio questo agli albori della civiltà occidentale? Insomma, che cosa mi fa dire a colpo sicuro: "questa è scienza" e "questa non è scienza"? Da che cosa riconosco una "scienza" distinguendola dalla filosofia?

MAKSIM. Il fatto che oltre alla critica logico-razionale utilizza anche la critica sperimentale (in tutti i modi possibili immaginabili). Ma là dove la sperimentazione non dovesse essere possibile, tecnicamente parlando non c'è differenza. Infatti, la più parte delle teorie scientifiche vengono abbandonate non perché falsificate in termini sperimentali, ma perché criticate in termini teorici. Comunque, le formule matematiche hanno poco a che vedere con il potere esplicativo: la matematica è solo un linguaggio molto preciso ed efficace per esprimere determinate relazioni. Naturalmente, il linguaggio è importante, e spesso diventa difficile esprimere certe relazioni senza l'ausilio della matematica, ma sicuramente non rappresenta il criterio di demarcazione tra una teoria scientifica e non scientifica. Quindi, a colpo sicuro non è possibile distinguere tra scienza e filosofia: la frontiera tra queste discipline (tra l'altro interdipendenti) è molto ampia e sfumata. E sì, questo è quello che accadde in Grecia. E infatti, molti filosofi greci possono essere considerati anche scienziati. Erano sicuramente dei buoni osservatori del reale, anche se non ancora dei buoni sperimentatori.

MISHA. Paurosa retrocessione poco "evolutiva": confusione tra filosofia e scienza! I fenomeni spiegati dai "filosofi".

MAKSIM. La retrocessione sta semmai nel fare scienza senza accompagnarla da una sufficiente riflessione filosofica, e vice versa, fare filosofia senza buone conoscenze scientifiche. Naturalmente, la ricerca scientifica è secondo me tale solo se si interroga non solo sul funzionamento del reale, ma anche sulla sua natura. E in tal senso, lo scienziato e il filosofo affrontano problematiche molto simili. E lo scienziato necessita di un bagaglio concettuale all'altezza delle sue teorie, se non vuole cadere in un triste strumentalismo.

MISHA. Felicissimo di sapere da Maksim che tutti gli uomini fanno da sempre la stessa cosa, credendo di farne di nuove: riflettere "filosoficamente" con i mezzi a disposizione, compresa la scienza disponibile a quel momento. Filosofia = scienza dell'intero. La "teoria del tutto" sarà una teoria che verrà scambiata per "scientifica", ma sarà filosofica. A quel punto ho parecchi indizi "sperimentali" che la filosofia farà un ulteriore passo indietro e riscoprirà il mito (come già hanno cominciato a fare in psicologia gli psicanalisti, da Freud a Jung). Si cammina in avanti per tornare indietro? O ha ragione chi dice che "non c'è nulla di nuovo sotto il sole" (Qoelet)?

LUCE E OSCURITÀ, MISTERO E IGNOTO
28 febbraio 2015

MAKSIM. "La cosa che vorrei che ogni singolo bambino potesse sperimentare, a un certo punto della sua vita, come parte della sua formazione, è di avere un'idea ritenuta vera, alla base stessa del proprio essere, che si dimostra errata. Perché questo apre la mente alla realizzazione che il mondo è diverso da ciò che pensavamo fosse, e bisogna cominciare ad aprire la mente alle possibilità dell'esistenza. E aprire la mente ti libera, non ti vincola. Rende il mondo più bello, più emozionante, più degno di essere vissuto". [Lawrence Krauss]

MISHA. Noi siamo, e resteremo sempre, "animali razionali". Ma la ragione ha due usi diversi e complementari: uno, è quello di un "laboratorio", (che crea e costruisce), l'altro è quello di "finestra" (da cui ci si affaccia per "guardare"). Il primo uso è quello per cui "si fa" qualcosa in vista di una "causa finale"; il secondo è quello per cui "si fa" una cosa per via di una "causa agente", ponendosi la domanda: "Che cos'è questa cosa? Qual è la sua causa"? Soltanto il secondo è "scientifico"; il primo è "tecnico". Ma nessuno dei due sta senza l'altro, perché sono i due modi di funzionare della stessa ragione.

MAKSIM. Non sono d'accordo, Misha, che soltanto il secondo sarebbe scientifico. Spesso non è sufficiente "affacciarsi per guardare". Come diceva von Forester, "se vuoi vedere, impara ad agire". I laboratori sono luoghi dove si cerca di agire in modi non-ordinari, alfine di mettere in luce strutture e relazioni nascoste, che non si manifestano in condizioni ordinarie.

MISHA. Non sarai d'accordo, ma la "ragione" ha due funzioni: una contemplativa, l'altra "etico-tecnica". Io non so chi sia von Forester, so che cosa faccio io quando guardo un "oggetto misterioso" o quando scolpisco una statua: quando guardo un oggetto, mi chiedo che cos'è per scoprirne la causa e lo scopo;

quando scolpisco una statua, imprimo nella materia un modello che ho in testa. Lo "sguardo" indaga, il laboratorio "fabbrica". Poi, ho già detto che le due cose sono complementari. L'intelletto è la ragione contemplativa, che guarda le cose non fatte da lei (es.: la natura); la volontà è la ragione appetitiva, che abbiamo per "agire" o per "fare" cose inesistenti, artificiali. Per ogni ulteriore contestazione a queste "ovvietà di senso comune", invito Maksim a prendersela direttamente con Aristotele, che ne è il responsabile principale. Io non c'entro niente. Al massimo posso assumermi la responsabilità di dire che, per quanto ci si arrampichi sugli specchi, Aristotele resta di un'attualità sconcertante, nelle cose essenziali (finalmente sarò assolto da Seidelmattino – spero – per aver citato uno non sospetto di "cristianite" cronica, per ragioni anagrafiche).

MAKSIM. La mia non è un contestazione, semplicemente la constatazione che, per scoprire tutte le proprietà di un'entità, è spesso necessario sottoporla a specifiche azioni. In altre parole, l'osservazione non è solo passiva, ma anche attiva, e la scienza, in senso lato, non si occupa solo di cercare le cause dei fenomeni. Cerca anche di scoprire le strutture e le nature insite nel reale, e per fare questo rimanere alla finestra non è sufficiente. In altre parole, non sempre agiamo per costruire, spesso agiamo anche per scoprire, con buona pace di Aristotele.

MISHA. Come al solito, "i giocolieri" prendono le "analogie" e le scrutano DENTRO per smontarle. O meglio, per tentare di smontarle. Che cosa significa "agire per scoprire"? Se uno, per "guardare" un moscerino deve stringere le palpebre, questo significa "agire"? Se uno, per guardare dentro a un salvadanaio, deve sfasciarlo, questo significa "agire"? Sì, forse, anzi, certamente è così, ma l'esempio della finestra non era fatto per indurre il pensiero del "dolce far niente" passivo! Era fatto per indurre l'idea dell'apertura (come suggerito dal "post"). La mente aperta guarda o scruta o indaga o osserva o perlustra... uno spettacolo che non è in suo potere, o meglio, che non è in suo potere "cambiare": questo è il contemplativo, un'apertura al famoso "imprevisto"! La mente "costruttiva", invece, è tutta presa ad imprimere una forma, che è dentro di sé, in una materia fuori di sé, oppure a copiare un modello che tiene dinanzi allo sguardo. Va meglio così? Gli esempi sono per loro natura "esemplificativi", allusivi! Il modo migliore per sfigurarli è quello di non volgere lo sguardo a ciò che vogliono indicare, ma guardarli in se stessi cercandone i difetti. Tutti gli esempi, indistintamente, anche quelli che il professore fa a scuola per farsi capire, hanno un inguaribile difetto: non si identificano totalmente con la cosa rappresentata! Altrimenti le analogie non solo non potrebbero esistere, ma non avrebbero potere conoscitivo. È ovvio che neppure il semplice "guardare" è un'operazione statica, perché la "staticità assoluta" o "passività" è un'esclusiva proprietà dei cimiteri! Ogni attività umana (compresa quella intellettuale-contemplativa) è appunto "attività", cioè richiede una collaborazione attiva del soggetto che guarda; ma non è un'attività "creativa dell'oggetto", come quella tecnica! Del resto, lei può fare una semplice cosa: me la dia lei una definizione di "intelletto" e "volontà" che me ne faccia capire la differenza. Così forse vedrà che le definizioni aristoteliche non possono essere superate da semplici giochi di prestigio. Scoprire le strutture insite nel reale è una "attività contemplativa", riflessiva, speculativa, sebbene sia sempre "attività"; imprimere una "struttura" in una materia è la stessa cosa? P.S.: non poteva essere diversamente: il suo amico Heinze von Forester era molto interessato all'illusionismo!

MAKSIM. Non ho mai pensato di smontare la tua analogia, semplicemente di completarla, arricchirla, spiegando che l'osservazione scientifica contempla anche la costruzione di contesti sperimentali in grado di far emergere proprietà nuove. Ad esempio, non avremmo mai scoperto la fisica quantistica se non avessimo costruito ad arte situazioni sperimentali non riscontrabili nel nostro ambito quotidiano. Inoltre, e su un piano leggermente differente, l'imperativo di von Forester, "se vuoi vedere, impara ad agire", sta a significare che, per vedere e attuare la soluzione di un problema (ad esempio cognitivo), non sempre è sufficiente individuarne la causa, in quanto i sistemi reali non obbediscono quasi mai a una causalità strettamente deterministica, di tipo lineare, e il cambiamento può solo essere prodotto agendo direttamente sul problema stesso, o sulla situazione che esso ha generato, esplorandola in senso dinamico, proprio come se si cercasse di costruire qualcosa di nuovo, una nuova struttura. Perché la struttura non è solo un concetto statico, ma anche dinamico, nel senso che esprime anche il modo in cui un sistema reagisce a determinate sollecitazioni. Ed è solo quando agiamo in tutti i modi possibili su un sistema, osservando tutti i modi in cui esso reagisce a tali nostre azioni, che possiamo ritenere di conoscere la sua struttura, e a volte la sua natura. In tal senso, il confine tra osservazione, azione e costruzione diventa molto sottile. E non sto facendo il giocoliere, o l'illusionista, come mi ripeti *ad nauseam*. Ti ricordo, tra l'altro, che tali allusioni costituiscono una fallacia logica, un argomento *ad hominem*, in quanto squalificano il tuo interlocutore per squalificare il suo discorso. Qualcosa del tipo: "qualunque cosa egli dica, è solo un giocoliere, quindi, ciò che dice, non può avere valore, e le persone che cita, sono addirittura interessate all'illusionismo!". Ad ogni modo, tutti hanno interesse ad approfondire i fondamenti dell'illusionismo, proprio per (1) evitare di cadere vittime di tristi illusioni e (2) imparare a ingannare (in modo strategico e costruttivo) quelle parti di noi che ostacolano i nostri processi di cambiamento.

MISHA. Io non voglio, e non posso, fare critiche "ad personam", quando non conosco la persona. Al massimo mi può capitare di fare una critica alla persona quando non ne capisco le tesi oscure! Quindi lasciamo stare "la logica". Che cosa significa "oggetto dinamico" (che è una locuzione che posso capire per le automobili o per gli uccelli o per le persone che "si muovono")? Che cosa significa che "i sistemi reali non obbediscono quasi mai a una causalità strettamente deterministica, di tipo lineare"? Certo, può esserci una convergenza di più cause! Che cosa significa che la "struttura" non è un concetto statico? Io farei degli esempi, se vedessi che non mi faccio capire! Prendiamo uno "scolapasta": lo scolapasta è fatto di una certa materia, ha una certa forma, l'ha fatto qualcuno e serve a qualcosa. Per me conoscerlo, significa appurare queste quattro cause: la causa "agente", la "causa materiale", la "causa formale", la "causa finale". Anche a voler fare a meno della causa "agente" (perché a qualcuno potrebbe non interessare assolutamente "chi" ha costruito lo scolapasta), la conoscenza della "struttura" e dello "scopo" è necessaria per "conoscere lo scolapasta" e POI, eventualmente, usarlo, modificarlo, cambiarne la struttura per adattarlo a mie esigenze, ecc. Ma "conoscerlo" significa, per me, indagarne la causa materiale, formale e finale. Quando avrò visto, anche attraverso più esperienze (se non c'è nessuno che mi "mostra" quello che fa uno scolapasta) che serve per scolare la minestra, che è fatto così e cosà, allora, per quanto mi riguarda, ho conosciuto lo scolapasta e me ne posso anche servire. Certo, nessuno mi vieta di usarlo come "elmetto" nei giorni di Carnevale, come nessuno impedisce a un farmacista di coltivare l'hobby della musica: ma il farmacista non può definirsi "musicista" e lo "scolapasta" elmetto! Conoscere ciò che un "oggetto" fa per sua natura il più delle volte e in maniera costante significa conoscere l'oggetto. La scienza è il reperimento di "costanti" nel cambiamento, non di "constatazione" del cambiamento. Prevengo l'obiezione facile: "le leggi" valide in un dato sistema di riferimento non valgono nulla in un altro sistema (vedasi la geometria, dove la somma degli angoli interni di un triangolo è 180° solo nella geometria euclidea). Risposta: le leggi "scientifiche", infatti, valgono esclusivamente nel ridotto spazio-tempo delle realtà naturali e non hanno senso applicate al soprannaturale. Scrutare il cielo col telescopio per trovare "il Paradiso" è insensato!

MAKSIM. Scrutare il cielo col telescopio per cercare il Paradiso è indubbiamente ingenuo, come è ingenua la tua osservazione, Misha, che le leggi scientifiche varrebbero esclusivamente nel ridotto spazio-tempo delle realtà naturali. Questo non è assolutamente vero. È da tempo che alcuni ricercatori esplorano la non-spazialità delle entità quantistiche, le quali in nessun modo possono essere rappresentate stabilmente e in modo completo nel nostro ristretto teatro spaziale tridimensionale (o spazio-temporale quadri-dimensionale). Per fare un esempio, in un recente articolo che ho letto,[15] gli autori propongono una nuova nozione di realismo, che hanno battezzato "realismo multiplex", proprio per sottolineare il fatto che il nostro teatro spaziale è qualcosa che noi umani abbiamo costruito (in tempi prescientifici e preculturali) alfine di rappresentare le entità ordinarie, i cosiddetti oggetti macroscopici, simili al nostro corpo fisico, con cui ci relazioniamo e interagiamo da tempi immemori, sulla superficie di questo sperduto pianeta. Quando però, attraverso situazioni di laboratorio specifiche, e controllate, abbiamo incominciato a studiare i processi quantistici (o quelli relativistici), ci siamo resi conto che questi non si lasciano rappresentare nel nostro teatro spaziale, anche se possiamo in parte percepire le tracce che le entità quantistiche lasciano in questo nostro teatro (poiché disponibili a interagire con i suoi attori: gli oggetti macroscopici, come ad esempio gli apparecchi di misura). E poiché non possiamo rappresentare tutto il reale in un solo teatro, dobbiamo considerare dei teatri aggiuntivi, come ad esempio quello quantistico e quello relativistico, che siamo in parte in grado di descrivere matematicamente (da cui il nome di "realismo multiplex"). La natura delle entità che soggiornano in questi altri teatri è differente da quella degli oggetti macroscopici ordinari e quindi non possiamo trovare delle piene corrispondenze tra le proprietà, ad esempio, di un elettrone e quelle di un corpo macroscopico. Il meglio che possiamo fare è trovare delle corrispondenze parziali. Inoltre, se vogliamo cercare di comprendere appieno la natura di queste entità non-ordinarie (e un "semplice" elettrone è un'entità altamente non-ordinaria), è fondamentale ricordarsi che il nostro modo di comprendere il reale è fortemente condizionato dal teatro in cui ci troviamo, e che abbiamo costruito nel corso della nostra evoluzione biologi-

---

[15] Diederik Aerts and Massimiliano Sassoli de Bianchi, "Do spins have directions?", *Soft Computing*, First online: 4 November 2015; arXiv:1501.00693 [quant-ph].

ca. In altre parole, quando cerchiamo di comprendere la natura della realtà fisica, che è fondamentalmente non-spaziotemporale, dobbiamo ricordarci di questo "aspetto costruzione" insito nel nostro modo di rappresentare i fenomeni. Se diamo per scontato, ad esempio, che lo spaziotempo è una struttura che abbiamo solo scoperto, e non anche in parte costruito, il rischio è di non riuscire mai a risolvere certe inconsistenze tra diverse rappresentazioni (ad esempio quella quantistica e quella relativistica) e cogliere la vera natura dei diversi enti fisici. *Mutatis mutandis*, lo stesso discorso vale, come puoi immaginare, anche per le entità "sottili", che è possibile sperimentare in determinate condizioni non-ordinarie nell'ambito della ricerca spirituale, accessibili a volte in modo spontaneo, o più stabilmente tramite uno specifico lavoro di sviluppo interiore. Quindi, il Paradiso non è nello spazio, così come un semplice elettrone non è (abitualmente) nello spazio, ma né il Paradiso né l'elettrone sono soprannaturali. Semplicemente, descrivono delle realtà non-ordinarie, secondo la nostra prospettiva abituale tridimensionale (o quadridimensionale).

MISHA. Purtroppo lei sa che non posso leggere l'inglese. Ma il suo lungo commento, per il mio ormai grandissimo naso, si incentra su un punto che mi dà ragione: "il nostro modo di comprendere il reale è fortemente condizionato dal teatro in cui ci troviamo". La "ragione scientifica" non potrà nulla di fronte a realtà "non-ordinarie" e se le vorremo cogliere dobbiamo abbandonare la ragione (e dunque la cosiddetta "scienza"): dalla scienza "alla filosofia", dalla "filosofia" al "mito" sarà un felice ritorno "in illo tempore", nel regno dell'immaginazione. Magari sarà molto "fervida", al punto da presentarci come "veri" dei semplici prodotti della fantasia. Ancora più indietro si andrà nella "ricerca spirituale" perché la sperimentazione di condizioni spirituali non ordinarie, come ho detto più volte, non è "automaticamente" evolutiva: può avere due "direzioni": una verso il basso, agli "inferi" (infra-naturale) e una verso l'alto (sopra-naturale). Lei usa la parola "spontaneo": ma dovrebbe sapere che soltanto "in basso" si può andare "spontaneamente", perché "in alto" si può salire soltanto con l'aiuto di qualcuno. Con le nostre sole forze possiamo solo scendere (la forza di gravità terrestre ne è un simbolo) o al massimo fermarci. Ma lei dovrebbe sapere che, in campo spirituale, lo star fermi non esiste: chi si ferma, è perduto, perché è destinato a SCENDERE! P.S.: i ricercatori esplorano la "non-spazialità" delle entità quantistiche. Ma dove la esplorano? In "nessuno spazio"? Forse lei vuol dirmi che esplorano le entità quantistiche e ne colgono la non-spazialità, ma non che esplorano la non-spazialità. Noi non possiamo abbandonare lo spazio e il tempo e tutto ciò che è fuori lo possiamo semplicemente o "dedurre" per una speculazione della ragione (filosofia) o farcelo descrivere da un "testimone" che ce lo "riveli dall'alto", in attesa di sperimentarlo quando avremo superato lo spazio e il tempo. Tutto il resto è tentare di volare con la bicicletta, con tutti i capitomboli che ne seguono!

MAKSIM. Nel caso della fisica la speculazione non c'entra nulla. La non-spazialità delle entità microscopiche è un fatto sperimentale: i fenomeni che osserviamo in laboratorio non possono essere rappresentati nello spazio tridimensionale, quindi, per forza di cose, sono non-spaziali, e non "speculativamente non-spaziali". Noi non possiamo abbandonare lo spazio con il nostro corpo, ma possiamo spingerci alla sua frontiera con i nostri strumenti più sofisticati, e guardare dall'altra parte, e sicuramente possiamo esplorare la non-spazialità con la nostra mente. Inoltre, se dai valore al contenuto delle esperienze "sottili", in quanto coscienze siamo altresì in grado di esplorare spazi non ordinari, quando ci troviamo in stati non-ordinari di coscienza. Questi però, non necessariamente hanno qualcosa a che vedere con gli spazi non-ordinari della fisica. Detto questo, ti ringrazio dei tuoi continui avvertimenti, circa il fatto che le dimensioni "sottili" non sono popolate solo da realtà edificanti, che è possibile "scendere" e non solo "salire". Il tuo avvertimento è utile, e sono il primo a mettere in guardia le persone sui pericoli insiti in una ricerca spirituale sprovvista di discernimento. Quindi, non è necessario continuare a ribadirlo. Detto questo, quando parlo di esperienze spontanee, mi sembra chiaro che faccio riferimento a situazioni non necessariamente volute dalla persona: una proiezione fuori del corpo spontanea, una retro-cognizione spontanea, un'esperienza di pre-morte, la percezioni di un'entità disincarnata, ecc. Queste esperienze a volta accadono senza che siano cercate dalle persone (che a volte si spaventano anche, non avendo sufficienti conoscenze per comprendere ciò che percepiscono), oppure possono essere il frutto di un lavoro voluto di affinamento personale delle proprie percezioni.[16]

MISHA. Non poteva mancare anche qui la "esasperazione" letteralistica di un esempio. Ma "la lettera", lei sa, uccide e non la mette in grado di comprendere ciò che l'interlocutore vuol dire. Come si dice con un famoso detto: lei, ogni volta che le indicano la luna, fa male a soffermarsi sistematicamente sul dito! Auguri, comunque. Su quella bicicletta non salirei, così come non mi fiderei di criteri cosiddetti "scientifici" per analizzare fenomeni, diciamo, paranormali. La tecnica, proprio qui, si mostra molto meno affidabile del "mito" di Icaro! Cioè, più sicuro il mito che la sua "scienza"! La sproporzione tra il soprannaturale e il naturale può essere colmata solo da un "dio". Il risultato di un lavoro di affinamento personale delle proprie percezioni è destinato a rimanere del tutto personale e poco "obiettivo". Vale a dire: o "fantasioso" o "magico". O "mago" o "fantasista". Lei, poi, mi saprà dare la prova del contrario (meglio, possibilmente, in questa vita, per non tirarla troppo per le lunghe!)

MAKSIM. Non mi soffermo sul tuo dito, Misha, semplicemente ti informo che, secondo me, non sta indicando la luna. E i criteri scientifici sono semplicemente criteri di buon senso, esattamente gli stessi che usi anche tu (spero) per orientarti nel reale. E non esiste il soprannaturale, esiste solo l'ignoto. Il soprannaturale è l'unica vera invenzione fantasiosa. E non ho mai parlato di colmare la sproporzione tra ignoto e noto, questo è solo un

---

[16] Maksim termina il suo commento pubblicando il video di un prototipo di bicicletta volante, realizzato da un gruppo di società della Repubblica Ceca: *https://youtu.be/8Ovsgui4YWs*

tuo strano pensiero. Ho sempre e solo parlato di esplorare (e possibilmente spingere un po' oltre) la frontiera tra noto e igno-to.

MISHA. Nel 1999 partecipai a un Meeting di Rimini, che aveva questo titolo: "L'ignoto genera paura, il mistero genera stupo-re". Ci sono più termini, almeno in italiano, per indicare "ciò che non si conosce": IGNOTO e MISTERO sono due tra questi. Se le parole non vengono usate come del tutto "sinonimi", la speci-ficità di ciascuna parola potrebbe essere in grado di rivelarci, ancor prima di cominciare una "ricerca", l'oggetto precipuo di cui si occupa. Voglio dire che "l'ignoto" non è la stessa cosa di "mistero", che a sua volta non è sinonimo di "problema". Da un punto di vista almeno "metodologico" vorrei che lei sapesse che per me, sulla base della premessa fatta, non esiste solo l'ignoto, esiste anche il "misterioso". E come genialmente comunicava il titolo di quel meeting, tra i due c'è una profonda differenza, come quella ineliminabile di "alto" e "basso", con tutto ciò che questa comporta (anche se il "basso" in un certo sistema di rife-rimento può essere "alto" in un altro, la differenza tra i due ESI-STE ed è incolmabile). Io penso che considerare fantasioso il so-prannaturale e metterlo nella famiglia dell'"ignoto" non solo è riduttivo ma va contro la stessa "esperienza". Ho avuto modo più volte di spiegare (forse male) che la frontiera tra noto e i-gnoto forse (dico forse) è colmabile, ma tutte le conoscenze di questo mondo (passate presenti e future) non saranno mai in grado di colmare la "frontiera" tra noto e mistero. Caro Ma-ksim, ho avuto modo di spiegarmi su questo punto, se lei ricor-da, facendole l'esempio della psicanalisi: l'illusione di partenza della psicanalisi sta nel credere che portare l'inconscio (che è la faccia "psicologica" dell'ignoto) al conscio ("noto") produca una "riduzione" della distanza e che gradualmente l'ignoto spa-risca "sempre più". È un po' come quando si accende una lam-padina nell'oscurità: tutto si illumina senza residuo. Ma ciò che le psicologie del profondo, a mio avviso, non comprendono, è che la consapevolezza di una cosa non ne riduce il "buio", ma lo allarga. È il rapporto tra "conscio" e "mistero", che – come le dissi – non può essere capito con l'esempio della luce nell'oscurità, ma piuttosto dell'albero che svetta verso il sole: più "va" verso la luce, "più radicate" e oscure devono essere le sue radici. Il soprannaturale è tanto più "ineffabile" e incomprensibile quanto più riusciamo a comprendere i segreti della "natura" o di noi stessi. Dire che il soprannaturale è parto della mia fantasia significa precludersi la possibilità di tener conto di un mondo che sta agli antipodi esatti dell'ignoto e ne è la controparte di "luce" (Uno può non vedere perché è buio: ignoto!, ma uno può non vedere perché c'è troppa luce: mistero, soprannaturale! L'effetto è lo stesso, ma ciò che cambia radicalmente è "la causa"! E come è superficiale fare di tutta l'erba un fascio, così lo è fare di tutte le "cause" un fascio solo! Vorrei aggiungere un'altra cosa, a completamento: quello che convenzionalmente noi chiamiamo Dio non è un coniglietto fatto apparire dal cilindro di chi "non riesce a capire"; non è una "pezza" per coprire i buchi dell'intelligenza (anche scientifica). Così la pensa forse Seidelmattino, che perciò "crede" che la fede diminuirà sempre più con l'aumentare della scienza. Dio, mistero inconoscibile, è ciò che si fa intravvedere proprio dentro il massimo dell'utilizzo umano dell'intelletto. Dentro il massimo di scienza fa capolino Dio-mistero, e non come il "supplente" immaginario della nostra ignoranza. Quindi, secondo me, Seidelmattino può aspettare tutte le vite che vuole per assistere alla "morte di Dio" e lei, Maksim, può anche immaginare che "l'ignoto" sia semplicemente un "non ancora conosciuto" da conoscere. Il "Mistero", a differenza dell'"Ignoto", non è un "non ancora conosciuto" da conoscere, ma è l'Inconoscibile per definizione! A meno che non sia lui stesso che faccia conoscere qualcosa di sé, che mai la nostra mente avrebbe potuto capire, quale che sia il suo grado di "evoluzione"! E, d'altra parte, la meraviglia, la speranza e lo stupore nascono solo dinanzi al "mistero", non all'ignoto, direttore d'orchestra delle paure!

MAKSIM. Siamo perfettamente d'accordo, Misha, che l'"oscurità" (qui intesa in senso cognitivo) può risultare sia da un'assenza di luce, sia da un eccesso di luce, quando questa produce un accecamento. Questo, tra l'altro, dovrebbe portarci a una certa prudenza, in quanto ci fa capire che anche un principio molto luminoso, quando percepito da un "occhio" non sufficientemente preparato, potrebbe essere scambiato per il suo esatto opposto. Non sono invece totalmente d'accordo con il suggestivo titolo del meeting di Rimini. Anche il mistero, ritengo, è in grado di generare paura. Infatti, se un essere-coscienza è in buona parte identificato con "aspetti poco luminosi", quando incontrerà una luce molto intensa (un grande essere), potrebbe percepire la sua presenza come una minaccia per la sua stessa sopravvivenza. In breve: il male teme il bene. E naturalmente, non tutti i ricercatori percepiscono l'ignoto come qualcosa che genera paura, anche se, naturalmente, in dipendenza della natura del territorio che viene esplorato, questo dovrebbe quantomeno generare una certa prudenza.

MISHA. Intanto la prudenza non può spingersi a dubitare della natura dell'accecamento: l'accecamento è un effetto! Chi non vede per troppa luce e chi non vede per troppo buio sembrano nella stessa situazione, ma entrambi sono in grado di distinguere con certezza e senza "prudenza" le due cause del loro accecamento e la loro radicale diversità. Uno è in grado perfettamente di dire: "Non vedo perché c'è troppa luce"; l'altro di dire: "Non vedo perché c'è troppo buio". Ma poi c'è un'altra questione: il problema non è di sola "percezione". Io potrei "non percepire" il fuoco perché sono sotto anestesia, ma il fuoco non aspetterebbe, per bruciarmi, la mia predisposizione soggettiva a percepirlo. Allora la parola "consapevolezza" non sta ad indicare soltanto un affinamento "percettivo" (della sensibilità), ma una "coscienza oggettiva" (intellettiva) della vera natura di una determinata cosa, perché altrimenti, essendo anche l'allucinazione una percezione, sparirebbe la differenza tra illusione e realtà. E questo rischio si corre in special modo per quelle che noi chiamiamo "realtà spirituali", quando ne parliamo indiscriminatamente, senza distinguerle tra quelle che stanno "sotto" la natura e quelle che stanno "sopra" la natura (soprannaturali): in altre parole (e qui son costretto a usare le due parolacce censurate da certa ricerca) le "realtà spirituali buone" dalle "realtà spirituali cattive". Ogni cosa ha una sua determinata natura e conoscerla "in sé" è la condizione per valutare la "verità" della nostra percezione della cosa. Non solo: ma per valutare anche se bisogna prenderla o lasciarla! È vero che una determinata cosa potrebbe farsi conoscere solo gradualmente nella sua interezza, ma la presentazione parziale di sé non implica necessariamente un giudizio di "falsità" sulla stessa. Questo è l'errore che ha fatto Cartesio: una cosa sarebbe vera solo se è "chiara e distinta". Ma questo, appunto, non è per niente vero, perché ci sono cose che, pur essendo verissime, non sono né chiare né distinte. Ma le cose non chiare e non distinte non appartengono necessariamente a "un" mondo, ma possono appartenere a mondi distinti. Così sono "il mistero" e l'"ignoto": essi possono suscitare la stessa reazione, ma sono due realtà completamente diverse. E quando si dice "paranormale", bisognerebbe saper bene che cosa indichiamo con questo nome: si potrebbe scoprire – è una ipotesi che lancio – che "paranormale" è soltanto il modo "moderno" ed "evoluto" di chiamare "gli inferi", dove di "soprannaturale" non c'è nulla! Nulla c'è di nuovo, in effetti, sotto il sole. "Ciò che è stato, sarà e ciò che è fatto si rifarà (Qoelet, 1, 9).

MAKSIM. A dire il vero, è possibile spingersi anche fino al dubbio. Dipende dal tipo di metafora che si utilizza. Se dal quantitativo (più o meno luce) andiamo al qualitativo (ad esempio, la frequenza della luce), le cose sono differenti. Immagina un essere degli "inferi", che brilla di luce infrarossa. Non riuscirai a vederlo, anche se riuscirai forse a percepirne il calore. Immagina un altro essere, "angelico" questa volta, che brilla di luce ultravioletta. Parimenti, non riuscirai a vederlo, anche se riuscirai forse a percepirne gli effetti sulla tua pelle (che ad esempio si abbronzerà). Ora, fino a quando non avrai imparato a interpretare questi diversi effetti (calore e abbronzatura), in entrambi i casi vedrai solo oscurità. Gli effetti di queste due oscurità sulla tua persona sono certo differenti, ma solo con l'esperienza potrai imparare a distinguerli e, soprattutto, valutarne la bontà o malvagità (oltre che, possibilmente, sviluppare la capacità di percepire direttamente l'infrarosso e l'ultravioletto, ma questa è un'altra storia). Naturalmente, alcune coscienze, più di altre, possiedono questo tipo di discernimento, ma questo dipende, per l'appunto, dal loro percorso evolutivo (di apprendimento), che è un percorso multimillenario. Altrimenti, il cosiddetto "paranormale" è in realtà del tutto "normale", quindi se il paranormale è, come suggerisci, il "mondo degli inferi", allora lo è anche la nostra realtà quotidiana ordinaria (alcuni credenti infatti lo sostengono, se non erro), in quanto imbevuta del "normale paranormale" (pensa solo quanto sia facile sperimentare fenomeni di telepatia con persone a noi vicine). Qui torniamo sull'inutilità di introdurre una categoria ontologica differente, solo per descrivere entità differenti, che interagiscono con modalità differenti. Immagina un fisico che affermi che i neutrini sono paranormali, o soprannaturali, solo perché interagiscono molto debolmente con la materia ordinaria. Indubbiamente esistono diversi strati nel reale, ma questi strati sono pur sempre accessibili, e parte dello stesso reale. E certamente, la frontiera tra ciò che conosciamo e non conosciamo si sposta con noi, e certamente, più conosciamo e più siamo in grado di apprezzare quanto poco conosciamo, e quindi in questo senso l'ignoto, o il misterioso, paradossalmente, crescono nella misura in cui cresce la nostra conoscenza.

STRUTTURE DI PENSIERO. IL RAZIONALE E L'IRRAZIONALE

31 marzo 2015

MAKSIM. Irrazionalità non è sinonimo di "assenza di sensatezza", ma di "presenza di una diversa struttura di pensiero", rispetto a quella logico-razionale.

ADALFUNS. La logica razionale segue le convenzioni sociali, quindi i falsi bisogni; l'inconscio reagisce di fronte a ciò che non è naturale e salutare per il corpo fisico. Secondo me.

MAKSIM. La logica segue la logica, non le convenzioni, altrimenti non sarebbe logica. Il subconscio invece, non utilizza la logica, ma non per questo giunge a conclusioni errate. Dipende dal contesto. In determinati contesti è bene ragionare secondo le regole della logica, o, se vuoi, delle probabilità classiche, in altri contesti è preferibile usare delle modalità di pensiero intuitive, sintetiche, emergenti, la cui struttura è differente. È una struttura che si lascia ben descrivere dalla matematica quantistica.[17]

ADALFUNS. Maksim, sul fatto che la logica segua le convenzioni, vedi la differenza tra logica femminile e maschile (ah ah ah).

MISHA. Non conosco la matematica quantistica, e sulla "presenza di una diversa struttura di pensiero rispetto a quella logico-razionale" potrei anche essere d'accordo (del resto, già Pascal parlava di "raison du coeur", già conosciute sin dai tempi di Platone come "pensiero noetico", "intuizione intellettuale", ecc.). Tuttavia, non posso condividere l'assunto che "irrazionalità" sia sinonimo di quelle ragioni. L'intelligenza noetica può essere una "diversa struttura di pensiero", l'irrazionalità no! L'irrazionalità è semplicemente "non pensiero", cioè insensatezza! Aggiungo che il riferimento al'"inconscio" è emblematico di una visione riduttiva dell'intelletto, perché l'intuizione in-

---

[17] *https://en.wikipedia.org/wiki/Quantum_cognition*

tellettuale è tutt'altro che "inconscia". È lo stesso equivoco in cui cade chi dice che "l'amore è cieco", trascurando il fatto che il vero amore, al contrario, ci vede benissimo!

MAKSIM. Il riferimento all'inconscio non è necessario, anche se è vero che siamo molto meno consapevoli della natura e struttura di questa seconda modalità del nostro pensiero, e del fatto che sia dominante, e che pertanto, in tal senso, potrebbe essere definita come subconscia, sebbene poi non lo sia completamente (o lo è solo fino a quando non cominciamo a esplorarla più attentamente). Tutti gli studiosi della mente hanno parlato dell'esistenza di questa seconda modalità non-logica del pensiero, ad esempio Freud, William James, Piaget, ecc. Faccio un esempio, per capire di cosa stiamo parlando. Immagina di ascoltare la seguente descrizione, relativa a una donna (nella fattispecie israeliana) di nome Daniela:

"Daniela è sensibile e introspettiva. A scuola scriveva poesie segretamente. Ha fatto il servizio militare come insegnante. Per quanto attraente, fa poca vita sociale, poiché preferisce passare il tempo a leggere, nella quiete della sua casa, che alle feste".

Ora, immagina che, a seguito di questa descrizione, ti venga chiesto che cosa studia secondo te Daniela, dovendo scegliere tra le seguenti quattro opzioni: (1) Studi letterari; (2) Studi umanistici; (3) Fisica; (4) Scienze naturali. Quando questo quesito fu posto a un campione statisticamente significativo di soggetti, le risposte ottenute furono in flagrante violazione delle probabilità classiche, ossia, della logica booleana sui cui esse si fondano. Infatti, per fare un esempio, l'82% dei soggetti interrogati hanno scelto (1) come risposta. Ora, essendo che gli studi letterari sono parte degli studi umanistici, la risposta (2) doveva – logicamente – risultare più probabile della risposta (1). Questo però non è ciò che si osserva. Quindi, quando i soggetti scelgono, lo fanno secondo una modalità non razionale, cioè fallace secondo la logica classica (si parla in questo caso di "fallacia della disgiunzione"). Quando si cerca di modellizzare esperimenti di psicologia cognitiva di questo genere, si osserva però che le probabilità quantistiche sono perfettamente adatte a tale scopo. Non entro qui nei dettagli di queste analisi. Queste dimostrano però, tra le altre cose, che le valutazioni in situazioni di questo genere, dove domina questa seconda modalità del pensiero, definita "concettuale quantistica", si basano non sulla logica, ma su criteri di rappresentatività. Ossia, i soggetti scelgono le risposte che, secondo loro, meglio rappresentano Daniela, così come scegliamo ad esempio più facilmente "mela", anziché "carciofo" come esemplare rappresentativo del concetto di "frutto". Questi processi di scelta che si fondano su tale criterio di rappresentatività, violano sistematicamente le probabilità classiche, ma non per questo sono irrazionali, in quanto nascondono una struttura ben definita, descritta dal calcolo delle probabilità quantistiche. Per fare un'analogia su un altro piano, i numeri irrazionali sono non-razionali, è vero, ma non per questo sono dei non-numeri. Anzi. La maggioranza dei numeri reali, come oggi sappiamo (e come non sapevano i pitagorici) sono di tipo irrazionale. Allo stesso modo, il pensiero irrazionale non è un non-pensiero, come scrivi: la stragrande maggioranza dei nostri processi decisionali si fonda su di esso, essendo più efficace del pensiero razionale nel valutare velocemente le diverse situazioni, soprattutto quando dobbiamo elaborare un numero molto alto di informazioni. Questo non significa, evidentemente, che il pensiero logico non sia importante. Come diceva William James, il pensiero ha due gambe, e per camminare (pensare), abbiamo bisogno di entrambe.

MISHA. Non posso rispondere perché la replica è abbastanza oscura per me, specie in alcuni punti dove la mia ignoranza incrocia il suo linguaggio superiore al mio comprendonio: esempio, su certi riferimenti alla logica booleana e a quella quantistica. La cosa che però credo mi tiene in guardia da certi ragionamenti, a parte la mia ignoranza, è una duplice convinzione: 1)- che un discorso, quanto più è complesso, tanto più si lascia comunicare a chi "non sa" con estrema semplicità; 2) che quella che lei chiama "logica rappresentativa" è sempre esistita senza essere chiamata "logica quantistica": l'esempio più classico è quello dell'esperimento che si fa su due parole: "tachete" e "maluma", dove statisticamente "tachete" viene sempre identificata con una "linea spezzata", e "maluma" con un cerchio, una linea dolce e sinuosa. L'immaginazione si "rappresenta" sempre qualcosa di "morbido" con la parola "maluma" e sempre qualcosa di accidentato e spigoloso con la parola "tachete". Ma una cosa è la "rappresentatività" di un oggetto, altra cosa è l'inserimento di un oggetto dentro le sue relazioni con altri oggetti in un quadro di "significatività" razionale. La ragione (o intelletto) è una facoltà spirituale, l'immaginazione è una facoltà sensitiva, che abbiamo in comune con gli animali. Ma l'identificazione di "tachete" con "spezzato" e di "maluma" con "sinuoso" avviene sulla base di una corrispondenza "naturale", che c'è in noi, tra certe realtà oggettive e il nostro bisogno di chiamarle in un linguaggio comunicativo. Se l'elefante barrisce, il gatto miagola, il cane abbaia e il passero "cinguetta" nel "fruscio" delle foglie e nel "sibilo" del vento, questo significa soltanto che l'uomo non poteva costruire il proprio linguaggio se non a imitazione dei suoni sperimentati nella natura delle cose. L'immaginazione dà il materiale assunto dal "sensibile", l'intelletto "trova" (in latino "invenio", inventare = trovare, non "creare") le relazioni dentro quel materiale "nominato" dall'uomo. Non a caso dare un nome (*nomen omen*) è una nobile attività solo umana e spirituale di identificare la natura delle cose e conseguentemente le loro relazioni. Di più non so. Ora, se per "parte inconscia" si intende la modalità umana di fare certe cose e cogliere con l'intelletto certe cose "senza pensarci", questa è la parte "intuitiva" dell'intelletto, detta così perché non ha bisogno di mediazioni concettuali per cogliere le cose. "Intuitivo" si assimila a torto a "inconscio" perché in questa fase manca la mediazione concettuale, che tuttavia diventa necessaria per cogliere non le cose, ma le relazioni tra le cose. Quando l'intelletto lavora sulle relazioni, prende il nome di "ragione" e, di conseguenza, chiamiamo "razionale" l'ordine di queste relazioni. Ma, prima di conoscere quest'ordine con la ragione, non è detto che ci sia l'irrazionale, può ben esserci l'intuitivo, che non è oscurità bensì luce sugli oggetti prima dell'indagine sulle loro relazioni.

MAKSIM. La frase chiave che hai scritto è la seguente: "...una cosa è la "rappresentatività" di un oggetto, altra cosa è l'inserimento di un oggetto dentro le sue relazioni con altri oggetti in un quadro di "significatività razionale". Il primo punto da osservare è che le entità che la mente umana utilizza nei suoi processi di pensiero non sono oggetti, bensì concetti. I concetti non sono meri contenitori di esemplari (collezioni di oggetti), o meglio, non si lasciano descrivere unicamente in questo modo. Quando si combinano, danno vita a significati nuovi, emergenti, e il loro significato (o possibile significato) dipende sempre dall'intero panorama concettuale in cui vengono inseriti. Questo significa che un concetto, oltre a possedere delle proprietà attuali, possiede anche delle proprietà potenziali, anzi, soprattutto delle proprietà potenziali, che possono divenire attuali, in modo non deterministico, in taluni contesti semantici, e non in altri. La logica classica, e le probabilità classiche ad essa associate, ragionano su ciò che già è, ma che io soggettivamente non conosco in modo completo, mentre le probabilità quantistiche nascono proprio nel tentativo di descrivere delle proprietà che ancora non sono, ma che possono essere poste in esistenza, in modo non deterministico, in determinati contesti sperimentali (il famoso effetto osservatore). Per dirla in modo saccente, la logica quantistica non è di tipo proposizionale, ma di tipo dinamico. Nasce per descrive i processi di cambiamento di stato. E quando una mente umana opera una scelta, in termini concettuali è sempre possibile descriverla come un processo di cambiamento operato a un livello concettuale. La Daniela del racconto, e la Daniela che studia letteratura, descrivono, ad esempio, l'entità concettuale "Daniela" in due stati differenti, e il processo di scelta di una risposta, tra le quattro proposte, può essere interpretato come l'esito di un processo non-deterministico di misura della "proprietà di scolarizzazione di Daniela". Arrivo ora alla seconda parte importante della tua frase: "le relazioni". Ideando esperimenti un po' più elaborati di quello molto semplice di

Daniela, gli psicologi si sono posti la seguente domanda: possiamo trovare delle relazioni tra le diverse probabilità osservate sperimentalmente? Inizialmente, ci hanno provato con la teoria delle probabilità classiche (quella studiata da Pascal, Laplace, Bernoulli, ecc., e in ultimo assiomatizzata da Kolmogorov). Ma non funzionava: i dati sperimentali violavano sistematicamente le relazioni classiche. Poi hanno cercato una variante della teoria classica, che si fonda sulla cosiddetta "logica sfumata", ma rimanevano sempre situazioni sperimentali che violavano anche questa versione generalizzata del calcolo probabilistico classico.[18] Infine, si è pensato di usare la teoria delle probabilità quantistiche, e con sorpresa si è scoperto che queste modellizzavano alla perfezione i dati. In altre parole, all'interno di questi dati c'era una struttura, quindi delle relazioni, e queste erano descrivibili nella struttura dello spazio degli stati quantistici (o da varianti similari di tali spazi). Quindi, il pensiero irrazionale non è tale, poiché possiede una struttura, e in tal senso non è corretto ritenerlo sprovvisto di significato. Semplicemente, le attribuzioni di significato seguono delle strutture relazionali di diversa natura, così come un numero irrazionale, come la radice di 2, possiede un significato preciso (è l'ipotenusa di un triangolo rettangolo isoscele il cui cateto vale 1), pur non esprimendo una relazione tra due numeri interi (per i pitagorici questa era l'unica relazione accettabile per un numero). In altre parole, è nondimeno associabile a una struttura di relazioni più generale, ad esempio in quanto soluzione dell'equazione "x al quadrato = 2". Quindi, "irrazionale" significa qui unicamente "non spiegabile nei termini delle relazioni espresse dalla logica classica" (che comunque non è nemmeno in grado di descrivere tutti i processi naturali), ma "spiegabile secondo altre strutture relazionali", come ad esempio quelle individuate nello studio dei sistemi microscopici. Per quanto riguarda invece il discorso sull'inconscio, sono d'accordo, e infatti personalmente non ho parlato di inconscio (l'ha menzionato Adalfuns in un suo commento).

---

[18] *https://it.wikipedia.org/wiki/Logica_fuzzy*

WERA. Per me è tutte e due, a secondo del caso e della connotazione che gli diamo.

MAKSIM. Io sono più propenso a pensare che ogni processo di pensiero sia sempre sensato, anche quando non appare tale. Anche la pazzia, quando propriamente contestualizzata, e decodificata, è espressione di un processo cognitivo ricco di senso, propriamente intelligente. È che non sempre siamo consapevoli del "conceptual landscape" (paesaggio concettuale) in cui una persona si trova immersa (o in cui noi stessi ci troviamo immersi), che se invece conoscessimo ci aiuterebbe a capire il perché dell'apparente irrazionalità delle sue/nostre scelte e valutazioni.

MISHA. Sarò ultrabreve, per ribadire: non so se è colpa del linguaggio (molto limitato e impreciso) o colpa mia (molto limitato e impreciso), ma la parola "irrazionale" non si dovrebbe usare né in matematica, né in logica. Perché? Perché non può essere classificato come "irrazionale" qualcosa che si discosta da una certa prospettiva "conosciuta". Da una prospettiva conosciuta, esistono tante cose che non si capiscono e che tuttavia non possono chiamarsi "irrazionali". "Irrazionale" non è semplicemente "ciò che non si capisce" e tanto meno può essere usato per significare ciò che non è inquadrabile in un universo di significati non conosciuto. Irrazionale è semplicemente ciò che è completamente fuori da ogni "significato". Nella logica classica, irrazionale coincide né più e né meno con "contraddittorio". Un cerchio quadrato è irrazionale, come è irrazionale un umido secco: nessuna mente, la più elevata, riesce a districarsi dentro certi "giudizi" espressi con proposizioni "irrazionali" perché contraddittorie. Cito l'esempio del paradosso del mentitore, studiato – se non sbaglio – anche da Russel ("io sono bugiardo") o quello di chi afferma: "la verità non esiste". Queste proposizioni esprimono giudizi irrazionali perché "contraddittori" e "contraddittori" perché pretendono di affermare e negare contemporaneamente due cose sotto un identico aspetto. Le suddette proposizioni si possono solo dire, ma non si possono

318

pensare o argomentare o rivestire di un qualche significato, come si può dire "cerchio quadrato" senza poterlo pensare o mostrare in nessun modo. Sono "flatus vocis" cui non corrispondono né "oggetti" né "concetti". Ecco perché userei la parola "irrazionale" il meno possibile e soprattutto quando con essa si volesse indicare una famiglia di "oggetti" o "relazioni" ancora "sconosciuti". Insomma, non è "irrazionale" ciò che "noi non comprendiamo ancora", ma ciò che è "in sé contraddittorio". Non ho esperienza di "fisica quantistica", mi piacerebbe; ma "irrazionale" è qualcosa che si vorrebbe opporre a tutte le logiche, conosciute e sconosciute. "Irrazionale è il puro "disordine", che in "natura" (e neppure nella soprannatura) non può esistere, mentre tutte le logiche possibili, prima di ogni aggettivo (quantistico, booleano, classico, moderno, ecc.) devono rimandare inesorabilmente (per lo stesso contenuto etimologico della parola logos) a un "ordine". Ci possono essere vari "modi" o "sensi" dell'ordine (magari non ancora conosciuti), ma nessuno di essi può essere "irrazionale", parola che rimanda direttamente al puro disordine, del tutto inesistente perché contraddittorio. Non è un caso se una conquista del pensiero classico, che dovrebbe oggi diventare "patrimonio dell'Unesco", e non solo per la sua insormontabilità e validità perenne, è il concetto di "ente" come qualcosa di inesorabilmente "positivo" che non ha avversari, perché il suo unico papabile avversario (il niente) è appunto "niente", è semplice "aria che esce dalla bocca", come un suggestivo "abracadabra"! In definitiva, sono d'accordo sul fatto che i processi di pensiero sono sempre sensati e dunque mai "irrazionali"! Per focalizzare la differenza tra intelligenza intuitiva e ragione, mi capita proprio ora a proposito questo articolo: "Gödel e le NDE (esperienze di pre morte)", scritto da Francesco Agnoli e pubblicato l'1 aprile 2015 sul quotidiano online *www.libertaepersona.org* (tratto dal suo libro "Sorella morte corporale", Torino, 2014).

L'ENERGIA DEL CAOS

5 aprile 2015

MAKSIM. "I periodi di caos sono meravigliosamente creativi. Sono la fine di un universo finitamente ordinato e l'emergere di una forza nuova. Se abbiamo il coraggio di non darcela a gambe davanti al caos, di non chiudere gli occhi, questo stato ci darà l'impressione di fluttuare in un oceano di energia fremente. Il corpo assorbe questa energia, la mente se ne nutre e passa una fase di disintossicazione, di vuoto riposante nel quale germogliano i semi del rinnovamento". [Tratto da: "Aprirsi alla Gioia", di Daniel Odier, Lulu.com edizioni]. Un libricino che consiglio a tutti coloro che ritengono che la gioia occupi un posto centrale in un percorso di ricerca interiore.

WERA. Ora sono innamorata del mio caos. ☺ Sono d'accordo, e i miei universi allora continuano a finire. ☺

LLORA. Ad essere sincera, non so cosa sia "un universo finitamente ordinato"! Ho la percezione di essere nata nel caos e di aver fluttuato in esso per tutta la vita, che la nostra epoca sia governata dal caos, o forse il nostro pianeta da sempre. Credo che il caos si manifesti su ogni piano, dal più grande al più piccolo, dall'universo alla nostra intimità interiore, da cui la necessità di ancorarsi internamente per non perdersi, lasciandoci allo stesso tempo attraversare dall'energia del caos che, concordo con Odier, è creatrice. Tutto ciò è molto "Tao".

MAKSIM. Forse che con la nozione di "universo finitamente ordinato" Odier si riferisce qui al nostro modo di interpretare e catalogare il reale, oltre che al nostro tentativo di controllarlo limitandolo. Poi però, dobbiamo fare i conti con l'immensità delle sue correnti, che, un po' come uno tsunami, ogni tanto arrivano e spazzano via le nostre visoni troppo limitate, obbligandoci ad ampliarle (o affinarle), in attesa della prossima ondata. Piano piano però, possiamo imparare a conoscere questi moti ondosi, e aprirci al rinnovamento che essi promuovono, con gioia. Per farlo, è necessario trovare un punto di ancoraggio più in profondità, come giustamente scrivi, riconoscendo che tale punto non è toccato dal moto ondoso. Possiamo allora usare l'energia del caos, nei nostri processi di creazione, senza che questa necessariamente ci destabilizzi totalmente. L'arte da imparare è quella di rimanere "alla frontiera del caos", così come si può rimanere alla frontiera di un buco nero, per estrarne l'energia, senza però farsi inghiottire.

WERA. Secondo me si parla di caos perché non siamo in grado di vedere l'ordine nascosto. Di conseguenza, come in tutto ciò che non comprendiamo, si pensa che ci debba essere qualcosa di sbagliato, piuttosto che osservare il proprio limite.

LLORA. Come l'albero, ondeggia nella tormenta, saldo nelle radici, perde le foglie superflue e si rinforza.

MAKSIM. Sono d'accordo, Wera, il termine serve solo a indicare una "struttura altra". Nel caso della fisica, ad esempio, il caos (classico o quantistico) possiede una sua "firma" specifica, ed emerge sempre da un sistema di equazioni ben definite, con determinate caratteristiche. Pertanto, non è certo sinonimo di "assenza di struttura".

MISHA. Tutto molto bello, avventuroso e "immaginifico". Da parte mia, vi lascio volentieri al vostro caos affascinante, pieno di promesse. Io, nel mio, quando si mostra, ci sto male e come me un fiume di altra gente poco incline a giocare col fuoco (qui il termine "giocare" non è ironico). Ammetto volentieri che preferisco darmela a gambe. Ho conosciuto un po' di gente che si sforzava di stare diritta "alle frontiere del caos". Ma anche se non l'avessi conosciuta, preferirei ugualmente scappare. Non tutti, purtroppo, siamo della stessa pasta "stoica"... oppure, a volte, non si sa bene di quel che si parla, quando si parla di caos. Ah, se vi sentisse padre Surin!

WAL. Capisco, Misha, e penso che non tutti siamo fatti per fare un passo fuori dal mondo conosciuto. Quando si parla di caos, è saggio conoscere bene i propri limiti di sopportazione. Altrimenti, è totalmente da incoscienti. Penso sia bene evitare di scherzare con l'incredibile potere di destabilizzazione e rivelazione del caos.

MAKSIM. L'associazione, Misha, tra "caos", inteso qui come forza puramente creativa, di cambiamento, inevitabile e inarrestabile, del tutto fondamentale al funzionamento stesso della vita e del cosmo, e "possessione demoniaca" (vedi la tua allusione a padre Surin), che è invece una forza del tutto evitabile, mi sembra poco azzeccata. Immagino che il demonio (qualunque cosa esso sia) tema il caos più di tutti noi, in quanto anche il suo "regno" si fonda su un preciso "ordine", sebbene ribaltato, e caratterizzato dalla menzogna (e quindi, in tal senso, ben più vulnerabile alle "scosse" del reale).

MISHA. Brevemente: la possessione era solo un esempio del caos. Ma il caos "inteso qui come forza puramente creativa, di cambiamento, inevitabile e inarrestabile, del tutto fondamentale al funzionamento stesso della vita e del cosmo", è fuori dalla portata del mio comprendonio. Il fatto che si può trarre del bene anche dal male (o dell'ordine dal disordine) per me non autorizza per niente a fraintendere la natura del caos come "forza creativa", addirittura inevitabile e inarrestabile. Il caos è caos, vale a dire disgregazione e disordine. Il "caos" non è una forza creativa, è semplice "assenza di ordine", come la notte (cui si sarebbe tentati di dare una consistenza di essere) non è altro che "assenza di luce"! Il caos è "assenza di creatività", l'esatto contrario della forza creativa.

MAKSIM. Indubbiamente, la parola "caos" ammette definizioni diverse, a seconda del contesto. Ad esempio, quello della fisica (teoria della complessità), o quello della mitologia (l'entità primigenia antecedente a Gaia). Oppure, il significato cui fai riferimento tu, Misha, di "assenza di ordine". La citazione di Odier, da cui parte questo post, rimanda più semplicemente a quei processi che portano alla distruzione di vecchie strutture, anche mentali, e che tramite la creazione di uno spazio (un'assenza del vecchio) permettono la creazione di qualcosa di nuovo.

MISHA. Ah ah ah. Ricompare il caleidoscopio impazzito, tanto per capirci sempre meno! Caro buon vecchio Aristotele, aiuto! Dacci oggi il nostro pane quotidiano: una buona definizione delle cose, soprattutto! Per non rincretinire. Caro buon vecchio Aristotele, ne abbiamo fatta di strada per desiderare ardentemente di tornare alla luce dal tunnel in cui ci siamo perduti! Lasciami un buon vocabolario: è tutto quello che ti chiedo! P.S.: "il caos" non è un'entità, né prima, né dopo Gaia, né tanto meno primigenia. Non è una questione di punti di vista: è, prima di tutto, una questione di logica! L'informe, per definizione, non c'è, perché ci è toccato in sorte, per fortuna, di poter parlare solo di ciò che ha almeno un minimo di forma. Il resto, non potendo essere oggetto di esperienza, è solo – rigorosamente – "flatus vocis", nel senso che si può solo dire, ma non mai nemmeno pensare. È come la parola "abracadabra"!

WAL. Vasto soggetto quello di definire il caos… che si ridefinisce in continuazione, all'infinito, ogni volta che ci mettiamo dell'ordine. ☺

MAKSIM. Anche i greci, se non erro, intendevano il caos come "fase precosmica", da cui sarebbe nato il cosmo, tramite l'azione del Logos. Il caos sarebbe allora il simbolo del terriccio informe, in grado di accogliere il seme del pensiero divino.

LLORA. Wera, anch'io penso che nel caos ci sia un ordine nascosto, nel senso che probabilmente il caos non è casuale, forse si presenta al momento giusto al termine di un ciclo. Forse il caos è generato dalla natura non più necessaria o negativa della cosa stessa, che quindi si frantuma per essere spazzata via e poter creare altro. O forse no.

CHARLIZE. Penso che il caos sia "il momento di riflessione" dell'Universo.

WAL. Ammetto, Llora, che ho qualche problema a concepire il caos come un semplice ciclo, cioè come qualcosa che va e viene, alternandosi all'ordine. Trovo che il caos sia molto più immutabile e atemporale dell'ordine, che è fatto solo per disfarsi e ricostruirsi tendendo sempre verso lo stesso obiettivo. In un certo senso, dal caos nasce la creazione.

MAKSIM. Possiamo concepire che il caos, per quanto atemporale, possa comunque manifestarsi ciclicamente, non perché esso stesso sia ciclico, ma perché le condizioni favorevoli alla sua manifestazione lo sarebbero. In un certo senso, si potrebbe dire che invitiamo il caos nella nostra vita ciclicamente (o quasi-ciclicamente), quando ci apriamo a un profondo cambiamento. Detto questo, sono d'accordo con il punto di vista di Wal circa un caos immutabile. Possiamo comprenderlo come un substrato fondamentale, da cui tutto emerge, anche l'ordine. Il fenomeno di "rottura di simmetria", studiato dalla fisica, è un buon esempio di struttura che emerge da un'assenza di struttura. Come nella famosa immagine della "milk drop coronet" (Harold Edgerton, 1936), dove una goccia di latte, cadendo, produce una corona a 24 perle, con un orientamento delle perle che non può essere predetto in anticipo. Ci sono naturalmente delle ragioni per la comparsa di 24 perle, e non 12 o 36; delle ragioni che hanno a che fare con questioni di fluidodinamica. Ma il liquido a riposo, prima della stimolazione da parte della goccia che cade, è un po' come un terriccio primordiale, senza forma, e può essere usato come metafora per il caos. Un caos dunque che sarebbe sia mancanza di struttura (superficie del fluido uniforme), sia creatore di struttura (l'emergenza della corona), sia distruttore di struttura (scomparsa della goccia iniziale).

WAL. Bell'esempio. Tutt'a un tratto mi chiedo se esiste una fluidodinamica, quando invitiamo il caos nella nostra vita... e a quante perle possiamo dare vita, in teoria, quando la famosa goccia di troppo fa debordare il vaso. ☺

LLORA. E se... il caos generasse soltanto altro caos? (Mi vengono in mente le azioni scellerate della violenza umana). E se l'ordine fossimo noi a crearlo, per necessità di armonia?

MAKSIM. Purtroppo, Llora, il problema della violenza umana è tale non tanto perché questa sia espressione del caos, quanto perché, troppo spesso, è espressione di una vera e propria organizzazione. È quando la violenza diventa "violenza organizzata", cioè quando acquisisce un ordine, e diventa sistema, con una sua logica interna, una sua "intelligenza", per quanto perversa, che diventa davvero pericolosa. Se la violenza fosse solo espressione di un processo caotico-naturale, fluttuante, non strutturato, i suoi effetti sarebbe assai meno nefasti, in un certo senso benefici. L'intero universo è, a dire il vero, profondamente violento: c'è violenza nei processi cosmici e della vita (pensa alle catene alimentari), ma ci sono numerose fluttuazioni che ne regolano l'espressione. Ed è proprio quando la violenza cerca di dominare le "leggi autoregolanti del caos", che questa diventa ciò che possiamo denominare il Male.

LLORA. Giusta riflessione la tua, ma mi riferivo alla violenza in generale, anche quella del singolo, fisica o psicologica, generata dal caos interiore o esteriore, che produce ulteriore caos sia all'interno che all'esterno. E pensavo anche alle azioni/reazioni in generale, non necessariamente violente, ma caotiche, che nascono in situazioni di caos e che, appunto, danno vita ad altro caos, e così via in una lunga catena di caos... finché l'essere umano matura consapevolezza e il suo bisogno interiore di armonia spezza questa catena. Per farla più semplice, penso che sia come ho scritto sopra: il caos genera caos, noi creiamo l'ordine per necessità.

MAKSIM. Sì, per necessità, di governare il caos, ma anche perché siamo entità in grado di creare un ordine, cioè, semplicemente, di creare, dentro e fuori di noi.

PERCORSI DI LETTURA

9 aprile 2015

MAKSIM. "C'erano dei giorni in cui M. riusciva a mantenere la presenza vigile più a lungo del solito. In quei momenti aveva l'impressione che la sua coscienza si scollasse leggermente dal corpo, che percepiva simile a una tuta da sommozzatore, con tanto di scafandro e di visore".

MISHA. È la frase di un romanzo? È il mini-racconto di un'esperienza autobiografica di Maksim? Nell'un caso o nell'altro, il distacco dell'anima dal corpo non fa meraviglia. Quel che sarebbe poco credibile e fantasioso è l'assunzione da parte dell'anima di un "corpo a scelta".

WERA. Beh, è un'esperienza, giusta o sbagliata che sia, l'importante è non attaccarcisi e non giudicarla, o darle delle note. Carina la sensazione del sommozzatore ☺. Si addice molto bene a quei momenti in cui siamo un attimino più svegli del solito.

WAL. "Poco credibile e fantasioso" o "incredibile e fantastico"? La distinzione percettiva è tutta nella testa! ☺

MAKSIM. Non capisco, Misha, perché sarebbe fantasioso. Avrei capito se avessi detto "speculativo", o "sorprendente", o "fantastico" e "incredibile", come suggerisce Wal. Infatti, i dati disponibili relativi agli studi delle esperienze di pre-morte (o quasi-morte), degli stati extracorporei, spontanei o provocati dall'applicazione di specifiche tecniche, delle memorie retrocognitive (soprattutto nei bambini; vedi gli studi di Ian Stevenson e Jim B. Tucker), ecc., vanno proprio in quella direzione. Quindi, direi che l'assunzione di un corpo da parte di una coscienza che si manifesta tramite un veicolo più sottile non è per nulla fantasiosa: è a dire il vero l'ipotesi più naturale, se scegliamo di prendere sul serio i dati in questione. Detto questo, la summen-zionata frase è tratta da un libricino così descritto dall'autore:[19]

"Una raccolta di tredici testi di lunghezza, natura e stile piuttosto eterogenei. Un vero e proprio "pot-pourri", in grado di esalare profumi dissimili, spesso discordi. Tutti e tredici gli scritti, nonostante le differenze, ruotano attorno al vasto tema della ricerca di sé e del Sé. Alcuni sono redatti sotto forma di dialogo, altri di lettera; alcuni sono frammenti di un vissuto interiore, altri schegge di conversazioni esteriori; altri ancora sono elementi di un romanzo mai scritto. Ognuno di essi può essere letto indipendentemente dai precedenti, o susseguenti; pertanto, il volume si presta a diversi percorsi di lettura; lasciatevi ispirare".

MISHA. "Poco credibile" e "fantasioso" è sinonimo di "falso", cioè di "non vero". E la verità viene definita dai classici come una "adaeguatio intellectus et rei" (un adeguamento dell'intelletto e della cosa): quando conosciamo, è l'intelletto che deve adeguarsi alla cosa; quando "costruiamo", è la cosa che si adegua all'intelletto. Dunque nella testa ci possono stare tutte le cose che vogliamo, senza "giudizio". Ma una cosa si dice "falsa" nella testa quando non è adeguata alla cosa che ne costituisce la misura. In caso contrario, "sogno" e "realtà" oppure "allucinazione" e "realtà" starebbero sullo stesso piano, con la conseguenza che tutto diventa "ingiudicabile", "inconoscibile", una brodaglia uniforme e indistinta dove verrebbe meno la stessa percezione! Vorrei poi dire che è un errore far assumere a un libro una varietà di percorsi di lettura, secondo l'ispirazione del lettore. Un libro, come un quadro, ha un autore e la massima aspirazione del lettore non deve essere quella di "giocare" con le parole altrui secondo ispirazione, ma di conoscere, attraverso le parole dell'Autore, l'autore stesso. Ogni altro significato di un libro per me è infruttuoso, se non mi comunica e non mi fa conoscere, tramite lo scritto "visibile", l'invisibile autore. Se io, leggendo un ipotetico libro di Maksim, non ne faccio che il pre-

---

[19] Massimiliano Sassoli de Bianchi, *Ricordi di Sé* (Lulu.com).

testo per "giochi interiori salutari", ritengo fallito lo scopo del libro, che è quello di trasmettermi l'autore.

MAKSIM. Per questo Misha ho menzionato l'esistenza di innumerevoli dati (esperienze) a sostegno dell'ipotesi in questione. Il problema, squisitamente scientifico, è quello di spiegare questi dati, e distinguere le buone dalle cattive spiegazioni. Ora, tu come spieghi questi dati, come delle semplici allucinazioni? Tale spiegazione, a dire il vero, è molto debole, se si entra nel pieno merito di questi dati. Come scrive l'autore del libro in questione, nel numero 5 della rivista *AutoRicerca*:

"[...] la possibilità dei meccanismi allucinatori non è certamente sufficiente a spiegare la ricchezza delle esperienze extracorporee, soprattutto quando tali esperienze hanno dei chiari contenuti oggettivi e intersoggettivi. Questo aspetto è naturalmente molto più evidente nelle esperienze dei cosiddetti proiettori lucidi veterani, che hanno avuto modo di sperimentare tutta la ricchezza della realtà extrafisica, da diverse angolature. Se ad esempio leggiamo i diari con le descrizioni delle esperienze vissute da proiettori esperti, come ad esempio Waldo Vieira, è difficile credere (sempre se riteniamo questi personaggi dei testimoni attendibili, e non dei mitomani) che tali resoconti siano unicamente il frutto di allucinazioni, o di un'attività onirica particolarmente intensa. Dalla prospettiva di chi scrive, l'inadeguatezza della spiegazione riduzionistica convenzionale del fenomeno delle OBE (unicamente in termini psicologici, tipica nell'approccio al fenomeno delle moderne neuroscienze, che aderiscono a uno stretto fisicalismo e materialismo) sta proprio nella sua incapacità di spiegare la ricchezza e coerenza delle esperienze vissute e testimoniate dagli innumerevoli proiettori lucidi. Questo gap cognitivo, insito nelle spiegazioni di stampo solo psicologico, è particolarmente serio se si considera che il criterio forse più importante nel valutare una teoria scientifica è proprio quello del suo potere esplicativo. Ovviamente, se ci limitiamo unicamente a voler spiegare alcuni aspetti molto limitati delle esperienze extracorporee, come ad esempio la possibilità di percepire il proprio corpo fisico da un punto di vista esterno, anche una spiegazione unicamente in termini di illusioni percettive potrebbe risultare, in molti casi, soddisfacente. Questo è il punto di vista solitamente caldeggiato dai neuroscienziati che studiano, ad esempio, i diversi modi con cui possiamo ingannare il nostro cervello per mezzo di percezioni multisensoriali conflittuali, create *ad hoc*, in grado di generare la percezione illusoria di arti fantasma (ad esempio nella famosa *rubber hand illusion*), o addirittura dell'intero corpo fisico (nelle cosiddette *full body illusions*). Ora, a parte il fatto che la capacità di simulare un fenomeno (quello della doppia percezione, tipica degli stati transazionali, di cui avremo modo di parlare in seguito) non significa, ovviamente, che il fenomeno sia in quanto tale illusorio, ma più semplicemente che in determinate circostanze sia simulabile, è importante osservare che la spiegazione delle esperienze extracorporee in termini unicamente di autolocazioni immaginarie risulta del tutto insufficiente se si considera, come già ribadito, la grande ricchezza e complessità delle esperienze proiettive dei proiettori lucidi veterani, in cui l'aspetto "scorporazione" non è certamente l'elemento più rilevante. Inoltre, la scorporazione non-illusoria è accompagnata da tutta una serie di fenomeni energetici, di percezioni e parapercezioni specifiche, che solitamente non vengono riscontrate nei fenomeni indotti tramite conflitti multisensoriali, sebbene sia certamente a volte possibile, tramite l'induzione di tali conflitti, promuovere una scorporazione reale".

Riguardo il tuo secondo commento, Misha, penso sia un errore ritenere sbagliato poter far assumere a un libro una varietà di percorsi di lettura, secondo l'ispirazione del lettore. Proprio perché un libro è in grado di manifestare numerosi significati, quindi una dimensione di potenzialità che ogni lettore potrà attualizzare in modo differente; e perché comunque, tutto quello che scriviamo, altro non può fare se non comunicare chi e che cosa siamo.

MISHA. Con la lettura di un libro conosco l'autore, non me stesso! Quanto alle esperienze di pre-morte, io non le ho mai negate né le ho assimilate alle allucinazioni (l'allucinazione è appunto l'esperienza di qualcosa che non c'è), se non altro perché, mentre scrivo, accanto alla tastiera sta questo libretto, che segnalo: *Sorella morte corporale. La scienza e l'aldilà*, di Francesco Agnoli (La Fontana di Siloe).

MAKSIM. Conoscendo gli altri impariamo a conoscere anche noi stessi, e vice versa, poiché gli altri non sono così diversi da noi, se ci spingiamo oltre le mere apparenze.

STEFANIA. Chi/cosa sono i "proiettori lucidi veterani"?

MAKSIM. Il termine designa semplicemente degli individui in grado di promuovere delle proiezioni extracorporee della loro coscienza (OBE) in modo lucido e cosciente, con la capacità di poi ricordarle al ritorno. Per "lucido" s'intende qui la capacità di distinguere gli ambienti extrafisici da quelli fisici, e l'abilità di usare il proprio corpo sottile in modo adeguato, tenendo conto dei diversi contesti. Il termine "veterano" fa naturalmente riferimento al fatto che un tale individuo possiede molte "ore di volo", cioè un'anzianità di servizio. Solitamente, questo implica anche una certa maturità ed etica di comportamento. Ma ovviamente esistono anche dei proiettori veterani con inclinazioni poco raccomandabili.

MISHA. Io dichiaro sempre volentieri la mia incapacità di seguire Maksim nei suoi "giochi verbali": sì, è vero e non è vero che, conoscendo gli altri, conosciamo anche noi stessi (e spesso si ha la sensazione che un poeta come Dante o Leopardi stiano parlando a te o di te), ma il concetto da me espresso era più semplice e, pensavo, facile da accettare: quando prendo un libro in mano scritto da Maksim, vengo a contatto innanzitutto con Maksim; certo, mi accorgo che forse, conoscendo lui, ritrovo le mie stesse esperienze, sentimenti simili, percorsi analoghi, perché in effetti siamo uguali. Ma è assurdo pensare che il mio primo interlocutore, il solo e l'unico, di ogni libro e di ogni incontro sono io: io Dante, io Manzoni, io Einstein, io Bach, io Raffaello. Raffaello, per far conoscere la sua anima, la mette nella "Scuola di Atene": io, guardando la "Scuola di Atene", incontro l'anima di Raffaello. Niente di più elementare. Ma il gusto di complicare il semplice comincia quando si dice: sì però, conoscendo Raffaello, conosco una parte di me, perché in fondo siamo tutti uguali. Ma che discorso è? Con "l'arte della fuga" di Bach, conosco innanzitutto Bach! Tutto il resto è "gioco di specchi" più o meno "fantasmagorico". Naturalmente avrei da fare sempre la solita domanda, ammesso e non concesso che abbia capito chi sono questi "proiettori veterani": chi decide quali sono "i proiettori veterani" buoni e quelli "poco raccomandabili"? Quale il criterio "OGGETTIVO"?

MAKSIM. Lo stesso criterio che usi tu, Misha, per distinguere le persone virtuose da quelle meno virtuose. Osservi quello che fanno, quello che dicono, le loro compagnie, le loro referenze, ecc. Tu come distingui, ad esempio, nella Chiesa, un prete virtuoso da un prete poco virtuoso? Riguardo il tuo commento sul libricino da me menzionato, sei partito dalla considerazione che "è un errore far assumere a un libro una varietà di percorsi di lettura, secondo l'ispirazione del lettore". Forse non hai letto attentamente quello che avevo scritto, ossia che, essendo il libricino composto da tredici scritti, che possono esseri letti indipendentemente gli uni dagli altri, è una vera e propria lapalisse che il volume si presti a diversi percorsi di lettura, e che quindi il lettore possa seguire la sua ispirazione del momento. Lo stesso vale per un volume di fiabe, dove ovviamente non è necessario partire dalla prima, essendo ogni racconto un universo a sé stante. In tal senso, non capisco davvero il tuo commento, che in questo caso trovo leggermente pedante. Non vorrei, tra l'altro, che i numerosi "giochi verbali" che spesso menzioni in relazione a quello che scrivo siano più figli del tuo modo di interpretare quello che scrivo, che realmente presenti nelle mie parole. È come se per te, ogni tanto, risultasse difficile contestualizzare in modo adeguato quello che dico, o che ci sia un'eccessiva paura di un possibile fraintendimento. Per fare un esempio, se scrivo che "conoscendo gli altri impariamo a conoscere anche noi stessi, e viceversa, poiché gli altri non sono così diversi da noi, se ci spingiamo oltre le mere apparenze", non sto affermando che, necessariamente, "il mio primo interlocutore, il solo e l'unico, di ogni libro e di ogni incontro sono io". Queste sono parole tue, e dunque qui sei tu che "giochi con le mie parole" ☺. Naturalmente, esiste un senso secondo il quale l'affermazione che io lettore sono l'unico interlocutore di ogni scritto è indubbiamente vera. Questo perché un processo di lettura non è solo un processo di scoperta, dell'autore del testo e della materia di cui scrive (e di riflesso anche di quella parte di me stesso che si riflette in quello che scopro), ma anche un processo di creazione, cioè un processo indeterministico di creazione di significato, che nasce dall'interazione tra due universi concettuali, quello di chi scrive e quello di chi legge. Come nell'incontro tra due persone, 1+1 non fa 2, ma 3 in questo caso, poiché c'è un processo di gestazione, e tale processo è unico per ogni lettore. In tal senso, dunque, io sono indubbiamente l'unico interlocutore di ogni scritto che leggo. Ma allora da intendersi soprattutto in relazione alla parte puramente creativa del processo di lettura.

MISHA. Se il modo di giudicare il prete buono da quello cattivo è lo stesso di quello che utilizziamo per giudicare un "proiettore veterano", vuol dire che il criterio è quello di una legge universale e necessaria, quale è sintetizzata nei Dieci Comandamenti, riguardante i valori morali. Se non è così, non ho capito bene in che senso i due giudizi siano identici. Grazie per il "pedante", ma le parole che si dicono hanno valore solo tenendo presente il contesto nel quale si dicono: la frase "conoscendo gli altri impariamo a conoscere anche noi stessi, e viceversa, poiché gli altri non sono così diversi da noi, se ci spingiamo oltre le mere apparenze", è una frase condivisibile in sé, ma è stata usata soprattutto per "relativizzare" una mia affermazione precedente, vale a dire che attraverso un libro conosciamo il suo autore. Che tutto sia relativo, è una verità sacrosanta, ma che ogni affermazione debba essere seguita quasi automaticamente da un "sì, però...", è un vezzo di cui francamente diffido (non "ne ho paura"!), perché mi sembra un modo "retorico" di "giocare" su tutti i tavoli possibili, tutti contestualmente ritenuti plausibili. E di conseguenza, intercambiabili alla bisogna, indifferentemente. Questo è quello che penso quando parlo di "giocoliere", detto in amicizia, s'intende.

MAKSIM. Capisco la tua diffidenza, anche se a volte mi sembra un po' fuori misura. E naturalmente, il mio "pedante", come il tuo "giocoliere", era detto in amicizia. Altrimenti, sì, è esattamente così, Misha, è l'etica di una coscienza a determinare, in primo luogo, il suo livello di evoluzione. D'altra parte, la conoscenza delle leggi etiche universali (supponendo che sia possibile) non è certo sufficiente a garantire un comportamento etico. Infatti, la parte difficile è la comprensione del contenuto di tali leggi, e, soprattutto, la loro corretta applicazione nei diversi contesti esistenziali. Per fare un esempio, io posso anche conoscere la legge di conservazione dell'energia, ma questo non significa che io sappia usare tale legge nel risolvere uno specifico problema di fisica. Per questo, altre conoscenze sono necessarie. Una persona capace di comportarsi in modo etico non è quindi solo una persona che conosce i principi etici universali, ma una persona che ha una conoscenza sufficiente del reale e delle sue meccaniche, tanto da permettergli di applicarli in modo intelligente, sensato e utile per l'evoluzione di tutti, nelle diverse situazioni e dimensioni. È una materia complessa, tanto complessa quanto l'evoluzione stessa. Infatti, sono ben noti i dilemmi etici cui spesso le situazioni della vita ci confrontano, e che richiedono di spingerci più in profondità, se vogliamo agire in modo pienamente responsabile. C'è poi la questione di determinare quali siano queste "verità etiche necessarie", e se sia solo possibile individuarle. Si può certamente partire dallo studio dei Dieci Comandamenti, che tra l'altro la chiesa stessa ha modificato nel corso della storia (basta confrontare il decalogo del Deuteronomio con il Catechismo Cattolico), ma si tratta solo di un punto di partenza, il possibile inizio di uno studio che richiede un approccio non solo transculturale e trans-religioso, ma anche in grado di contemplare l'uomo come essere-coscienza multidimensionale.

CHE COS'È UN EMBRIONE?

17 aprile 2015

MAKSIM. Ogni ricerca degna di questo nome si sottomette a un'unica autorità: la realtà; ossia, l'oggetto della ricerca stessa, che è ciò che è a prescindere dai nostri bisogni e desideri. Il vero ricercatore accetta i dati del reale, non prova a falsificarli, ma fa esattamente il contrario: dà piena e cieca autorità alla realtà di falsificare i suoi sistemi di credenze, cioè le sue teorie della realtà, quando queste si rivelano inadeguate.

MISHA. Mi piace. "La realtà è ciò che è". Facciamoci allora qualche domanda. Che cos'è un embrione umano?

MAKSIM. La risposta dipende molto da come viene contestualizzata la domanda. Senza ulteriori precisazioni, posso solo dire che un embrione umano è una possibilità: la possibilità di un'esperienza di vita intrafisica, la cui realizzazione dipende dalla disponibilità sia di chi ospita l'embrione, nel donare tale esperienza di vita, sia della coscienza che discende su questo piano, nell'accettare tale dono.

MISHA. La risposta, purtroppo, non risponde, perché tutto è possibilità, anche i fogli di carta bianca che ho davanti a me. E anche il cagnolino che scodinzola per strada. Sull'embrione umano che cosa dice di specifico la ricerca oggi, ammessa e non concessa la possibilità della realtà di falsificare i "suoi sistemi di credenza"? (Brutta parola, credenza, affibbiata alla realtà, gravida di tantissima confusione, anche all'interno della stessa affermazione del suo post. Infatti la ricerca dovrebbe prescindere non solo da bisogni e desideri, ma anche da credenze). Ogni risposta, poi, dipende da un contesto? E se ognuno contestualizzasse il contesto a proprio modo, quando l'avremmo la risposta su "che cos'è l'embrione umano?" Lei sa che la risposta è urgente, perché i comportamenti poi ne seguono, come dice la parola stessa, "di conseguenza".

MAKSIM. La parte "credenza" delle teorie (qui intese in senso scientifico) è quella relativa alla spiegazione dei fenomeni. I fenomeni sono quello che sono, rappresentano i dati che dobbiamo spiegare, o meglio i dati accumulati fino a quel momento, nelle diverse situazioni sperimentali, mentre le spiegazioni si evolvono, cambiano. Oggi crediamo che X sia una buona spiegazione, domani scopriremo che Y è una migliore spiegazione per un dato insieme di dati. Qui "credenza" va inteso non nel senso di un qualcosa di arbitrario, ma nel senso della migliore spiegazione disponibile (o una delle migliori spiegazioni disponibili, quando ce n'è più di una). Tra l'altro, più una spiegazione è buona e più diventa difficile modificarla, poiché si incastra in una rete di altre spiegazioni. Altrimenti, sì, ogni risposta dipende da come viene contestualizzata e posta la domanda, mi sembra evidente. Avresti ad esempio potuto chiedermi: Quando un embrione, ad esempio nell'ambito di un aborto spontaneo (nelle prime settimane gli embrioni che non ce la fanno sono numerosi) "muore", che cos'è che muore esattamente? Muore evidentemente la possibilità di una vita intrafisica (come vedi, non tutto è possibilità), ma muore anche l'essere-coscienza connesso a quell'embrione? E "connesso a quell'embrione" che cosa vuol dire? Se l'embrione è solo la porta d'accesso a un'esperienza di una coscienza che pre-esiste alla nascita intrafisica, possiamo forse dire di avere una minore responsabilità quando abortiamo volontariamente? Non necessariamente dal mio punto di vista, dipende dal significato che noi attribuiamo al dono della vita, al fatto che questo dono debba seguire necessariamente le leggi biologiche, ecc. È un tema complesso, proprio perché è complessa la vita, soprattutto se cominciamo ad esplorarla oltre i confini corporei. Ma sicuramente, rispondere a un "che cos'è un embrione?" senza creare un contesto per comprendere e guidare la risposta (o il tentativo di risposta) non è possibile. Personalmente, trovo superficiale la risposta scientifica ortodossa, che vede nell'embrione unicamente delle cellule in formazione, poiché manca di cogliere la dimensione animica e spirituale del processo della vita, ma al contempo non concordo con la visione Cattolica, che non contempla, fosse anche solo la possibilità, che l'essere-coscienza possa pre-esistere al concepimento, e connettersi energeticamente all'embrione, ancorandosi sempre di più fermamente e definitivamente ad esso, nel corso della gestazione, fino all'eventuale nascita intrafisica.

MISHA. Ma che cos'è un embrione allo stato delle attuali "credenze scientifiche?" Come si definisce il suo "che cos'è"? Sarà pure una "possibilità" di tante cose, ma si può dare la definizione reale di qualcosa di "attuale" dicendo solo che è "un possibile"? La scienza può dirci qualcosa sulla sua "realtà", senza andar di immaginazione alle sue presunte "possibilità"? Qual è la migliore spiegazione "possibile" oggi di un embrione umano? Anche perché tutto ciò con cui lei concorda o non concorda mette capo a quelle autorità da cui noi abbiamo deciso di prescindere, quindi sbaglia a metterle in campo: sono "credenze" in senso non scientifico e noi abbiamo deciso giustamente che l'unica nostra autorità è la realtà. Dunque, torno a chiedere: qualcuno mi può dire che cos'è un embrione umano? La risposta non solo è urgente, ma importante, persino a voler leggere la domanda evolutivamente: che cos'è l'embrione umano alla prima settimana? E alla quarta? Ecc. Lei mi può dire tutto, accetto tutte le migliori conclusioni della scienza. L'unica cosa che non mi può dire è che la scienza ancora non lo sa, 1) perché non è vero; 2) perché in tal caso ognuno viene autorizzato a farsi una propria "credenza personale" con conseguente morale provvisoria e soggettiva.

MAKSIM. Esiste un'immensa mole di dati sulle esperienze retrocognitive, relative alle vite passate. Particolarmente significative quelle dei bambini, prima che avvenga qualsiasi contaminazione culturale. Molte di queste memorie sono anche relative al periodo intermissivo, tra le vite. È scientifico secondo te prendere in considerazione questi dati? Esistono anche innumerevoli dati relativi alle esperienze extracorporee, spontanee o provocate, che descrivono una realtà extrafisica dove la coscienza è in grado di manifestarsi a prescindere dal proprio corpo, per mezzo di altri "corpi". È scientifico secondo te prendere in considerazione questi dati e cercare di spiegare il contenuto di queste esperienze? Esistono anche numerosi dati ottenuti da persone con capacità parapsichiche, ad esempio dotate di vista sottile, che testimoniano dell'esistenza di queste altre modalità di manifestazione della coscienza. Personalmente, ho toccato con mano molte di queste esperienze. Di nuovo: è scientifico prendere seriamente questi dati? Tra l'altro, le esperienze di cui parlo non sono l'appannaggio di santoni, guru, grandi maestri, ecc., sono accessibili alla più parte delle persone, a volte in seguito a una breve pratica. Molti scienziati oggi, semplicemente, ignorano questi dati, non ci provano nemmeno a spiegarli, e s'illudono che la spiegazione in termini allucinatori sia sufficiente. Si tratta ovviamente di un errore. Infatti, chi conosce a fondo queste materie, sa che i dati sono troppo complessi e articolati per essere spiegati semplicemente in questo modo. Quella allucinatoria è una cattiva spiegazione. Quindi, è bene fare attenzione, esistono oggi diverse visioni scientifiche, in quanto gli scienziati non sono immuni da pregiudizi. Detto questo, in generale la scienza si lascia guidare dalla realtà, la interroga, ma la realtà non offre risposte sotto forma di spiegazioni preconfezionate agli scienziati. Le spiegazioni dobbiamo costruirle noi, è come un processo di costruzione di un edificio, la realtà ci offre i materiali, e ci avverte quando dobbiamo riattare, trasformare, a volte buttare giù interi piani, ma la costruzione dei piani è un processo di creazione. Certo, non per questo arbitrario, in quanto sottoposto a precisi vincoli. La realtà ogni tanto dà un colpo alla costruzione, e se non è abbastanza solida va giù. Ora, tornando al tema degli embrioni, come puoi pensare che si possa dare una risposta scientifica unica, unanime, quando la comunità scientifica, sul tema della vita, non possiede una voce unica? Se vuoi dirmi che, considerato quel poco che sappiamo, sarebbe necessaria una certa prudenza, sono d'accordo. Un aborto non va mai preso alla leggera, perché le possibilità, checché se ne dica, sono cose preziose.

MISHA. Mi scusi, il lungo discorso che ha fatto in parte è fuori tema, in parte è contraddittorio! Qui non stiamo parlando di esperienze extracorporee o extra-fisiche. Poi mi dice pure che le spiegazioni si costruiscono, mi dica lei quando la potrò incontrare, in queste condizioni, la realtà indipendente dai miei bisogni e desideri. Oggi posso fare una sperimentazione su embrioni umani? Sì o no? È lasciato al "sentire" del ricercatore? Il ricercatore dovrà, per decidere, sottomettersi a qualche autorità? Per decidere deve aspettare la risposta da qualcuno o decide da solo? Quando la scienza interroga OGGI l'embrione umano, che cosa le dice questa benedetta, attuale, presente, ineludibile realtà? Eppure, conoscendo oggi il DNA non sarebbe difficile rispondere. Eppure...

MAKSIM. "...mi dica lei quando la potrò incontrare, in queste condizioni, la realtà indipendente dai miei bisogni e desideri". Capisco il desiderio di raggiungere subito la meta, la verità definitiva, assoluta, ma non è possibile evitare il cammino della conoscenza, che è anche un cammino evolutivo, che percorriamo sia come individui, sia come collettività. È un'avventura entusiasmante, e non sempre, strada facendo, facciamo le scelte giuste. Ma l'importante è cercare di agire per il meglio, data la comprensione che è la nostra. La risposta alla tua domanda "posso fare una sperimentazione su embrioni umani?" dipende dalla nostra conoscenza della vita e delle sue manifestazioni. Spesso ho accennato al fatto che la nostra conoscenza etica avanza di pari passo con la nostra conoscenza del reale. Più sappiamo, e più possiamo agire responsabilmente, perché più sappiamo e più siamo consapevoli della portata delle nostre scelte. Quando parliamo di sperimentazione sugli embrioni è ovvio che la possibilità di avvallare tale pratica parte dal presupposto che l'embrione non sia ancora una vita, e che nel caso lo sia, non sia una vita paragonabile a quella di un essere umano, con un corpo pienamente formato. Il discorso è ovviamente molto delicato. Dov'è la frontiera? Quando comincia la vita in questa dimensione? Se consideriamo la definizione di un codice genetico come principio della vita intrafisica, allora forse l'aborto non dovrebbe essere consentito. Se invece riteniamo che è necessaria la formazione di un sistema nervoso centrale per poter parlare di un essere umano ontologicamente equivalente all'essere umano adulto, l'aborto (o la sperimentazione sugli embrioni) può essere considerata una pratica accettabile, in determinate circostanze, e se correttamente regolata. D'altra parte, non c'è solo l'embrione, ci sono anche i genitori, in particolare la madre, quindi qui non è in gioco solo l'esperienza di vita possibile della futura coscienza in incarnazione, ma anche delle persone che la devono accogliere. Qui si apre tutta la questione di sapere se possiamo considerare una vita intrafisica ancora potenziale come una vita a pieno titolo. Nel senso che un embrione, per quanto dotato di una genetica ben definita, non è in grado di svilupparsi senza un organismo ospite, che ne consenta lo sviluppo. Quindi, la vita dell'embrione non è separabile da quella del suo ospite, e parlare dell'embrione come di un'entità a sé stante, autonoma, non mi sembra logicamente corretto. Ogni cellula del mio corpo è un essere umano potenziale. Ma quel potenziale non si attualizzerà mai senza il giusto contesto, che ne consenta lo sviluppo. Quindi, ancora una volta, è la nostra conoscenza delle dinamiche sottostanti alla vita che vanno a determinare quali scelte possiamo considerare eticamente valide o meno. Possiamo tra l'altro ragionare su una questione che per certi versi è più semplice, e per altri forse più complessa: quella dell'uccisione degli animali. Sappiamo che non necessitiamo più uccidere gli animali per sopravvivere. Un animale, ad esempio una mucca adulta, possiede un sistema nervoso centrale ben sviluppato, prova emozioni, ecc. Su che base riteniamo eticamente accettabile la sua uccisione, a fini gastronomici? In certi ambiti di vita, nel deserto australiano, non c'è scelta, per sopravvivere dobbiamo cacciare. Ma oggi, quale criterio usiamo per decretare che l'uccisione di un animale non sia un assassinio? Non sono vegetariano, e il discorso per me non è ideologico, ma penso che se, ad esempio, non riusciamo a chiarirci circa la questione degli animali, difficilmente possiamo giungere a una visione più matura circa la questione degli embrioni. Parliamo della sperimentazione sugli animali. Quale criterio usiamo, quale criterio usi tu, Misha, per avvallare tale sperimentazione? Un animale, evolutivamente parlando, è un essere umano potenziale, semplicemente quel potenziale richiede più tempo per attuarsi. Quindi, o tu lo dichiari ontologicamente inferiore, cioè inferiore sempre e comunque, anche considerando il suo potenziale evolutivo, o allora la questione degli animali non è così dissimile da quella degli embrioni, perché ancora una volta dobbiamo basare il nostro ragionamento sul piano delle potenzialità, e non su quello delle attualità. Detto questo, come avrai notato, ho spesso precisato "vita intrafisica", proprio per marcare la differenza tra "corpo fisico" e "coscienza che si manifesta tramite quel corpo". Dalla mia prospettiva, la soppressione del corpo non è mai la soppressione della vita. D'altra parte, essendo la vita intrafisica immensamente preziosa, questa osservazione non può essere usata per promuovere una deresponsabilizzazione. Semplicemente, nessuno ha il potere di assassinare nessuno. Questo è vero anche per la Chiesa, che crede nella vita eterna. Abbiamo il potere di sopprimere delle possibilità, questo è certo, alcune delle quali, lo ripeto, sono immensamente preziose. Ricordiamo anche che ogni volta che attuiamo delle possibilità, automaticamente impediamo ad altre possibilità di attuarsi, per questo non è possibile in queste tematiche ragionare senza tenere conto dell'intero contesto. Sicuramente, la semplice osservazione dell'esistenza di un corredo genetico è altamente insufficiente per decretare se siamo in presenza di un essere umano. Se parliamo di genetica, allora non dimentichiamoci dell'epigenetica e della para-genetica (cioè dei diversi contesti).

OMOSESSUALITÀ: PER NATURA O SECONDO NATURA?

20 aprile 2015

MAKSIM. "[…] occorre anzitutto chiarire che la teoria del gender, nei termini in cui ne parla la Chiesa cattolica, è una costruzione polemica che nella realtà non esiste". [Citazione tratta da un articolo di Vito Mancuso, pubblicato su La Repubblica, il 20 aprile 2015]

BERT. Che ne pensi?

MAKSIM. Condivido appieno il pensiero di Mancuso (altrimenti avrei messo un warning). A dire il vero, quando afferma nell'articolo che "la sessualità non è racchiusa solo dall'identità biologica, ma attiene anche alla psiche e allo spirito" si può aggiungere che l'omosessualità è un comportamento anche di origine biologica, in quanto largamente diffusa tra gli animali, quindi con degli specifici vantaggi evolutivi. Quali sono questi vantaggi? Uno di questi potrebbe essere proprio quello di accudire alla prole rimasta senza genitori naturali (in quanto le coppie omosessuali, non potendo generare, sono propense ad adottare i cuccioli rimasti orfani).

MISHA. Vedo malinconicamente che i ragionamenti sono alquanto inutili, eppure abbiamo utilizzato un po' di giorni della nostra vita per chiarire il concetto di natura e la differenza tra "natura animale" e "natura umana". Inoltre vedo anche che la forza dell'evoluzione lavora con efficacia, perché fino a qualche tempo fa lei non era tanto favorevole alle adozioni gay. Ma più che la legge dell'evoluzione (termine di una equivocità incredibile) credo che qui sia al lavoro la "legge del piano inclinato": una volta accettate certe premesse, si arriva anche involontariamente a certe conclusioni.

BERT. Secondo me l'omosessualità è un comportamento più o meno minoritario, ma assolutamente nella norma, in quanto è una pratica rivolta al piacere e all'affetto per se stessi e anche verso qualcun'altro, non contro. Il problema è che difficilmente verrà mai accettato questo comportamento su larga scala perché occorre una ridefinizione della morale che onestamente è possibile solo in contesti molto evoluti. Ad esempio, mi pare che tutte le religioni abbiano un approccio finalistico alla sessualità (fare figli) e disprezzino l'aspetto legato al piacere, forse perché il piacere allenta la tensione verso l'ascesi che spesso è rappresentata come una mistica del dolore...

MISHA. Quanto a Mancuso, a giudicare da una "costante" sospetta immancabile nei suoi scritti (quella antimetafisica, antigerarchica e anticlericale), mi fiderei molto poco. Quest'ultimo intervento, poi, è uno dei più sintomatici della sua assoluta incomprensione della Chiesa e delle sue modalità d'azione nella storia. Eppure passa per "teologo cattolico", anziché presentarsi per quello che è: un intellettuale razionalista che nulla ha a che fare con la teologia cattolica.

BERT. Mancuso non so se è omosessuale, ma molti cattolici praticanti lo sono e sognano di essere considerati nella norma dalla Chiesa. Questo è il problema: la Chiesa Cattolica deve in questo caso tenere conto non solo dei punti di vista di chi ne è al di fuori, ma anche di chi ci sta al suo interno.

MAKSIM. Abbiamo forse cercato di chiarire, Misha, ma la mia posizione circa cosa sia naturale in ambito sessuale è sempre stata differente dalla tua. La tua definizione di "naturale" è troppo riduttiva per me. Un tempo si sapeva poco su queste questioni, quindi era comprensibile un certo pregiudizio, così come era comprensibile, ai tempi di Newton, il pregiudizio circa l'esistenza di uno spazio assoluto. Oggi sappiamo che lo spazio è plurale, e lo stesso vale per le possibili espressioni della sessualità e affettività umana. Mancuso, in fin dei conti, ribadisce solo che l'acqua può assumere diversi stati, non solo quello liquido, lo stato più comune su questo pianeta, ma anche quello solido, gassoso, e perfino vitreo. E questi altri stati, per quanto meno comuni, non sono meno naturali dello stato liquido. Mancuso ha fede che la Chiesa prima o poi se ne accorgerà. E io ho fede nel possibile cambiamento della Chiesa su queste questioni, proprio perché, come osservi, Mancuso è un teologo cattolico, al momento ancora non-scomunicato. Rispondendo a Bert, non credo che la Chiesa debba necessariamente tenere conto dei desideri dei cattolici omosessuali. La Chiesa non è una democrazia. Il percorso che può fare però è un altro: quello di una profonda rimessa in questione della sua visione dogmatica e superata su queste questioni. Si tratta semplicemente di affrontare questi temi alla luce delle conoscenze oggi disponibili. Il problema, ovviamente, sono i libri "sacri". È un po' come se oggi non si potesse rimettere in questione la fisica newtoniana, e abbracciare la rivoluzione einsteiniana, perché qualcuno ha avuto la cattiva idea di dichiarare che i principia di Newton sono sacri.

MISHA. Prima di tutto, da come mi risponde, scommetto che lei non ricorda la mia "riduttiva" definizione di "naturale". Poi, amico mio, lei continua a evadere la questione vera, che non è la varietà degli stati dell'acqua: la Chiesa trimillenaria aspettava un Mancuso per scoprire una simile banalità? La questione è: si può riempire un bicchiere d'acqua gassosa da bere, allo stato attuale dell'evoluzione?

BERT. Secondo me la Chiesa cerca di tenere nel gregge più persone possibile e questo implica che qualcuno rimarrà fuori, almeno a livello formale, se vuole dichiararsi apertamente omosessuale, perché in un'istituzione del genere, che si fonda su testi ritenuti sacri e fonte di rivelazione, la tradizione viene subito dopo questi. Quindi i cambiamenti avvengono difficilmente e su lunghissimi periodi. Poi la prassi quotidiana è tutt'altra cosa. C'è da dire che a moltissimi omosessuali le cose stanno bene così. O si mimetizzano per quieto vivere oppure si cercano una rete di relazioni a misura delle proprie necessità. Comunque le problematiche degli omosessuali cattolici mi pare premano più ai libertari che agli interessati. Se questo equilibrio regge o reggerà ancora ci saranno pure delle ragioni fondate. Probabilmente di ordine pratico.

SERGHEI. C'è da dire che nei vertici e non della Chiesa Cattolica si annidano pederasti e pedofili, nonché omosessuali, ovviamente tutto nascosto e occultato... vogliamo poi parlare degli altri papaveri che gestiscono fondi neri, lavorano con le mafie, ecc., ecc. Ma che senso ha essere cattolici oggi? Un branco di ipocriti, della peggior specie.

CHARLIZE. Le idee troveranno comunque il loro spazio, il cambiamento può essere avversato, rallentato... ma non arrestato.

MAKSIM. Serghei, la Chiesa ha i suoi problemi interni, come tutte le organizzazioni religiose e non religiose di questo mondo. Il senso di essere o meno cattolici oggi non ha nulla a che fare con il fatto che all'interno della Chiesa vi siano individui che si muovono in antitesi alla sua missione. La cosa importante è che nella Chiesa vi siano anche uomini e donne di buona volontà. Ti assicuro che sono numerosi, te lo dice un non-cattolico.

MISHA. Quel che Maksim dice a Bert, suggerendo alla Chiesa (sic!) il percorso da fare, è profondamente errato e più ne è convinto e più errato diventa: una visione "dogmatica" è tutt'altro che una visione "ferma". Sono pronto a discuterne in qualsiasi sede seria! Una visione "superata", alla luce "delle conoscenze oggi disponibili" è anch'essa una dogmatica petizione di principio. Quali sono queste ricerche disponibili? Che cosa ci dicono? A chi lo dicono? In quale comunità scientifica sono state poste queste "nuove conoscenze"? Che cosa vogliono dimostrare? O meglio, che cosa hanno dimostrato in maniera da renderle nuove conoscenze? Mi firmerei, per compiacere Bert, una "pecora" del gregge! Gli omosessuali non sono MAI stati fuori della Chiesa. O meglio, quelli che non hanno deciso da sé di stare fuori. La Chiesa non identifica le "persone" dalla loro sessualità, avete informazioni del tutto errate! Mancuso però dovrebbe saperlo, quindi quando dice che la biologia non è tutto, che fa? Sfonda porte aperte? Ma se non entrate in sintonia con il Magistero della Chiesa, come potete contestarlo? Jerome Lejeune era un grande genetista ed era membro della Pontificia Accademia delle Scienze; intorno alle fondazioni della Chiesa ruotano le migliori menti dell'arte, della musica, della scienza di ogni tempo. Ma di che state parlando? Siete allergici alla storia, tranne quella dei vostri triti e ritriti luoghi comuni? Questo che segue è un elenco approssimativo di "pecorelle smarrite" cadute nelle trappole dei preti![20] Ma datevi un pizzicotto sulle guance e svegliatevi! Come si pretenderà mai di diventare consapevoli se stiamo alle piccole beghe anticlericali di un passato tutto da studiare? Aspetto di sapere quali sono queste grandi conquiste della "ricerca", una per una, con semplicità, chiarezza e inoppugnabilità! Avvertendovi che in moltissimi casi, se non in tutti, sappiamo distinguere il fumo dall'arrosto! A Serghei voglio chiedere: ma se è tutto nascosto, come fa lui a conoscere tante cose? È un "sensitivo"? Gli scandali della Chiesa si conoscono e c'è anche da discuterne. Quanto alle nuove idee della signora Charlize, io le posso dire solo questo: quando lei, non so in quale età evolutiva, avrà trovato un nuovo modo di fare bambini (che tristezza!), allora saremo caduti nelle mani del più spietato potere che noi abbiamo mai conosciuto: quello tecnocratico, dove la notizia meno grave e più accettabile sarà che il padre dei figli di mia moglie è il prof. Severino Antinori! Ma, scusate, Totò lo conoscete? "Ogni limite ha una pazienza, perbacco"! Ma lo vedete nelle vostre città, nelle vostre pinacoteche e gallerie d'arte, ai vostri concerti, in mezzo alle vostre cattedrali, che siete circondati dalla Chiesa? Vi accorgete che se volete fare una passeggiata amena di pace e bellezza, dovete chiedere ai monasteri cristiani? Ma dove vivete? Che fate? Siete sommersi di edicole votive, padri Pii, madonne per le strade, negli ospedali, San Giuseppe Moscati vi guarda e prega per voi nel reparto dove state morendo, il Cottolengo prende i rimasugli della vostra u-

---

[20] *www.uccronline.it/2010/12/08/scienziati-credenti-cristiani-e-cattolici*

manità divenuta prodotto di scarto e li fa rinascere; quando voi scappavate lontano dai gay malati di Aids, le discepole di Madre Teresa di Calcutta li baciavano sulla bocca e sorridevano alla loro disperazione. Ma chi siete? Parolai di Facebook! Uscite fuori, vi voglio conoscere uno per uno! Se fossi il vostro padre spirituale, vi darei la penitenza che meritate: un mese di clausura a leggere soltanto libri di Chiesa per imparare la sua storia vera! Quella vera! Poi dopo, quando sarete usciti dalla clausura, vi verrà da piangere a sentire Ior, Inquisizione, Galilei, Medioevo oscuro e via orecchiando da fonti approssimative! Appena fuori, vi sarete meritati un bel film di Totò! Perché, ogni limite ha una pazienza, miei poveri diavoli senza corna!

MAKSIM. Lasciamo stare lo scambio di informazioni scientifiche, ci abbiamo già provato in passato, Misha, senza successo. Ad ogni modo, personalmente, come già ribadito, mi trovo in sintonia con il pensiero espresso da Mancuso nel suo articolo. Ed essendo Mancuso un teologo cattolico, immagino che vi sia almeno una piccola nicchia della Chiesa che concorda che la sessualità non sia espressione solo dell'identità biologica di un individuo. Forse un giorno questa nicchia crescerà. O forse no. Prendo atto che dogma, nella tua definizione, non significa fissità. Bene, mi auguro allora che la "profezia mancusiana" un giorno potrà avverarsi. Non perché mi interessi personalmente l'evoluzione della Chiesa in quanto tale, ma perché la Chiesa rappresenta una grande porzione della popolazione umana, e quindi la sua evoluzione in parte si riflette sull'evoluzione planetaria. Detto questo, hai iniziato a un certo punto a parlare al plurale, quindi non so più se parlavi a me, o con altri, se ti rivolgevi a degli esseri umani o a dei demoni scornati, se la tua era una benedizione o un esorcismo. Ti rassicuro comunque, personalmente non contesto la Chiesa, semmai discuto delle sue idee in modo critico. Forse il primo passo che la Chiesa avrà il coraggio di fare sarà quello di istituire una benedizione per le unioni omosessuali. Non c'è ragione teologica perché questo non avvenga. Non parlo di matrimonio, ma di una semplice benedizione, di un semplice atto di riconoscimento di un'unione tra due esseri umani, davanti a Dio. O forse no.

ADALFUNS. Non benedire l'amore è senz'altro un male, ma siamo sicuri che sia amore? Lo stesso dicasi per le coppie etero-sessuali. Nessuno può scagliare la prima pietra; anche molte u-nioni etero sono lontane dal concetto spirituale di matrimonio, ma vengono ugualmente benedette in cambio di un piatto di len-ticchie (vedi Giacobbe ed Esau). Se due persone dello stesso sesso si amano spiritualmente, tanto da crescere insieme, allora sono già sposate davanti a Dio. Ma certamente il sesso perde il suo valore, e questo vale anche per le unioni etero. Insomma, l'errore sta nel coinvolgere Dio nelle nostre debolezze umane, cercando di costruire in nome di Dio una legge umana, a quale scopo se non quello di mantenere il proprio potere sul fratello, quando la Sua unica legge è la compassione e non il sacrificio?

MISHA. Nossignore, Maksim, noi non abbiamo mai (MAI) avuto uno scambio di informazioni scientifiche su questi temi. Tempo fa si parlava di "natura" e basta, argomento sul quale mi sono dilungato per tentare di spiegare che "natura" umana e "natura animale" sono incommensurabili da parecchi punti di vista. I classici, che erano un tantino più riflessivi, facevano una distin-zione nell'uomo tra ciò che è secondo natura e ciò che è per na-tura, intendendo dire: secondo natura è ciò che compete all'uomo per la sua struttura considerata in stato di perfezione; per natura, si intende invece la situazione di qualcuno a partire da una sua particolare conformazione, come quando si dice: "Misha ha una costituzione debole". "Secondo natura" è ciò che si rileva – diceva Aristotele – dall'esperienza, osservata nel maggior numero di casi possibile e per il maggior tempo. Io posso dire: il lupo mangia l'agnello non perché sono certo che fra 1000 anni, nel Regno evoluto di Maksim, il lupo continuerà a mangiare l'agnello, ma semplicemente perché in tutti casi os-servati, per il maggior tempo possibile, si è sempre verificato che, a certe condizioni, il lupo mangia l'agnello. Un ricercatore serio non trae conclusioni certe sull'embrione a partire dalla particolare natura dell'amore omosessuale. Non ne saprebbe niente, sarebbe specialista prima di diventare "generico". Ha mai visto Maksim un medico che prima si specializza in otorinolaringoiatria e poi diventa medico condotto? Prima deve apprendere, secondo natura, quello che succede a tutti gli uomini che hanno quel fegato, quei reni, quegli organi genitali, quelle mani (la più evoluta scimmia di questa terra ha le mani prensili, ma nessuna di esse possiede la "presa di precisione", vale a dire la perfetta opponibilità pollice-indice, che è esattamente la spia della diversità dell'uomo dall'animale). Poi, se vuole, dopo aver appreso le cose "secondo natura", imparerà a conoscere anche gli uomini che non hanno mani, che ne hanno tre anziché due, che hanno il naso sugli occhi e gli occhi sotto il mento, cioè chi, per sua "natura", si discosta dalla natura. E dirà: "Misha ha una conformazione esile, è un po' anemico, è nato con quattro dita sul piede sinistro, ha le orecchie a sventola". Le orecchie non sono "a sventola" secondo natura, ma per la particolare natura di una persona; le orecchie non sono sorde secondo natura, ma per la particolare natura di uno che è nato sordo o lo è diventato. Quando si nega una natura delle cose, si nega la scienza, perché si nega la capacità di indagarla razionalmente. E per indagarla razionalmente, si comincia dal cercare la "norma", dove "norma" non significa ciò che è più giusto o ciò che è più sbagliato "moralmente", significa ciò che è ricorrente in una determinata classe di oggetti secondo una lunga e dettagliata osservazione concreta, per tentare di estrapolarne una "regola", senza la quale non c'è scienza. La "regola"! Non quella fatta dagli uomini, quelli sono "i regolamenti"! La regola non fatta da noi e di cui noi possiamo solo prendere atto. Se uno vede una fecondazione in vitro, e prende l'esperimento a base delle sue conclusioni sulla fecondazione, che cosa direbbe Maksim? Quantomeno che l'osservatore è un po' sconclusionato. E perché? Perché per fare una ricerca seria sulla fecondazione bisogna partire dalla "norma naturale" che la consente e la norma naturale è naturale, ripeto: è naturale, vale a dire la desumiamo da ciò che l'esperienza ci suggerisce, anche a fatica e dopo tanta osservazione, per trarne una "legge". La legge può cambiare? Certo!

Ma che cosa faccio adesso? Stabilisco le regole del gioco ora, sulla base di qualcosa di ancora inesistente? Oppure, siccome vedo che ci sono animali che camminano a quattro zampe, posso dire che è naturale per l'uomo camminare a quattro zampe? O brucare l'erba? O accoppiarsi per strada, come le dicevo tempo fa, a guisa di cani? Posso escludere a priori che domani gli uomini non gireranno a testa in giù e con i piedi per aria, soltanto perché finora non ne ho visto nessuno che si comporta così? No, non lo posso escludere. Ma posso truccare le carte in tavola, inducendo l'idea che i comportamenti di oggi vanno modellati su regole ipotetiche mai sperimentate "in natura"? È lecito per gli omosessuali avere figli? Non lo so, forse sì. Ma che domanda è, se non si riesce a sapere prima il motivo per cui non possono averne "per natura"? Mancuso mostra di sapere benissimo che l'uomo non si riduce al biologico, ma io sono autorizzato a ritenerlo un finto tonto quando fa lo gnorri sul rapporto "naturale" che c'è tra il biologico e lo spirituale, che è un rapporto di tipo simbolico, dove il biologico, il fisico, il sensibile è il regno dei segni visibili dello spirituale. Di "norma" è così: la conformazione umana della mano "indica" (come "segno", simbolo) il carattere spirituale dell'uomo, mentre la presa di forza della scimmia che non è in grado di infilare il filo nella cruna di un ago, mi dice che è un animale non spirituale. Mancuso e Maksim (la coppia MA-MA) non devono staccare lo spirituale dal biologico per dare ad intendere che il "biologico" è semplice materiale da costruzione dello spirituale, onde lo spirituale ne fa quello che vuole. È vero che la distinzione c'è e che lo spirituale è più importante. Ma il biologico è "un segno". In "natura" la sessualità non è fabbricabile come uno sgabello, non è un'invenzione alla stregua dell'orologio a cucù. È così nel maggior numero dei casi, "secondo natura". Dopo, soltanto dopo si tratta di vedere come mai ci sono casi in cui, "per natura" particolare, il biologico non dà il segnale corretto! Ma quello che non sappiamo lo dobbiamo cercare prima di trarre conclusioni cervellotiche o, peggio, ideologiche! Dobbiamo guardare senza paraocchi!

BERT. A scanso di equivoci, la metafora di greggi e pastori non è mia.

MAKSIM. In relazione all'omosessualità, Adalfuns parla di "debolezze umane", Misha di "naso sugli occhi e di occhi sotto il mento". È esattamente questo il problema: l'idea che l'omosessualità non sia parte della norma, o meglio, che la norma debba essere, per definizione, singola, e non molteplice. Ma non è così, ed è per questo che, volente o nolente, come dice Mancuso, anche la Chiesa cambierà posizione, col tempo, come ha già fatto in passato su altre questioni scientifiche. Misha giustamente afferma che, quando si nega la natura delle cose, si nega la scienza, perché si nega la capacità di indagarla razionalmente. Eppure, continua a voler vedere nell'omosessualità l'espressione di una "costituzione debole", quindi a considerarla una variante patologica, anziché semplicemente una variante, tra l'altro statisticamente significativa. In altre parole, nega la visione scientifica moderna sulla questione. E va benissimo, libero di farlo, anzi, a volte capita, è vero, che la visione dominante, anche in ambito scientifico, si riveli sbagliata. Si chiamano rivoluzioni scientifiche. È solo che fatico a vedere nella visione della Chiesa, circa la questione della sessualità umana, una rivoluzione scientifica. Vedo solo delle prese di posizione dogmatiche e molto rigide, e tanta paura di perdere il proprio controllo e potere.

CHARLIZE. Il "nemico" in questo caso è proprio la stasi... a che serve uno specchio in cui non ci si può riflettere... e che non dia da riflettere? E la bellezza che può essere insita nel cambiamento... perché non ricercarla... perché non valorizzarla?

MISHA. Riappare la tecnica retorica di Maksim (che, quando comprende lo spirito di un ragionamento, comincia a "giocare" con la "lettera" del ragionamento stesso). Ma resto sempre convinto che, se vogliamo discutere seriamente, almeno dovrebbe essere vietato farmi dire cose che non ho detto o, peggio, farmele pensare al posto mio. Perciò ripeto con la massima chiarezza di cui sono capace, quello che ho detto, volendo solamente chiarire l'idea di "natura" e di "legge". Ho detto che i classici del pensiero greco, quando parlano di natura, fanno una distinzione: 1)-secondo natura; 2)-per natura. 1) "Secondo natura" vuol dire "secondo ciò che spetta per sua natura a una determinata realtà": all'occhio spetta la vista, all'orecchio spetta l'udito; 2) "per natura" vuol dire "ciò che, non essendo 'secondo natura', può far parte del patrimonio naturale di una determinata realtà": un cieco dalla nascita è cieco "per natura", ma non "secondo natura", perché l'occhio, secondo natura, dovrebbe vedere. Succede la stessa cosa per gli organi genitali: se due coniugi hanno rapporti e un figlio tarda a venire, siccome "secondo natura" la cosa dovrebbe verificarsi, nulla di più facile che i due o uno dei due sia impedito "per natura" all'evento. Allora si fa la "ricerca", la famosa ricerca! Quando si fa una ricerca, due sono i casi: o si "cercano" le leggi che regolano certe realtà per determinarne le costanti, cioè la "natura" intesa "secondo natura" (in questo caso, se non è possibile trovare le costanti di un fenomeno nel tempo e nello spazio non si può fare scienza (ho detto pure che per costanti non intendo ciò che non cambierà mai, ma ciò che non è mai cambiato fino al momento della "ricerca" e mi ha consentito così di estrapolarne una "norma"); oppure "si cerca" di ripristinare la norma quando, per motivi da indagare, viene contraddetta dall'esperienza (questo succede, per esempio, in medicina, quando si sa che, secondo natura, due coniugi dovrebbero avere un figlio e si ritrovano a non averlo, forse "per la natura" o costituzione di uno dei due). Ho tentato di spiegare, a scanso di equivoci (regolarmente messi in campo), che quando diciamo "come mai quei due non hanno figli", non diciamo che avere figli è obbligatorio "per natura", altrimenti guai ai preti o agli sterili. Diciamo soltanto che di solito, secondo natura, l'accoppiamento di un uomo e di una donna porta, nel maggior numero di casi e per il maggior tempo storico studiato, alla nascita dei figli. Io questo ho detto e dico, aggiungendo due cose complementari: 1) - fare scienza significa conoscere il comportamento delle cose "secondo natura" e solo in seconda battuta "cercare" le eccezioni, motivarle e, all'occorrenza, correggerle se si vuole: come succede per i suddetti ipotetici coniugi; 2) - per ogni cosa che non è "secondo natura", non è detto che si debba parlare automaticamente di "contronatura" (concetto molto vago e quindi produttore di confusione), perché una persona può essere in un certo modo "per natura", per sua natura. Poi ho aggiunto la frase sarcastica, che non era per nulla riferita all'omosessualità, ma a tutte le ipotetiche o presunte novità che ci può riservare il futuro. Ho detto: io non so fra mille anni che cosa sarà di ciò che noi oggi chiamiamo "secondo natura": può darsi che gli uomini nasceranno col naso sotto il mento o gli occhi sotto il naso" ma questo non autorizza nessuno, né tanto meno "i ricercatori", a metter il carro davanti ai buoi, inducendo OGGI l'accettazione di leggi ancora del tutto inesistenti o non ancora trovate. Per concordare sul fatto che TUTTO CAMBIA, non c'è bisogno né di Mancuso né di Eraclito, né di Maksim, basta guardarsi intorno! Ma concludere, dal fatto che tutto cambia, che le cose OGGI le dobbiamo considerare sulla base di ciò che dico io per DOMANI, questa è una cosa che non è né "secondo natura", né "per natura", è del tutto "contronatura". Quando parlavo di naso, bocca e mento, non mi riferivo affatto all'omosessualità, ma a tutta la realtà che, essendo dinamica, si può presentare DOMANI come mai si è presentata dai secoli fino ad oggi! Sono disposto a discutere se uno mi dice razionalmente dove non si può essere d'accordo e per quale motivo! Ma non si può discutere con chi mi fa pensare quello che non ho mai pensato, tanto per giocare con le parole. In tal caso Totò è il massimo rimedio: "Ogni limite ha una pazienza"! Immaginarsi poi che cosa si può realisticamente pensare di frasi di questo tipo: «la Chiesa cambierà posizione, col tempo, come ha già fatto in passato su altre questioni scientifiche». Più che considerarla un laico atto di fede senza prove, non posso. O di una frase come questa: «continua a voler vedere nell'omosessualità l'espressione di una "costituzione debole", quindi a considerarla una variante patologica, anziché semplicemente una variante»; sarebbe come farmi dire che, siccome il quoziente intellettivo medio è, poniamo, 10, l'intelligenza di Einstein, che è a 20, è patologica». Ma io non ho mai pensato quella cosa lì. Proprio perché si tratta di una variante, è triste vederli reclamare dei bimbi che corrono per casa tra le loro pantofole, come una qualsiasi invariabile triste coppia stanca di sgridare bambini discoli a scuola. A ogni uomo si può chiedere di essere all'altezza della propria diversità, e non svenderla al mercato di un piatto egualitarismo soffocante. Se Michelangelo avesse perso il proprio tempo a sculettare nei gay pride, non solo non avrebbe dipinto la Cappella Sistina, ma non si sarebbe mai installato con tutta la sua diversità nel cuore della cristianità cattolica, che lo accetta, lo ama, lo riverisce e paga profumatamente chi custodisce nella Chiesa i suoi nudi "integrali" e senza veli!

MAKSIM. Grazie per il chiarimento, Misha. Il nocciolo della questione è: "è l'omosessualità secondo natura?". Essendo l'essere umano un'entità poliedrica, espressione di una realtà anatomica, animica, psicologica, culturale, spirituale, oltre che collettiva (essendo parte anche del sistema della sua specie), rispondere a questa domanda richiede di osservare l'umanità su tutti i suoi livelli, e non solo anatomicamente. È qui che il tuo discorso si fa tremendamente debole, e poco scientifico, nel senso che riduce la natura umana a ciò che essa non è. E con questo non voglio certo affermare che ogni comportamento omosessuale sia OK, così come non è necessariamente OK ogni comportamento eterosessuale, ovviamente.

MISHA. Caro Maksim, non devo essere io a insegnarle che in logica esiste un metodo, detto deduttivo, che consiste nel trarre conclusioni non note da premesse conosciute. Se lei mi ringrazia del "chiarimento", vuol dire che il mio discorso le è chiaro e, se non obietta nulla alla chiarezza di quel discorso, devo pensare che, oltre ad essere chiaro, è anche condivisibile. Ora, da una premessa "chiara" o "chiarita", non dovrebbe essere lei stesso a rispondere deduttivamente alla domanda che mi pone? Se torna a farmi la domanda, vuol dire che la premessa non è molto "chiarita" e allora sarebbe bene che diventi prima completamente chiara, non le pare? Poi, mi scusi, vedo che lei insiste sul fatto che io riduco "la natura umana a ciò che essa non

è", vale a dire che esaurisco l'idea di natura al livello anatomico: Ma le ho già detto – mi sembra – che per me "il biologico" e
"l'anatomico" non sono affatto "tutto l'uomo" e che la dimensione "spirituale" è di gran lunga la più importante. Solo che,
ribadisco, il biologico non è "materiale da costruzione" dello
spirituale, come l'optional nell'automobile da acquistare. Ne è
"IL SEGNO", il "SIMBOLO". Il simbolo non è che l'indicatore e-
steriore di una dimensione interiore, è il modo esteriore di manifestarsi e comunicare della dimensione interiore. La dimensione esteriore non è tutto e non può avere la pretesa di ridurre a
sé tutto l'uomo, ma la dimensione spirituale non è tutto e non
può pretendere di ridurre a sé tutto l'uomo, così come in un cilindro l'altezza non può prevaricare la lunghezza, né la lunghezza prevaricare la profondità: senza la compresenza delle
"dimensioni" nessuna realtà si dà! Si comincia ad andare via
con la fantasia. E come c'è un inaccettabile "materialismo" o
"biologismo" che riduce tutto a "materia", a "corpo", a "biologia", così esiste un inaccettabile spiritualismo dietro al quale si
acquatta camuffata un'idea o ideologia altrettanto inaccettabile,
che si sintetizza nell'idea che lo "spirito" è tutto e la carne non è
niente. Tra "spirito" e "materia" c'è un rapporto verificabile
dall'esperienza di tutti i giorni, che non implica nessun "paranormale": è lo stesso rapporto che esiste tra "intelletto " e "volontà": l'intelletto è il potere legislativo nell'uomo, la volontà
l'esecutivo e il rappresentativo. Questo rapporto è verificabile,
ma a condizione che lo si studi non in un momento qualsiasi,
ma nel suo "inizio", nel suo concretarsi "normale", prima dei
"casi specifici", come – ho già detto – fa lo studioso di medicina quando vuole sapere come funziona un organo del corpo
umano. O meglio: i casi specifici gli servono come "campo
d'osservazione" per cercare se, da un'analisi scrupolosa e diu-
turna di un fenomeno sperimentato, se ne può trarre una "norma", una legge che li sintetizzi tutti o il maggior numero possibile. Questa è l'accezione di "natura" e di "secondo natura" in
un'indagine che vuole essere "scientifica". Non c'è indagine
scientifica in un mondo ipotizzato tutto di "eccezioni", perché
di questo tipo di mondo sarebbe illusorio trovarne delle "rego-

le". Il sole ha un certo ciclo nel cielo, e per essere conosciuto va osservato nel suo ciclo "normale". Ma può essere accettabile logicamente che un ricercatore tenti di estrapolare le leggi del comportamento del sole a partire dall'osservazione del suo roteare in un caso specifico, poniamo a Fatima? Constatare sperimentalmente che il sole "ha roteato" a Fatima o può roteare in futuro dappertutto significa che il sole "per natura" rotea? Significa semplicemente che, in corrispondenza di "regole", ci sono le possibili eccezioni e queste eccezioni le può produrre "per natura" la natura, pur non essendo "secondo natura". Ora, sarebbe demente negare in natura "le eccezioni", ma sarebbe altrettanto "demente" fare di tutte le erbe un fascio, inserendo tutto nella norma. Il quoziente intellettivo di un genio non è "naturale" secondo natura, ma non per questo lei mi mette sulla bocca l'idea che i geni vanno discriminati. La constatazione sperimentale che gli uomini non fanno le uova non significa che domani qualcuno non possa tentare esperimenti in tal senso sugli uomini del futuro. Significa constatare una legge attuale, secondo l'osservazione scientifica. Non si capirebbe assolutamente nulla della generazione animale se si partisse dalla fine del "progresso tecnico", cioè dalla clonazione. La clonazione non è né buona né cattiva in assoluto (e il ricercatore non si pone giustamente problemi di questo tipo), solo che la clonazione stessa deve riconoscere di essere debitrice alla "natura" delle sue tecniche, vale a dire di essere debitrice a ciò che esisteva prima di lei, "secondo natura", di ciò che lei riesce a costruire. Dire che la clonazione non è "normale" non è un giudizio di valore, ma esprime una constatazione "secondo natura": cioè, per essere possibile deve farsi prestare i suoi metodi dalla "natura", dunque non è "uguale" al comportamento naturale, non ha né la stessa valenza né lo stesso significato. Questa idea dei gay di scimmiottare i papà e le mamme con due papà e due mamme, si è spinta anche a prevaricare lo stesso significato delle adozioni "normali" già esistenti. Ma questo è prima di tutto "un imbroglio concettuale". È semplicemente il tentativo di fare la copia da un originale, (senza nemmeno le parti dell'originale ciascuna al proprio posto), svendendola poi come "originale". È come contrabbandare l'idea che la clonazione è "normale", mentre è il tentativo "tecnico" di copiare l'originale. Illegittimo? Non lo so, forse no. Ma bisogna innanzitutto cominciare col dirlo perché, come insegna Orwell, dalla manipolazione del linguaggio comincia quella delle anime! E di trucchi per vendere fumo, grazie a dio, non ce ne facciamo mancare mai nel nostro "stadio evolutivo attuale" per "travestire" il reale con la fiction!

MAKSIM. È chiara, Misha, la tua distinzione tra "secondo natura" e "per natura", in quanto distinzione di principio, tra due diverse categorie. Il problema è che poi attribuisci alla categoria "secondo natura" quello che vuoi tu, ossia la tua personale concezione. E così facendo, decreti che "quelle" variazioni sono eccezioni, e non delle costanti che emergono da una regola sottostante. Ma l'omosessualità non è un'eccezione, è parte della regola. È secondo natura. È corretta anche la tua osservazione che l'anatomia è un simbolo esteriore attraverso cui si comunica una realtà interiore. Dimentichi però che noi esseri-coscienze siamo molto di più di un semplice corpo fisico, quindi il simbolo corporeo non può essere considerato completo, e va interpretato con molta cautela, senza strumentalizzazioni. Ma anche se volessimo supporre che lo sia, completo, osservando l'anatomia di una donna e quella di un uomo, già possiamo vedere che la prima, a differenza della seconda, possiede in sé sia il maschile che il femminile. Infatti, è in grado di portare in grembo entrambi i sessi. Se seguissi il tuo consiglio di usare il corpo come simbolo, potrei ritenere che le donne esprimano delle tendenze omosessuali "più secondo natura" degli uomini, in quanto in grado di manifestare in loro stesse sia l'energia del maschile che quella del femminile. E potrebbe anche essere che sia così, non voglio certo entrare in questi discorsi troppo delicati in questa sede. Semplicemente, non pensare che la tua personalissima lettura dei simboli sia l'unica possibile. Il reale, e l'evoluzione delle coscienze, è molto più complessa e articolata di come la dipingi tu.

CHARLIZE. Per quanto riguarda la crescita e l'educazione dei figli non c'è paternità e maternità biologica che possano garantire il risultato "ottimale", le condizioni necessarie sono ben altre, ben più complesse e rarissimamente prese in considerazione.

autoricerca.com

A PROPOSITO DI AUTORICERCA

AutoRicerca è la rivista (ad accesso aperto) del *LAB – Laboratorio di Autoricerca di Base*. Il suo scopo è pubblicare scritti di valore, in lingua italiana, sul tema della *ricerca interiore*.

Ponendosi al di fuori delle abituali categorie editoriali, *AutoRicerca* offre ai suoi lettori articoli di notevole livello, selezionati, controllati e tradotti personalmente dall'editore. Questi testi, pur esigendo un certo impegno per essere assimilati – vanno studiati, più che letti – restano pur sempre accessibili al lettore generico, purché animato da buona volontà e realmente desideroso di imparare qualcosa di nuovo.

In accordo con la *Dichiarazione di Berlino*, che afferma che la disseminazione della conoscenza è incompleta se l'informazione non è resa largamente e prontamente disponibile alla società, *AutoRicerca* è una rivista ad accesso aperto.

Più specificatamente, i volumi in formato elettronico (pdf) sono scaricabili gratuitamente dal sito del *LAB*, cliccando sul link corrispondente.

L'accesso aperto alla versione elettronica non esclude però la possibilità di ordinare i volumi cartacei (è possibile ordinare anche un singolo volume), il cui acquisto è un modo per sostenere la missione della rivista.

Se desiderate essere sempre informati sulle nuove uscite (al momento la cadenza è di due numeri all'anno), potete iscrivervi alla mailing-list, inviando una email all'indirizzo seguente: *info@autoricerca.ch*, indicando nell'oggetto "mailing-list-rivista," e specificando nel corpo del messaggio nome, cognome e paese di residenza.

autoricerca.com

Numeri precedenti

Numero 1, Anno 2011 – Lo Stato Vibrazionale

Un approccio alla ricerca sullo stato vibrazionale attraverso lo studio dell'attività cerebrale (*Wagner Alegretti*)

Attributi misurabili della tecnica dello stato vibrazionale (*Nanci Trivellato*)

Dal pranayama dello Yoga all'OLVE della Coscienziologia: proposta per una tecnica integrativa
(*Massimiliano Sassoli de Bianchi*)

Numero 2, Anno 2011 – Fisica e Realtà

Proprietà effimere e l'illusione delle particelle microscopiche
(*Massimiliano Sassoli de Bianchi*)

Un tentativo di immaginare parti della realtà del micromondo
(*Diederik Aerts*)

Numero 3, Anno 2012 – L'Arte di Osservare

L'arte dell'osservazione nella ricerca interiore
(*Massimiliano Sassoli de Bianchi*)

Numero 4, Anno 2012 – Scienza e Spiritualità

Yoga, fisica e coscienza (*Ravi Ravindra*)

Cercare, ricercare, autoricercare…
(*Massimiliano Sassoli de Bianchi*)

Speculazioni su origine e struttura del reale
(*Massimiliano Sassoli de Bianchi*)

NUMERO 5, ANNO 2013 – OBE

Scoprire la tua missione di vita (*Kevin de La Tour*)

Esperienze fuori del corpo: una prospettiva di ricerca
(*Nanci Trivellato*)

Filtri parapercettivi, esperienze fuori del corpo e parafenomeni
associati (*Nelson Abreu*)

Elementi teorico-pratici di esplorazione extracorporea
(*Massimiliano Sassoli de Bianchi*)

NUMERO 6, ANNO 2013 – ENERGIA

Una sottile rete di luce (*Andrea Di Terlizzi*)

Bioenergia (*Sandie Gustus*)

Energie sottili o materie sottili? Una chiarificazione concettuale
(*Massimiliano Sassoli de Bianchi*)

Trasferimento interdimensionale di energia: un modello semplice di massa (*Massimiliano Sassoli de Bianchi*)

NUMERO 7, ANNO 2014 – SCIENZA, REALTÀ & COSCIENZA

Scienza, realtà e coscienza. Un dialogo socratico
(*Massimiliano Sassoli de Bianchi*)

NUMERO 8, ANNO 2014 – ARCHETIPI

Astrologia elementale e aritmosofia
(*Vittorio Demetrio Mascherpa*)

La nuova astrologia (*Nadav Hadar Crivelli*)

Corrispondenze astrologiche: una prospettiva multiesistenziale
(*Massimiliano Sassoli de Bianchi*)

NUMERO 9, ANNO 2015 – CORRISPONDENZE

Dialogando con Misha e Maksim
(*autori anonimi*)

NUMERO 10, ANNO 2015 – STUDI SULLA COSCIENZA

Risultati preliminari sul rilevamento di bioenergia e dello stato vibrazionale mediante fMRI (*Wagner Alegretti*)

Requisiti per una teoria matematica della coscienza (*Federico Faggin*)

Studi preliminari su evidenze di pseudoscienza in coscienziologia (*Flávio Amaral*)

Fisica quantistica e coscienza: come prenderle sul serio e quali sono le conseguenze?
(*Massimiliano Sassoli de Bianchi*)

autoricerca.com

www.ingramcontent.com/pod-product-compliance
Lightning Source LLC
Chambersburg PA
CBHW031818170526
45157CB00001B/100